Python 数据分析

主　编　郭海礁
副主编　侯柏苓　岳宝海
参　编　陈媛媛　宋　健　李　银
　　　　孙　丹　王　倩

北京理工大学出版社
BEIJING INSTITUTE OF TECHNOLOGY PRESS

内 容 简 介

本书是针对大数据分析师的岗位要求,有机融入课程思政元素,结合"1+X"职业技能等级证书内容,融通企业实际项目案例和职业院校技能大赛比赛案例,打造的基于校企、校际合作的活页式立体化项目式教材。教材共包含六个项目,分别为：Python 数据分析环境初识、Python 科学计算库训练、Python 数据分析库训练、Python 大数据分析基础综合应用、Python 大数据分析高阶综合应用以及"1+X"数据应用开发与服务（Python）专项训练。

本书适用于计算机相关专业教学使用,也可供数据分析爱好者学习和参考。

版权专有　侵权必究

图书在版编目(CIP)数据

Python 数据分析 / 郭海礁主编. ‒‒ 北京：北京理工大学出版社,2024.2
ISBN 978‒7‒5763‒1880‒7

Ⅰ. ①P… Ⅱ. ①郭… Ⅲ. ①软件工具‒程序设计‒高等学校‒教材 Ⅳ. ①TP311.561

中国版本图书馆 CIP 数据核字(2022)第 227192 号

责任编辑：王玲玲　　**文案编辑：**王玲玲
责任校对：刘亚男　　**责任印制：**施胜娟

出版发行 /	北京理工大学出版社有限责任公司
社　　址 /	北京市丰台区四合庄路 6 号
邮　　编 /	100070
电　　话 /	(010)68914026（教材售后服务热线）
	(010)68944437（课件资源服务热线）
网　　址 /	http://www.bitpress.com.cn
版印次 /	2024 年 2 月第 1 版第 1 次印刷
印　　刷 /	河北盛世彩捷印刷有限公司
开　　本 /	787 mm×1092 mm　1/16
印　　张 /	20.5
字　　数 /	505 千字
定　　价 /	68.00 元

图书出现印装质量问题,请拨打售后服务热线,负责调换

前言

随着大数据时代的到来,数据分析变得越来越重要。通过数据分析可以对数据中潜在的规律进行挖掘,帮助企业制订决策。Python 数据分析是以当下流行的 Python 编程语言为语法基础,NumPy 库为数据存储工具,pandas 库为数据处理工具,Matplotlib、pyecharts 库为数据可视化工具来对数据进行处理。

教材编写团队深入学习党的二十大精神,贯彻落实习近平总书记的重要指示要求,始终牢记为党育人、为国育才的初心使命,坚持守正创新,全面推进党的二十大精神进教材,在潜移默化中实现培根铸魂、启智润心。同时,认真贯彻落实教育部实施新时代中国特色高水平高职学校和专业群建设,扎实持续推进三教改革、紧抓职业院校信息技术人才培养实施及配套建设。本书作为学校"双高"专业群核心课程配套教材,是编委团队在工作中不断探索和超越的教学结晶。

本书对接数据分析师的岗位能力要求,梳理出数据分析工作过程的知识点与技能点;在"环境搭建"的基础上,对接全国职业院校技能大赛大数据技术与应用赛项标准,搭建教学任务与授课内容;从企业数据分析实战应用出发,以招聘数据、疫情数据等民生数据为载体,设置了基础综合应用和高阶综合应用两大实战项目;对接数据应用开发与服务(Python)职业技能等级证书标准,设置了"1+X"专项集训项目。积极推动"以赛促教、以赛促学",不断提高学生的数据处理技能。在项目教学中,引入"华为 IPD 集成产品开发流程",梳理数据分析知识技能。遵循"层层递进、能力提升"训练原则,采用项目引导、任务驱动、教做一体的方式,将知识与技能合理安排在 6 个教学项目中,具体内容如下:

项目一:Python 数据分析环境初识。本项目的主要任务包括数据分析环境的安装、环境变量的设置、环境操作中的快捷方式、常见故障的诊断等。其中,环境的安装和诊断是该项目的重点,要求读者熟练掌握环境在运行过程中出现故障的处理方法。

项目二:Python 科学计算库训练。本项目学习 NumPy 库中提供的处理数组的方法,项目的主要任务包括 NumPy 数组的创建、数组的数据类型与属性的初识、数组的操作、数组的存取。其中,数组的操作是本项目的重点,要求读者熟练掌握数组的索引、切片、形态变换、排序等操作。

项目三:Python 数据分析库训练。本项目学习 pandas 库中提供的处理数组的方法,项目的主要任务包括 pandas 数据结构、pandas 索引操作、pandas 数据运算、层次索引、pandas 可视化。其中，pandas 数据结构和 pandas 索引操作是本项目的重点，要求读者熟练掌握 pandas 库中创建 DataFrame 和 Series 这两种数据结构的方法，能够熟练对表格中的数据进行增、删、改、查等操作。

项目四：Python 大数据分析基础综合应用。本项目基于职前通招聘数据集进行大数据分析基础综合应用，针对业务数据进行数据分析，项目的主要任务包括需求分析、数据清洗、数据分析、数据可视化、综合应用。其中，数据清洗、数据分析和数据可视化操作是本项目的重点，要求读者熟练掌握 pandas 库中的 info、fillna、drop_duplicated 等函数进行缺失值侦查和异常值处理等数据清洗操作，使用 groupby、sum、count、自定义聚合函数等进行数据分析，使用 Matplotlib 库绘制柱状图、折线图、饼图等可视化图形。最后根据数据可视化结果生成综合分析文档。

项目五：Python 大数据分析高阶综合应用。本项目基于全球疫情数据集进行大数据分析高阶综合应用，针对业务数据进行数据分析，使用 map 函数结合自定义函数等进行数据清洗，使用 groupby、自定义聚合函数、3 种映射函数等进行多场景数据分析，使用 seaborn、pyecharts 绘制线形图、柱状图等可视化图形，并根据 API 进行图形装潢，根据数据可视化结果进行代码测试并上线。最后根据数据可视化结果生成综合分析文档。

项目六："1＋X"数据应用开发与服务（Python）专项训练。主要内容包括 Python 基础语法集训、机器学习基础、回归任务、分类任务，涵盖"1＋X"证书考点，知识点从基础到应用层层递进。

本书配套在线开发课程网址为 https：//www.xueyinonline.com/detail/236294720，包含课程标准、微课、动画、课件、习题、案例库等丰富的学习资源。

本书由天津现代职业技术学院郭海礁主编，由侯柏芩、岳宝海担任副主编，陈媛媛、宋健、李银、北京中软国际教育科技股份有限公司孙丹、天津市职业大学王倩参编。其中，郭海礁负责教材内容大纲设计、框架制订、项目内容编写、全书统稿，副主编和参编负责各个项目的编写、修订以及教材配套资源的制作。孙丹为本书提供了项目案例和全程技术支持。

由于编者水平有限，书中难免存在疏漏与不妥之处，敬请广大读者批评指正。

编　者

目 录

项目一　Python 数据分析环境初识 ··· 1

项目导入 ·· 1
项目要求 ·· 1
项目学习目标 ··· 1
知识框架 ·· 2
任务一　Jupyter Notebook 的安装与运行 ·· 2
　　子任务 1　Jupyter Notebook 和数据分析相关的 Python 库的安装 ············ 2
　　子任务 2　Jupyter Notebook 启动与诊断 ··· 5
任务二　Jupyter Notebook 编程与诊断 ·· 11

项目二　Python 科学计算库训练 ··· 15

项目导入 ·· 15
项目要求 ·· 16
项目学习目标 ··· 16
知识框架 ·· 17
任务一　初识 NumPy ·· 17
任务二　创建 NumPy 数组 ··· 20
　　子任务 1　使用 array 函数及内置函数创建数组 ···································· 20
　　子任务 2　认识数组的数据类型 ·· 24
　　子任务 3　掌握数组的属性 ·· 26
任务三　数组的基本操作 ·· 30
　　子任务 1　掌握数组运算 ··· 30
　　子任务 2　掌握数组索引 ··· 35
　　子任务 3　掌握数组切片 ··· 38

任务四　数组的特殊操作 ………………………………………………………………… 42
　　子任务 1　理解数组连接操作 ……………………………………………………… 42
　　子任务 2　掌握数组形态变换 ……………………………………………………… 44
　　子任务 3　理解数组排序 …………………………………………………………… 47
　　子任务 4　掌握随机数函数使用 …………………………………………………… 49
任务五　数组存取 ……………………………………………………………………… 53
任务六　图像处理 ……………………………………………………………………… 55

项目三　Python 数据分析库训练 …………………………………………………………… 58

项目导入 …………………………………………………………………………………… 58
项目要求 …………………………………………………………………………………… 59
项目学习目标 ……………………………………………………………………………… 59
知识框架 …………………………………………………………………………………… 60
任务一　pandas 数据结构 ……………………………………………………………… 60
任务二　pandas 索引操作 ……………………………………………………………… 67
　　子任务 1　重新索引和更换索引 …………………………………………………… 67
　　子任务 2　索引和选取 ……………………………………………………………… 73
　　子任务 3　DataFrame 数据的编辑 ………………………………………………… 78
任务三　pandas 数据运算 ……………………………………………………………… 81
任务四　层次化索引 ……………………………………………………………………… 87
任务五　pandas 可视化 ………………………………………………………………… 90
任务六　读书榜单分析 …………………………………………………………………… 97

项目四　Python 大数据分析基础综合应用 ……………………………………………… 99

项目导入 …………………………………………………………………………………… 99
项目要求 …………………………………………………………………………………… 99
项目学习目标 ……………………………………………………………………………… 99
知识框架 …………………………………………………………………………………… 100
任务一　需求分析 ………………………………………………………………………… 101
　　子任务 1　明确需求 ………………………………………………………………… 101
　　子任务 2　数据分析技术路线 ……………………………………………………… 103
　　子任务 3　认识业务数据 …………………………………………………………… 105
任务二　数据清洗 ………………………………………………………………………… 112
　　子任务 1　认识脏数据 ……………………………………………………………… 112
　　子任务 2　侦查脏数据 ……………………………………………………………… 115
　　子任务 3　数据清洗与整理 ………………………………………………………… 119
　　子任务 4　基于招聘信息的数据清洗 ……………………………………………… 128

任务三　数据分析	129
子任务1　数据分组	129
子任务2　聚合运算	135
子任务3　分组运算	139
子任务4　基于招聘信息的数据分析	142
任务四　数据可视化	144
子任务1　线形图	144
子任务2　柱状图	148
子任务3　散点图和直方图	153
子任务4　自定义设置图表	156
任务五　综合应用	162

项目五　Python大数据分析高阶综合应用 …… 169

项目导入	169
项目要求	170
项目学习目标	170
知识框架	171
任务一　需求分析	171
子任务1　明确需求	172
子任务2　数据分析技术路线	174
子任务3　认识业务数据	175
任务二　数据清洗	177
子任务1　检测和过滤异常值	178
子任务2　虚拟变量	182
子任务3　正则表达式	185
子任务4　基于疫情数据的数据清洗	189
任务三　数据分析	190
子任务1　分层索引	191
子任务2　联合与合并数据集	195
子任务3　重塑和透视	203
子任务4　基于疫情数据的数据分析	207
任务四　数据可视化	209
子任务1　在seaborn下定义样式并绘制分布图	209
子任务2　在pyecharts中绘制基础图表	218
子任务3　在pyecharts中绘制其他图表	225
子任务4　基于疫情数据的数据可视化	229
任务五　综合应用	231

项目六 "1+X"数据应用开发与服务（Python）专项集训 ······ 234

项目导入 ······ 234
项目要求 ······ 234
项目学习目标 ······ 234
知识框架 ······ 235
任务一 Python 基础语法的集训 ······ 235
  子任务1 变量与数据类型 ······ 235
  子任务2 数据运算 ······ 237
  子任务3 数据存储 ······ 243
  子任务4 选择语句 ······ 246
  子任务5 循环语句 ······ 250
  子任务6 面向过程编程 ······ 254
任务二 机器学习基础 ······ 260
  子任务1 机器学习的主要任务 ······ 260
  子任务2 数据集的预处理 ······ 263
  子任务3 模型的设置 ······ 272
  子任务4 模型的评价 ······ 277
任务三 回归任务——波士顿房价预测 ······ 283
  子任务1 数据集的预处理 ······ 283
  子任务2 相关性分析和归一化 ······ 289
  子任务3 模型的训练与评估 ······ 295
任务四 分类任务——鸢尾花分类 ······ 301
  子任务1 数据集的预处理 ······ 301
  子任务2 特征编码和相关性分析 ······ 308
  子任务3 分类模型的训练与评估 ······ 314

参考文献 ······ 318

项目一

Python数据分析环境初识

项目导入

党的二十大报告指出:"加快实施创新驱动发展战略,加快实现高水平科技自立自强,基础研究和原始创新不断加强,一些关键核心技术实现突破,载人航天、探月探火、深海深地探测、超级计算机、卫星导航等取得重大成果,进入创新型国家行列。"

动画:Python数据分析概述

国家的发展离不开先进的科学技术这把利剑,古语云:"工欲善其事,必先利其器。"经验告诉我们,要想让工作事半功倍,得心应手的工具是必不可少的;在数据分析领域同样也有这么一把利剑,它能方便地提供数据可视化、数据交互,提高数据分析的效率,今天就让我们一起学习 Jupyter Notebook 这把数据分析的"利剑"。

项目要求

能够熟练安装 Jupyter Notebook 和 Python 中常用的库;能够使用 Jupyter NoteBook 编写代码,熟练掌握 Jupyter Notebook 执行代码、调试代码、代码补齐等常用功能的快捷方式。

项目学习目标

1. 素质目标

◆ 通过动手安装 Jupyter Notebook,培养学生的自信心。

◆ 通过小组讨论解决 Jupyter Notebook 安装中的存在问题,培养学生服务意识和团队合作意识。

◆ 通过组内讨论,挑选出最优的故障解决方案,从而培养学生精益求精的工作态度。

2. 知识目标

◆ 知道 Jupyter Notebook 的作用和特点。

◆ 理解 Jupyter Notebook 的组成。

◆ 掌握 Jupyter Notebook 的安装、启动和关闭的方法。

◆ 熟练操作 Jupyter Notebook 界面中的功能按键。

◆ 掌握 Jupyter Notebook 在安装和启动失败时的解决方案,通过排错能够使 Jupyter Notebook 正常运行。

3. 能力目标

◆ 通过亲手安装 Jupyter Notebook,提高学生的动手能力。

◆ 在安装 Jupyter Notebook 过程中，积极引导学生通过网络资源或者小组讨论等方式，寻找解决问题的方法，并在组内讨论最优方案进行汇报，培养学生对工作精益求精的态度，提高学生的探究能力、语言表达能力。

◆ 通过帮助其他同学解决问题，增强学生的自信心，提高学生的服务意识。

◆ 通过小组互助的学习形式，有利于增强组内成员的社会服务意识，提高小组的团队协作能力。

知识框架

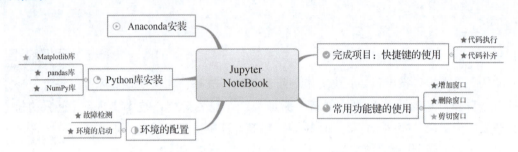

任务一　Jupyter Notebook 的安装与运行

子任务 1　Jupyter Notebook 和数据分析相关的 Python 库的安装

一、任务描述

本任务主要介绍 Jupyter Notebook 的安装以及在安装中的注意事项，其中，环境变量的设置是各种比赛中的基础考点，具体内容见表 1.1.1。

表 1.1.1　Jupyter Notebook 和数据分析相关的 Python 库的安装

任务名称	使用 Anaconda 安装 Jupyter Notebook 和数据分析相关的 Python 库	
任务要求	素质目标	1. 培养学生的社会服务意识 2. 培养学生认真、严谨的职业素养 3. 培养学生团队协作意识
	知识目标	掌握使用 Jupyter Notebook 的安装方法
	能力目标	能够解决 Jupyter Notebook 安装过程中存在的问题
任务内容	1. 完成 Anaconda 软件的下载 2. 使用 Anaconda 安装 Jupyter Notebook	
验收方式	完成任务实施工单内容及课后讨论	

二、知识要点

1. Anaconda 简介

Python 是一种语法简洁、易于理解的高级编程语言，程序开发者根据不同的使用场景开发了不同 Python 库，由于 Python 库与库之间有时存在依赖关系，手动安装 Python 库容易出错。

项目一　Python 数据分析环境初识

为了解决这个问题，Anaconda 应运而生，它针对 Python 的不同版本将每个版本对应的常用 Python 库进行了内置，例如，内置了在数据分析中常用的处理表格数据的 NumPy 库，将数据分析过程及结果展示为直方图、折线图等统计图的 Matplotlib 库等，帮助使用者省去了解决库与库之间的依赖问题，使用户更专注于使用程序解决问题。

动画：什么是 anaconda

Jupyter Notebook 也是在 Anaconda 中已经预装好的软件，安装 Anaconda 之后，Jupyter Notebook 环境就自动安装好了。

2. 环境变量的设置

通过将软件启动程序所在的位置添加到系统环境变量"Path"中，就可以在操作系统中的任意位置启动该软件，无须到安装软件的目录下进行启动。系统环境变量的设置流程请扫描图 1.1.1 中的二维码获取相关视频教程。

图 1.1.1　环境变量的设置

微课：Anaconda 的安装与运行

三、任务实施（表 1.1.2）

表 1.1.2　Jupyter Notebook 和数据分析相关的 Python 库的安装

任务内容	1. 完成 Anaconda 软件的下载 2. 使用 Anaconda 安装 Jupyter Notebook
实施步骤	步骤一：对应的 Anaconda 已经存在于教学资源中，同学们可以直接扫描课程二维码，如图 1.1.2 所示，进入课程，在资料中选中 Anaconda 软件进行下载。 图 1.1.2　课程资料 步骤二：下载 Anaconda 软件之后，双击运行，根据图 1.1.3 安装导航页面提示，单击"Next"按钮。 图 1.1.3　导航页面

续表

实施步骤	步骤三：在图 1.1.4 中单击"I Agree"按钮。 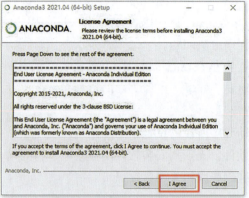 图 1.1.4　单击"I Agree"按钮 步骤四：如图 1.1.5 所示，首先单击"Just Me"按钮，然后单击"Next"按钮。 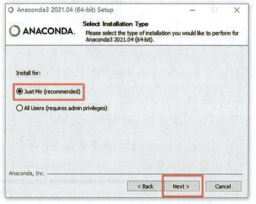 图 1.1.5　单击"Next"按钮 步骤五：如图 1.1.6 所示，首先，单击"Browse"按钮；然后，根据自定义的安装位置更改标注 1 对应框中的路径位置；确认无误后，单击"Next"按钮。 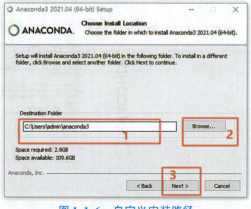 图 1.1.6　自定义安装路径

项目一　Python 数据分析环境初识

续表

| 实施步骤 | 步骤六：如图 1.1.7 所示，首先，勾选标注 1 对应的复选项；然后，单击"Install"按钮，开始安装。
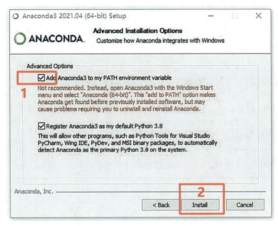
图 1.1.7　添加环境变量

思考：如果步骤六中没有在 Anaconda 安装中勾选标注 1 对应的复选项，那么如何手动将 Anaconda 启动程序添加到电脑系统的环境变量中？

步骤七：如图 1.1.8 所示，在电脑上单击标注 1 对应框中的图标，或者按下键盘上的"Win"键；然后，出现标注 2、3 对应框中内容，表明安装成功。

图 1.1.8　安装成功 |

子任务 2　Jupyter Notebook 启动与诊断

一、任务描述

本任务主要讲解 Jupyter Notebook 的启动方法，并对启动中的故障进行诊断。具体内容见表 1.1.3。

表1.1.3　Jupyter Notebook 启动与诊断

任务名称	Jupyter Notebook 启动与诊断	
任务要求	素质目标	1. 培养学生的社会服务意识 2. 培养学生认真、严谨的职业素养 3. 培养学生团队协作意识
	知识目标	掌握 Jupyter Notebook 的启动方法
	能力目标	能够解决 Jupyter Notebook 启动过程中存在的问题
任务内容	完成 Jupyter Notebook 的启动	
验收方式	完成任务实施工单内容及课后讨论	

二、知识要点

Jupyter Notebook 在 Anaconda 中已经进行了预装，安装 Anaconda 之后就可以直接使用 Jupyter Notebook 环境在浏览器中编写 Python 程序了，如图 1.1.9 所示。该环境由多个代码窗口组成，每个窗口中的内容能够保持独立运行，这样便于对数据处理的中间过程进行可视化展示，逻辑清晰，具有较强的互动性。

图 1.1.9　书写代码

三、任务实施（表1.1.4）

表1.1.4　Jupyter Notebook 的启动

任务内容	完成 Jupyter Notebook 的启动
实施步骤	步骤一：如图 1.1.10 所示，在桌面或者 D、E、F 等盘下，新建一个文件夹，推荐文件夹命名为：Python 数据分析代码。 图 1.1.10　新建文件夹

续表

任务内容	完成 Jupyter Notebook 的启动
实施步骤	步骤二：如图 1.1.11 所示，双击步骤一新建的文件夹，单击标注 1 对应框中的输入框，原路径变蓝，然后，输入"cmd"并按下键盘上的 Enter 键，如标注 2 对应框中所示。 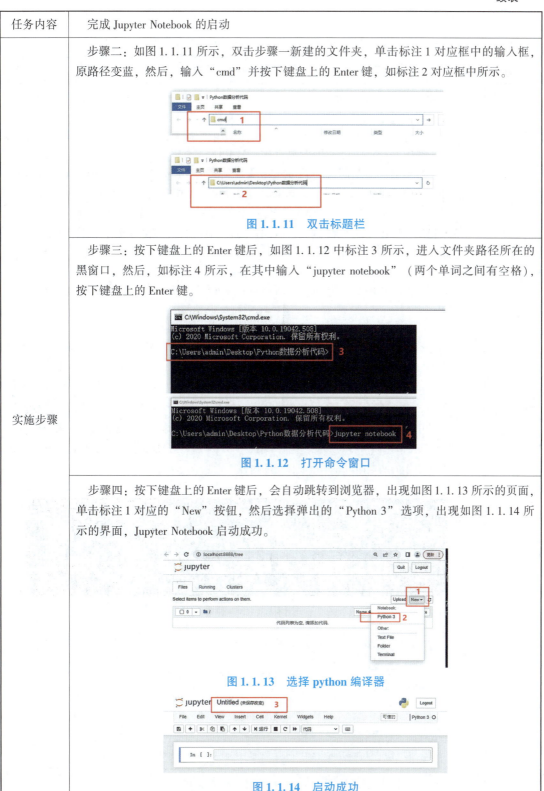 图 1.1.11　双击标题栏 步骤三：按下键盘上的 Enter 键后，如图 1.1.12 中标注 3 所示，进入文件夹路径所在的黑窗口，然后，如标注 4 所示，在其中输入"jupyter notebook"（两个单词之间有空格），按下键盘上的 Enter 键。 图 1.1.12　打开命令窗口 步骤四：按下键盘上的 Enter 键后，会自动跳转到浏览器，出现如图 1.1.13 所示的页面，单击标注 1 对应的"New"按钮，然后选择弹出的"Python 3"选项，出现如图 1.1.14 所示的界面，Jupyter Notebook 启动成功。 图 1.1.13　选择 python 编译器 图 1.1.14　启动成功

四、故障诊断手册（表 1.1.5）

表 1.1.5　Jupyter Notebook 启动故障诊断手册

类型	问题描述及解决方法
环境启动	问题 1：在黑窗口中输入"jupyter notebook"，界面报错，提示内容："不是内部命令"，没有返回浏览器界面。
	第一种情形：jupyter notebook 两个单词之间可能没有用空格隔开； 第二种情形：在"子任务一"的"步骤六"没有勾选复选项，导致 Jupyter Notebook 没有设置为环境变量。解决方法：在桌面右击"我的电脑"，选择"属性"，单击"高级系统设置"→"高级"→"环境变量"→"系统变量"→"变量 Path"选项，将 Anaconda 的安装目录所在的绝对路径和 Anaconda\Library\bin 目录所在的绝对路径添加到"变量 Path"的值选项中。
浏览器意外关闭	问题 2：关闭了浏览器，Jupyter Notebook 编程环境关闭，那么如何恢复关闭网页前的代码？
	Jupyter Notebook 提供定时能够保存环境中的内容的功能，只要当时输入"cmd"的黑窗口存在，Jupyter Notebook 的编程环境就能还原。在黑窗口启动 Jupyter Notebook 时，黑窗口作为后台会开启特定的端口服务，该服务在启动时对应一个链接。如图 1.1.15 框中内容所示，找到黑窗口中"http://localhost:8888"开头到该行结束的这段代码，鼠标左键拖动选中该段代码，右击鼠标复制这段代码；打开浏览器，在浏览器的输入窗口中单击鼠标右键，如图 1.1.16 所示，单击"粘贴"并访问即可恢复执行。如图 1.1.17 所示，单击最近操作的文档即可显示里面保存的内容。 图 1.1.15　本地 URL 图 1.1.16　浏览器访问

续表

类型	问题描述及解决方法
浏览器意外关闭	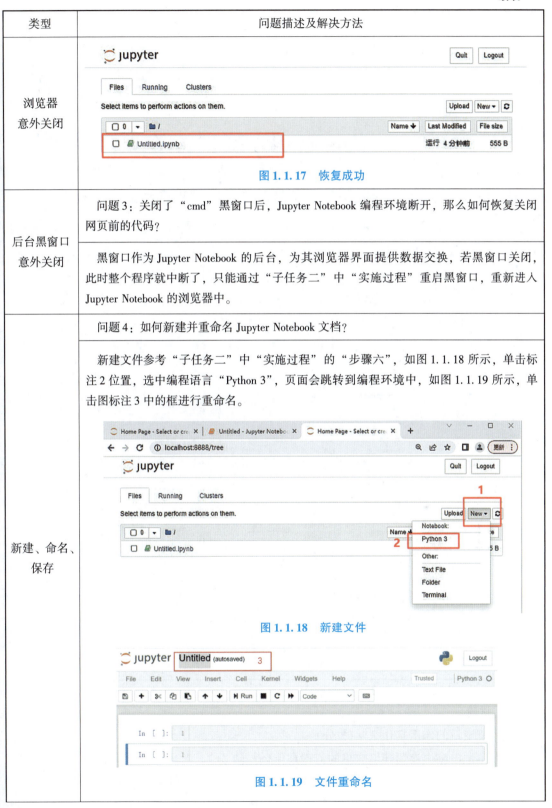图 1.1.17　恢复成功
后台黑窗口意外关闭	问题 3：关闭了"cmd"黑窗口后，Jupyter Notebook 编程环境断开，那么如何恢复关闭网页前的代码？ 黑窗口作为 Jupyter Notebook 的后台，为其浏览器界面提供数据交换，若黑窗口关闭，此时整个程序就中断了，只能通过"子任务二"中"实施过程"重启黑窗口，重新进入 Jupyter Notebook 的浏览器中。
新建、命名、保存	问题 4：如何新建并重命名 Jupyter Notebook 文档？ 新建文件参考"子任务二"中"实施过程"的"步骤六"，如图 1.1.18 所示，单击标注 2 位置，选中编程语言"Python 3"，页面会跳转到编程环境中，如图 1.1.19 所示，单击图标注 3 中的框进行重命名。 图 1.1.18　新建文件 图 1.1.19　文件重命名

续表

类型	问题描述及解决方法
新建、命名、保存	问题5：如何保存 Jupyter Notebook 文档？ 方法一：如图1.1.20所示，单击框中的按钮，可以直接保存到"子任务二"中"实施过程"的"步骤一"新建的文件夹中。 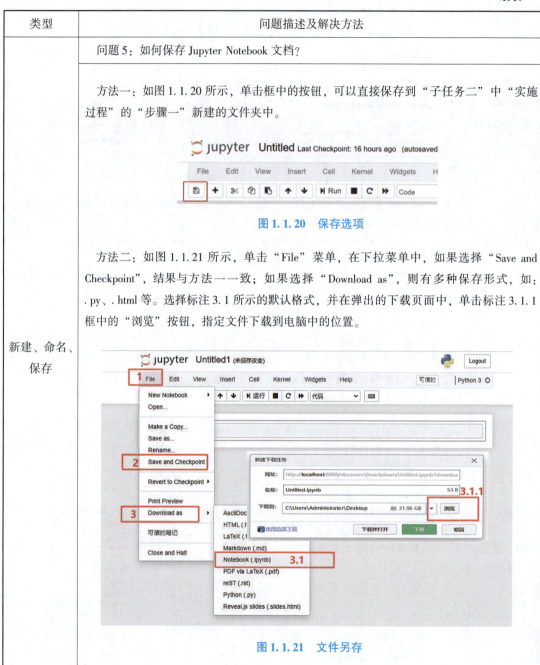 图1.1.20　保存选项 方法二：如图1.1.21所示，单击"File"菜单，在下拉菜单中，如果选择"Save and Checkpoint"，结果与方法一一致；如果选择"Download as"，则有多种保存形式，如：.py、.html 等。选择标注3.1所示的默认格式，并在弹出的下载页面中，单击标注3.1.1框中的"浏览"按钮，指定文件下载到电脑中的位置。 图1.1.21　文件另存

课后讨论

1. 环境变量的作用是什么？（3分）
2. 在本地电脑中设置环境变量的流程是什么？（7分）

任务二　Jupyter Notebook 编程与诊断

一、任务描述

党的二十大报告指出:"敢于突进深水区,敢于啃硬骨头,敢于涉险滩,敢于面对新矛盾新挑战。"程序的调试就是一个直面错误、主动出击、克服困难的过程,只有在前期掌握了程序的调试方法,后期才能游刃有余地处理编程遇到的各种报错;在学习 Jupyter Notebook 的调试过程中,要铭记总书记嘱托,敢于迎难而上、直面问题、主动求变,锻炼坚毅的性格和扎实的编程技能。

本任务需掌握 Jupyter Notebook 的功能键、查看不同库的版本号,以及对运行代码出现故障的检测方法,熟练使用 Jupyter Notebook 的功能是各种比赛中的基础考点。具体要求见表 1.2.1。

表 1.2.1　Jupyter Notebook 编程与诊断

任务名称		Jupyter Notebook 编程与诊断
任务要求	素质目标	1. 培养学生任务交付的职业综合能力 2. 培养学生严谨、细致的数据分析工程师职业素养 3. 激发学生自我学习热情
	知识目标	1. 掌握 Jupyter Notebook 常用的功能 2. 掌握查看内置 Python 库的方法
	能力目标	能够熟练使用数组运算解决实际问题
任务内容		1. 在运行窗口中独立执行代码 2. 查看已经安装的 Python 库
验收方式		完成任务实施工单内容及课后讨论

二、知识要点

1. 数据分析中常用的 Python 库简介

①NumPy:主要进行数组操作,它是一个底层的库。其数组运算速度快,能为其他科学计算相关库提供数据存储、计算等服务。

②pandas 库:能够处理常见的 Excel、CSV、SQL 等的表格数据,可以实现单个表拆分和多个表合并的操作;能够对处理后的数据进行可视化展示;其读取之后的数据采用 NumPy 库中的 ndarray 数组进行存储和运算。

③Matplotlib 库:该库的主要功能是绘制图像,用于可视化的展示,其可以处理的数据包括 Python 中的列表、NumPy 中的数组、pandas 中的 Series 以及 JSON 等数据结构。

2. Jupyter Notebook 中常用的功能键（表 1.2.2）

表 1.2.2　Jupyter Notebook 常用功能键

如图 1.2.1 中标注 1 按钮：增加代码窗口。 如图 1.2.1 中标注 2 按钮：剪切代码。 如图 1.2.1 中标注 3、4 按钮：分别为向上和向下移动代码窗口。 如图 1.2.1 中标注 5 按钮：运行指定窗口中的代码。 如图 1.2.1 中标注 6 按钮：暂停代码执行。 如图 1.2.1 中标注 7 按钮：刷新当前窗口。  图 1.2.1　Jupyter Notebook 常用功能键

三、任务实施（表 1.2.3）

表 1.2.3　查看常用库的版本号

任务内容	1. 在运行窗口中独立执行代码 2. 查看已经安装的 Python 库
实施步骤	步骤一：如图 1.2.2 所示，新建 Jupyter Notebook 文件，重命名为 Lession01，在下面的窗口中输入：print（"我是现代学子，我爱现代学院"）。 图 1.2.2　重命名 步骤二：将光标置于代码所在的框中，如图 1.2.3 中标注 1 所示，然后单击"Run"按钮来执行代码，执行代码还可以使用"任务二"中"知识要点"的"执行方法"中的快捷键。最终在其下方显示了输出结果，如标注 3 所示。  图 1.2.3　执行代码

续表

实施步骤	步骤三：如图1.2.4所示，单击标注1框中的"＋"按钮，新增一个执行窗口，在窗口中写入： import numpy as np print(np. __version__) 其中，version前后有两个下划线，执行该代码查看 NumPy 库是否安装成功，以及其对应的版本号。  图1.2.4　查看 NumPy 库是否安装成功 步骤四：如图1.2.5所示，同步骤二类似，新增一个执行窗口，在窗口中写入： import pandas as pd print(pd. __version__) 执行该代码查看数据分析中第二个库 pandas 库是否安装成功，以及其对应的版本号。 图1.2.5　查看 pandas 库是否安装成功 如图1.2.6所示，同步骤二类似，新增一个执行窗口，在窗口中写入： import matplotlib as mplt print(mplt. __version__) 执行该代码查看第三个库 Matplotlib 库是否安装成功，以及其对应的版本号。  图1.2.6　查看 Matplotlib 库是否安装成功
	思考：上述代码中，import 的作用是什么？as 的作用是什么？

四、故障诊断手册（表1.2.4）

表1.2.4　Jupyter Notebook 运行过程中故障检测

类型	问题描述及解决方法
显示行号	问题1：Jupyter Notebook 编程的窗口中如何打开行号？ 如图1.2.7 所示，单击标注1 对应的"View"按钮，在下拉菜单中选择"Toggle Line Numbers"，就可以使每个编程窗口显示行号，如图中标注3 对应的框中所示。 图1.2.7　显示行号
报错定位	问题2：程序报错，如何定位错误并正确排错？ 首先，在图1.2.8 中标注1 对应的框中找到"line"关键字，其后的数字2 为错误位置所在的行号，标注2 对应的框中为错误的内容；标注3 对应的框中为对应错误的描述信息，此处提示为字符有错，观察发现，双引号中后引号使用了中文的下引号，即中英文字符混用导致。 图1.2.8　报错定位

课后讨论

使用Jupyter Notebook 输出使用的 pandas 版本号，并输出"Hello World"。

项目学习成果评价

项目二

Python科学计算库训练

NumPy 是 Python 科学计算的基础包，也是其他科学计算、数据分析包的基础，它是一个 Python 库，其核心是 N 维数组（N-dimensional array，即 ndarray）。NumPy 提供了多维数组对象、各种派生对象（如矩阵），以及各种用于快速操作数组的各种方法，包括数组运算、索引操作、切片操作、排序、I/O 等。

项目导入

人类获取的信息 80% 以上来自视觉，图像是人们接收、表达、传递信息的快捷方式。近年来，人工智能技术、信息处理技术和电子技术发展迅速，数字图像处理技术已经成为信息技术领域中的核心技术之一，并在国民经济的各个领域得到了广泛的应用，在推动社会进步和提高人民生活质量方面起着越来越重要的作用，在全球各个尖端领域都有广阔的发展前景。图 2.0.1 所示就是图像处理在智能交通领域中的应用，通过图像摄取装置识别汽车，再传递给专用的图像处理系统做进一步处理。

图 2.0.1　图像处理在智能交通领域中的应用

科技革命能直接或间接地作用于人们的生活方式，并且能促进经济和社会发展，造福于人类。在 Python 数据分析中也有一种强大的、基础的存储数据的结构，能够应用于图像处理领域，这就是 NumPy 数组，其可以通过数组存储和处理大型矩阵。对数组的相关操作被封装到了 NumPy 库中，接下来通过学习 NumPy 库来感受数组的魅力。

本项目将应用 NumPy 库实现图像处理操作，首先需要认识 NumPy，包括 NumPy 是什么、NumPy 的核心 ndarray 与 Python 内置序列的区别、NumPy 的引入方法；其次，讲解 array 函数及 NumPy 内置函数创建数组的方法，引出数组数据类型及数组的属性；通过 NumPy 数组运算、索引、切片来掌握数组常用操作；然后对数组连接、排序等特殊操作进行实践；再介绍数组存取操作；最后应用 NumPy 快速、灵活的"大数据容器"——数组来完成图像处理。

项目要求

给出如图 2.0.2 所示图片，使用 NumPy 库实现转置、图像扩展、水平镜像、水平翻转等图像处理操作。

图 2.0.2　图像处理示例图片

项目学习目标

1. 素质目标
◆ 培养学生任务交付的职业综合能力。
◆ 培养学生严谨、细致的数据分析工程师职业素养。
◆ 树立正确发展和运用图像处理等科学技术的观念。

2. 知识目标
◆ 理解 NumPy 的核心数据结构及 NumPy 引入方法。
◆ 掌握使用 array 函数及内置函数创建 NumPy 数组的方法。
◆ 掌握对数组的索引、切片等基本操作。
◆ 理解数组连接、排序等特殊操作。
◆ 掌握数组随机数函数的使用方法。
◆ 掌握数组存取方法。

3. 能力目标
◆ 能够利用 array 函数及内置函数创建 NumPy 数组。
◆ 能够使用索引、切片等基本操作编写操作数组代码。
◆ 能够使用连接、排序等特殊操作编写操作数组代码。

- ◆ 能够使用随机数函数生成数组。
- ◆ 能够根据数组特点进行数组存取方法的编写。
- ◆ 能够使用 NumPy 库实现图像处理。

知识框架

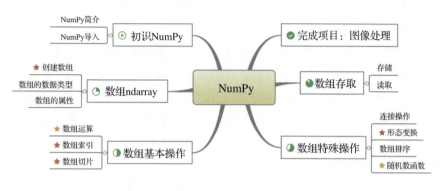

任务一 初识 NumPy

一、任务描述

本任务主要介绍 Python 科学计算库 NumPy，包含 NumPy 简介、如何导入 NumPy 库。具体要求见表 2.1.1。

表 2.1.1 初识 NumPy

任务名称	初识 NumPy	
任务要求	素质目标	1. 培养学生任务交付的职业综合能力 2. 培养学生严谨、细致的数据分析工程师职业素养 3. 激发学生自我学习热情
	知识目标	理解 NumPy 的核心数据结构及 NumPy 引入方法
	能力目标	能够引入 NumPy 包进行代码开发
任务内容	完成 Python 列表到 ndarray 数组的转换	
验收方式	完成任务实施工单内容及练习题	

二、知识要点

1. NumPy 简介

NumPy 是 Python 科学计算的基础包，也是其他科学计算、数据分析和机器学习的主力军，它极大地简化了向量和矩阵的操作处理。Python 的一些主要软件包，比如 pandas、tensorflow 等都以 NumPy 为其架构的基础部分。NumPy 包的核心是 N 维数组。NumPy 可以用于快速处理任意维度的数组，支持常见的数组和矩阵操作。在 Python 中有数组、列表、元组等标准序列，但 ndarray 与这些标准的 Python 序列之间有几个重要的区别：

①ndarray 在创建时具有固定大小，这与 Python 列表（List）可以动态增长不同。如果要更改 ndarray 的大小，将会重新创建一个新数组并删除原始数组。

②ndarray 中的元素都需要具有相同的数据类型，因此在内存中的大小相同。

③ndarray 有助于对大量数据进行高级运算。通常，与使用 Python 内置序列相比，此类操作的执行效率更高，代码更少。

④越来越多基于 Python 的科学计算和数据分析包使用 ndarray，虽然它们通常支持 Python 内置序列输入，但在处理之前会将这些输入的序列转换为 ndarray，并输出 ndarray。

在科学计算和数据分析中，序列的大小及运算速度尤其重要，因此，NumPy 在 Python 科学计算中占据非常重要的地位，对于同样的数值计算任务，使用 NumPy 比直接使用 Python 要简洁得多。NumPy 使用 ndarray 对象来处理多维数组，该对象是一个快速而灵活的大数据容器。

本项目主要介绍 ndarray 中的一维数组、二维数组及相关数组操作。

2. NumPy 导入

在项目一中，已经完成了 Anaconda 的安装任务，NumPy 包已经集成在 Anaconda 中，无须另行安装，但要使用 NumPy 包中的功能，首先要进行包的引入。打开 Jupyter Notebook，创建 Python3 文件，使用 import numpy 命令，即可将 NumPy 包导入文件中并使用。下面使用 NumPy 包提供的 array 函数将 Python 中的列表数据转化为一维数组这个案例，来演示 NumPy 包的引入与使用方法，如图 2.1.1 所示。

```
import numpy    # 导入NumPy包

list1 = [1,0,1]    # 定义列表list1
numpy.array(list1)    # 调用array()函数，将列表list1转化为一维数组

array([1, 0, 1])
```

图 2.1.1　导入 NumPy 包

但有时，Python 第三方包名字字符较长，在使用时不方便，所以可以使用简写机制来简化代码的开发。例如，将 NumPy 包简写为 np，这也是 Python 数据分析行业中默认的简写规则，即用关键字 as 对 NumPy 进行重命名，重新编写图 2.1.1 中的案例，如图 2.1.2 所示。

```
import numpy as np    # 导入NumPy包并进行重命名

list1 = [1,0,1]    # 定义列表list1
np.array(list1)    # 调用array()函数，将列表list1转化为一维数组

array([1, 0, 1])
```

图 2.1.2　导入 NumPy 包并重命名

三、任务实施

完成任务工单见表 2.1.2。

表 2.1.2　初识 NumPy

任务名称	初识 NumPy
任务内容	任务一主要介绍 NumPy 是什么，以及在代码中引入 NumPy 的方法，该任务是后续任务的基础，要求读者能够理解 NumPy 的核心数据结构，同时能够熟练编写引入 NumPy 的代码。
实施步骤	步骤一：简述 NumPy，可以从多方面描述。 步骤二：引入 NumPy 包。 1. 在新建的 Python3 文件中，引入 NumPy 包。 2. 定义列表 list1＝[1,0,1]。 3. 参考"知识要点－NumPy 导入"中的内容，使用 NumPy 提供的 array 方法将列表 list1 转化为一维数组。
验收标准	1. 提供步骤一中关于 NumPy 的文字性描述。 2. 提供步骤二的执行结果。
任务评价	你对自己在本次任务中的表现是否满意？ □满意　　□一般　　□不满意 改进措施_____

【笔记】

练习题

1. （单选）NumPy 包的核心是（　　）。
　　A. numpy　　　　B. ndarray　　　　C. 列表　　　　D. 以上都不是

2. （判断）NumPy 包可以使用 import numpy 进行引入，更多情况下，为了简化代码编写，使用 import numpy as np 进行引入。

3. （简答）孙权招募贤才时曾说："能用众力，则无敌于天下矣；能用众智，则无畏于圣人矣。"这句话出自《三国志·吴书》，类比 ndarray 数组，请思考数组与普通变量相比有什么优势？

任务二　创建 NumPy 数组

子任务 1　使用 array 函数及内置函数创建数组

一、任务描述

本任务主要介绍 array 函数及内置函数创建数组的方法，其中，使用 NumPy 中的 array 函数可以将指定的 Python 内置序列转换为数组，使用内置函数可以创建指定大小的数组。具体要求见表 2.2.1。

表 2.2.1　使用 array 函数及内置函数创建数组

任务名称		使用 array 函数及内置函数创建数组
任务要求	素质目标	1. 培养学生任务交付的职业综合能力 2. 培养学生严谨、细致的数据分析工程师职业素养 3. 激发学生自我学习热情
	知识目标	掌握使用 array 函数及内置函数创建数组的方法
	能力目标	能够利用 array 函数及内置函数创建 NumPy 数组
任务内容		1. 完成使用 array 对各种 Python 内置序列的数组转换 2. 使用内置函数创建 NumPy 数组
验收方式		完成任务实施工单内容及练习题

二、知识要点

1. 使用 array 函数创建数组

NumPy 中的 array 函数可以将指定的 Python 内置序列转换为数组，Python 内置序列可以是列表、嵌套列表、元组、嵌套元组等指定的数据结构。需要注意，使用 array 函数之前，要引入 NumPy 包。示例代码如图 2.2.1 所示。

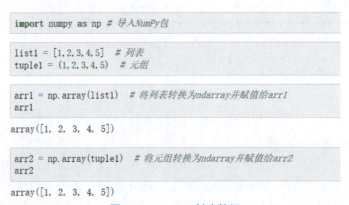

图 2.2.1　array 创建数组

通过 Python 内置序列创建 NumPy 数组的过程如图 2.2.2 所示。

图 2.2.2　创建 NumPy 数组图解

在使用 array 函数创建数组时会出现一个常见的错误，通过图 2.2.3 这个例子进行说明。

图 2.2.3　array 创建数组错误示例

图 2.2.3 的示例中，是要将［1，2，3，4，5］这个列表直接作为参数传递给 array 进行数组的转换，但在第一次调用时，直接将 1、2、3、4、5 这五个数字作为参数传递给 array 了，少写了一对中括号，导致程序报错 "array() takes from 1 to 2 positional arguments but 5 were given"（该错误指 array()需要 1~2 个参数，但代码中给出了 5 个参数）。正确的调用方法是将［1，2，3，4，5］这个列表直接传入 array 函数中。

通常来说，ndarray 是一个通用的同构数据容器，即其中的所有元素都需要是相同的类型，默认情况下通过 array 函数转换的数组元素类型与原序列相同，也可以通过 dtype 参数来指定数组元素类型，如图 2.2.4 所示。

图 2.2.4　指定 dtype 参数创建数组

2. 使用内置函数创建数组

通常，数组的元素最初是未知的，但其大小是已知的。因此，NumPy 提供了几个内置函数来创建带有初始占位符的特殊数组。例如，函数 zeros 创建元素全为 0 的数组；函数 ones 创建元素全为 1 的数组；函数 arange 创建指定起始元素、结束元素、步长的一维数组。示例代码如图 2.2.5 所示。

zeros 函数和 ones 函数使用方法类似，如果想要创建全 0 或者全 1 的一维数组，只需要传入元素的个数即可，比如 np.zeros(3)创建包含 3 个 0 的一维数组。arange 函数在使用时传入 3 个参数，即 arange(start,end,step)，参数说明如下：

- start：起始元素。

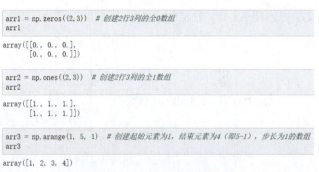

图 2.2.5　内置函数创建数组

- end：结束元素，但不包含其本身。
- step：步长。

start 和 end 可以理解为数学中左闭右开的概念，即包含 start，不包含 end。step 可以理解为一次走几步。在使用 arange 时，start 和 step 这两个参数是可以省略的，这时 start 默认值为 0，step 默认值为 1。

上述内置函数创建数组的过程如图 2.2.6 所示。

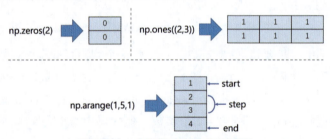

图 2.2.6　内置函数创建数组图解

NumPy 还内置了其他数组创建函数，总结见表 2.2.2。

表 2.2.2　数组创建函数

函数	使用说明
ones_like	以另一个数组为参考，根据其形状和元素类型创建全 1 数组
zeros_like	以另一个数组为参考，根据其形状和元素类型创建全 0 数组
empty	创建一个数组，其元素是随机的，取决于内存的状态
empty_like	以另一个数组的形状为参考，创建一个数组，其元素是随机的
eye、identity	创建正方形的 N×N 单位矩阵

提示：可以查阅 NumPy 官网学习更多内容（https://numpy.org/doc/stable/user/index.html）。

三、任务实施（表 2.2.3）

表 2.2.3 创建 NumPy 数组

任务名称	创建 NumPy 数组
任务内容	1. 完成使用 array 函数对各种 Python 内置序列的数组转换 2. 使用内置函数创建 NumPy 数组
实施步骤	步骤一：预定义嵌套列表和嵌套元组。 在 Python3 文件中，引入 NumPy 包，创建如下嵌套列表和嵌套元组： list2 = [[1,2,3],[4,5,6]] tuple2 = ((1,2,3),(4,5,6)) 思考：定义列表和元组对象名称时，是否可以使用 l2、t2 定义？对比 t2 和 tuple2 这两种命名对象的方式，哪个更清晰？为什么？ 步骤二：使用 array 函数将 list2 和 tuple2 转化为二维数组。 步骤三：创建包含 5 个元素的全 1 一维数组。 步骤四：使用 arange 创建包含 3、4、5、6、7 这 5 个元素的一维数组。 思考：arange 创建包含 3、4、5、6、7 这 5 个元素的写法可以有几种？

【笔记】

续表

验收标准	1. 提供步骤一和步骤四思考问题的文字性描述。 2. 提供步骤二到步骤四的执行结果。
任务评价	请根据任务的完成情况进行自评： | 任务	得分（满分10） | |---|---|
代码运行	_____（7分）
思考问题	_____（3分）	

子任务 2 认识数组的数据类型

一、任务描述

本任务主要讲解数组的数据类型，如浮点数、整数、布尔值等。具体要求见表 2.2.4。

表 2.2.4 认识数组的数据类型

任务名称	认识数组的数据类型	
任务要求	素质目标	1. 培养学生任务交付的职业综合能力 2. 培养学生严谨、细致的数据分析工程师职业素养 3. 激发学生自我学习热情
	知识目标	掌握常用的数组数据类型
	能力目标	能够认识并写出常用的数组数据类型
任务内容	1. 认识常用数据类型的写法 2. 通过 astype 方法进行数据类型的转换	
验收方式	完成任务实施工单内容及练习题	

二、知识要点

在创建数组时，如果没有指定元素的数据类型，NumPy 会为新建的数组推断出合适的数据类型，也可以通过 dtype 参数指定数组的数据类型。dtype 除了可以在 array 函数中指定数据类型外，也可以在 arange 函数中指定数据类型，如图 2.2.7 所示。

```
arr = np.arange(5, dtype='float64')
arr
```
array([0., 1., 2., 3., 4.])

图 2.2.7 arange 函数中使用 dtype

数组的数据类型有很多，读者只需要记住最常见的几种数据类型即可，包括浮点数、整数、复数、布尔值、字符串和 Python 对象。表 2.2.5 中列举了常用 NumPy 基本数据类型。

表 2.2.5 常用 NumPy 基本数据类型

名称	描述
bool_	布尔型数据类型（True 或者 False）
int_	默认的整数类型（类似于 C 语言中的 long、int32 或 int64）
int32	整数（-2 147 483 648~2 147 483 647）
float_	float64 类型的简写
float64	双精度浮点数，包括 1 个符号位、11 个指数位、52 个尾数位
complex_	complex128 类型的简写，即 128 位复数
string_	字符串类型
object	Python 对象

NumPy 的数值类型实际上是 dtype 对象的实例，并对应唯一的字符，包括 np.bool_、np.int32、np.float64 等。dtype 对象的内容将在下一个子任务中学习。

对于创建好的 ndarray，可通过 astype 函数进行数据类型的转换，如图 2.2.8 所示。

```
arr1 = np.arange(4)
arr1
```
array([0, 1, 2, 3])

```
arr2 = arr1.astype(np.float64)    # 也可以写成 arr1.astype('float64')
arr2
```
array([0., 1., 2., 3.])

```
arr3 = arr1.astype("string_")
arr3
```
array([b'0', b'1', b'2', b'3'], dtype='|S11')

图 2.2.8 通过 astype 函数进行数据类型转换

如果原数组是浮点类型，通过 astype 转换成整型，不会采用四舍五入的方式来转换，而是浮点数的小数部分直接被截断，如图 2.2.9 所示。

```
arr = np.array([2.3, 7.5, 8.7])
arr
```
array([2.3, 7.5, 8.7])

```
arr.astype('int32')
```
array([2, 7, 8])

图 2.2.9 浮点类型转换成整型

三、任务实施（表 2.2.6）

表 2.2.6　认识数组的数据类型

任务名称	认识数组的数据类型
任务内容	1. 认识常用数据类型的写法 2. 通过 astype 方法进行数据类型的转换
实施步骤	步骤一：写出整型、浮点型的表示形式。 步骤二：将字符串类型转换为数值类型。 1. 定义字符串类型的列表 list1，包含如下元素： ['2.3', '3.5', '9.8'] 将 list1 通过 array 函数转换成数组 arr1。 2. 将 arr1 转换成浮点型（float64）。 思考：如果字符串类型中包含如 a 这样的字符，是否可以转换为数值类型？
验收标准	1. 提供步骤一的文字性描述。 2. 提供步骤二的执行结果。
任务评价	请根据任务的完成情况进行自评： | 任务	得分（满分10）
步骤一	_____（3 分）
步骤二	_____（7 分）	

子任务 3　掌握数组的属性

一、任务描述

本任务需要掌握数组的属性，包括数组的秩、数组的维度、元素个数、数据类型等基本属性。具体要求见表 2.2.7。

表 2.2.7 掌握数组的属性

任务名称	掌握数组的属性	
任务要求	素质目标	1. 培养学生任务交付的职业综合能力 2. 培养学生严谨、细致的数据分析工程师职业素养 3. 激发学生自我学习热情
	知识目标	掌握数组的基本属性
	能力目标	能够熟练使用数组的属性观察数组特征
任务内容	熟练使用数组的属性观察数组特征	
验收方式	完成任务实施工单内容及练习题	

二、知识要点

通过数组的属性可以观察数组特征，比如通过秩可以知道数组轴的数量，从而判断数组的维度。NumPy 数组中有如下比较重要的属性，见表 2.2.8。

表 2.2.8 数组的属性

属性	使用说明
ndarray.ndim	秩，即轴的数量或维度的数量
ndarray.shape	数组的维度，对于矩阵，n 行 m 列
ndarray.size	数组元素的总个数，相当于.shape 中 n×m 的值
ndarray.dtype	ndarray 对象的元素类型
ndarray.itemsize	ndarray 对象中每个元素的大小，以字节为单位

下面针对表 2-10 中的前 4 个属性进行讲解。

1. ndarray.ndim

ndarray.ndim 用于返回数组的维数，等于秩。使用方法如图 2.2.10 所示。

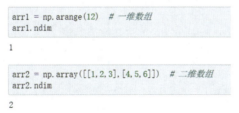

图 2.2.10 ndim 属性

2. ndarray.shape

ndarray.shape 表示数组的维度，返回一个元组，这个元组的长度就是维度的数目，即 ndim 属性（秩）。比如，一个二维数组，其维度表示行数和列数。ndarray.shape 也可以用于调整数组大小。使用方法如图 2.2.11 所示。

```
arr = np.array([[1,2,3],[4,5,6]])
arr.shape  # 查看数组维度
```
(2, 3)

```
arr.shape = (3,2)  # 通过shape调整arr数组大小
arr
```
array([[1, 2],
       [3, 4],
       [5, 6]])

图 2.2.11 shape 属性

3. ndarray.size

通过 ndarray.size 属性，可以获得数组元素的总个数，相当于 .shape 中 n×m 的值，如图 2.2.12 所示。

```
arr = np.array([[1,2,3],[4,5,6]])
arr.shape
```
(2, 3)

```
arr.size
```
6

图 2.2.12 size 属性

4. ndarray.dtype

通过 ndarray.dtype 可以获得 ndarray 对象的数据类型，如图 2.2.13 所示。

```
arr1 = np.array([[1,2,3],[4,5,6]])
arr1.dtype
```
dtype('int32')

```
arr2 = np.array([1.2, 3.6, 5.1])
arr2.dtype
```
dtype('float64')

图 2.2.13 dtype 属性

使用 astype 函数进行数据类型转换时，也可以通过另外一个数的 dtype 进行转换，如图 2.2.14 所示。

```
arr1 = np.arange(5)  # 定义数据类型为整型的arr1
arr1.dtype
```
dtype('int32')

```
arr2 = np.ones(5)  # 定义全1一维数组，默认数据类型为浮点型
arr2.dtype
```
dtype('float64')

```
arr3 = arr1.astype(arr2.dtype)  # 使用arr2.dtype指定arr1的数据类型
arr3.dtype
```
dtype('float64')

图 2.2.14 astype 函数使用 dtype 进行数据类型转换

三、任务实施（表 2.2.9）

表 2.2.9 掌握数组的属性

任务名称	掌握数组的属性	
任务内容	熟练使用数组的属性观察数组特征	
实施步骤	步骤一：定义一个二维数组 arr，包含 2 行 4 列，数据类型为整型，内容自拟。	
	步骤二：使用所学数组的属性，得到 arr 的秩、数组的维度、元素的总个数、数据类型，编写代码实现。	
	思考：想要获得 arr 中每个元素的字节大小，应该如何实现？	
验收标准	1. 提供步骤一的代码。 2. 提供步骤二的代码及思考问题的文字性描述。	
任务评价	请根据任务的完成情况进行自评：	
	任务	得分（满分 10）
	步骤一	_____（5 分）
	步骤二	_____（5 分）

【笔记】

练习题

1.（判断）NumPy 中的 array 函数可以将指定的 Python 内置序列转换为数组，Python 内置序列可以是列表、嵌套列表、元组、嵌套元组等指定的数据结构。（   ）

2.（单选）下列内置函数可以创建全 0 数组的是（   ）。
　A. arange　　　　B. ones　　　　C. zeros　　　　D. empty

3.（多选）下列描述中，表示浮点型的有（   ）。
　A. float64　　　　B. np.float64　　　C. int32　　　　D. string_

4.（单选）下列属性中，可以获得数组的维度的是（   ）。
　A. ndarray.ndim　　　　　　　　B. ndarray.shape
　C. ndarray.dtype　　　　　　　　D. ndarray.size

任务三 数组的基本操作

子任务 1 掌握数组运算

一、任务描述

本任务需掌握数组运算，主要包括数组之间的加、减、乘、除等，以及数组的数学函数运算等。具体要求见表 2.3.1。

表 2.3.1 掌握数组运算

任务名称		掌握数组运算
任务要求	素质目标	1. 培养学生任务交付的职业综合能力 2. 培养学生严谨、细致的数据分析工程师职业素养 3. 激发学生自我学习热情
	知识目标	掌握数组的加、减、乘、除求平方等运算以及数学函数的运算
	能力目标	能够熟练使用数组运算解决实际问题
任务内容		熟练使用数组各种运算解决实际问题
验收方式		完成任务实施工单内容及练习题

二、知识要点

1. 数组之间的数学运算及数学函数

数组之间的数学运算主要包括加、减、乘、除、乘方运算等，可以直接使用数学符号进行运算，也可以使用 NumPy 提供的数学函数进行运算。示例代码如图 2.3.1 所示。

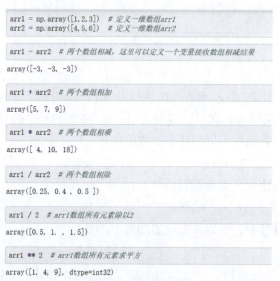

图 2.3.1 数学运算

值得一提的是，如果使用 Python 内置的数组进行图 2.3.1 所示这样的数学运算，需要使用循环实现（甚至需要使用嵌套循环实现），而 NumPy 仅仅用数学运算符号就可以完成数组间的加、减、乘、除运算，这也表现出了 NumPy 编写代码的简洁性和快速性。下面用图 2.3.2 来演示两个数组的加、减、乘、除操作过程。

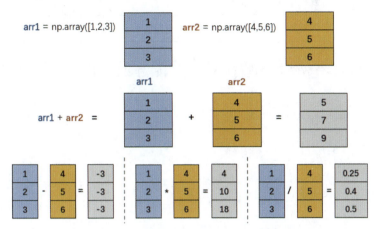

图 2.3.2　两个数组的加、减、乘、除操作过程

许多情况下，我们希望进行数组和单个数值的操作（这种操作也叫作向量和标量之间的操作，即数组是向量，单个数值是标量），如图 2.3.1 中 arr1 除以 2 就是这种操作，NumPy 通过数组广播（broadcasting）的方式完成向量和标量之间的运算，如图 2.3.3 所示。

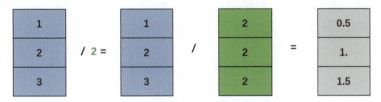

图 2.3.3　向量和标量之间的运算过程

除了直接使用数学运算符号之外，NumPy 还提供了数学函数，见表 2.3.2，表中仅列出一些常用的数学函数，读者可以去 NumPy 官网查看更多函数的使用方法。

表 2.3.2　数学函数

函数	使用说明
np. add	两个数组相加
np. subtract	两个数组相减
np. multiply	两个数组相乘
np. divide	两个数组相除
np. power	将第一个输入数组中的元素作为底数，计算它与第二个输入数组中相应元素的幂（第二个输入也可以是数字）

续表

函数	使用说明
np.square	对数组中每个元素求平方
np.sqrt	对数组中所有元素求平方根
np.abs	求绝对值

针对表2.3.2中部分数学函数进行用法演示，如图2.3.4所示。

```
arr1 = np.array([1, 2, 3])
arr2 = np.array([4, 5, 6])

np.add(arr1, arr2)   # 两个数组相加
array([5, 7, 9])

np.power(arr1, 2)    # arr1每个元素求平方
array([1, 4, 9], dtype=int32)

np.power(arr1, arr2)  # arr1元素作为底数，计算与arr2数组中相应元素的幂
array([  1,  32, 729], dtype=int32)

np.sqrt(arr1)   # 求arr1所有元素的平方根
array([1.        , 1.41421356, 1.73205081])

arr3 = [-1, 9, -10]
np.abs(arr3)    # 求arr3每个元素的绝对值
array([ 1,  9, 10])
```

图2.3.4　数学函数使用

2. 统计函数

NumPy还提供了很多统计函数，支持对整个数组或按指定轴向的数据进行统计计算，比如从数组中查找最小元素、最大元素、平均值、标准差和方差等，常用统计函数见表2.3.3，读者可以去NumPy官网查看更多统计函数的使用方法。

动画：中位数是什么

表2.3.3　常用统计函数

函数	使用说明
sum	求数组元素的和
mean	返回数组中元素的算术平均值。如果提供了轴，则沿其进行计算
std、var	求数组元素的标准差和方差
min、max	求数组元素的最小值和最大值
argmin、argmax	求数组最小和最大元素的索引

续表

函数	使用说明
ptp	计算数组中元素最大值与最小值的差（最大值 – 最小值）
median	用于计算数组 a 中元素的中位数（中值）

下面演示表 2.3.3 中部分统计函数的使用方法，如图 2.3.5 所示。

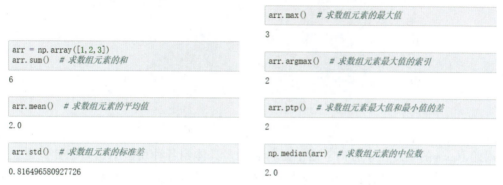

图 2.3.5　统计函数使用

上述部分统计函数运算过程如图 2.3.6 所示。

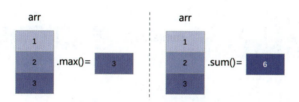

图 2.3.6　统计函数运算图解

部分统计函数也可以传入 axis 参数，用于计算指定轴方向的统计值，如图 2.3.7 所示。

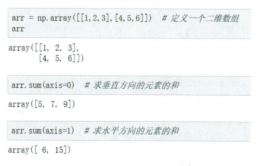

图 2.3.7　统计函数传入 axis 参数

axis 参数可以指定运算在哪个坐标轴上执行。那么轴应该怎么理解呢？轴是用来为超过一维的数组定义属性，比如二维数组拥有两个轴，即 axis 取值分别为 0 和 1：第 0 轴沿着行的方向垂直向下，第 1 轴沿着列的方向水平延伸。轴是有方向的，所以千万不要用行和列的思维去理解 axis。我们用图形举一个例子：假设有一个行和列为 3×3 的正方形，当 axis = 0

时，体现的是纵向长度加 1，即正方形变成了行和列为 4×3 的长方形；当 axis=1 时，体现的是横向长度加 1，即正方形变成了行和列为 3×4 的长方形，如图 2.3.8 所示。

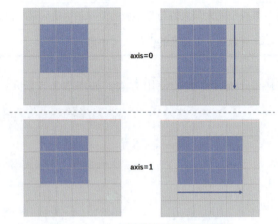

图 2.3.8　axis 取值改变正方形形状

因此，axis 的重点在于方向，而不是行和列。具体到各种用法中也是如此。比如，当 axis=1 时，如果是求平均值，那么是从左到右横向求平均值；如果是数组拼接，那么也是左右横向拼接；如果是 drop 删除，那么也是横向发生变化，体现为列的减少。

图 2.3.7 中统计函数传入 axis 后的运算过程如图 2.3.9 所示。

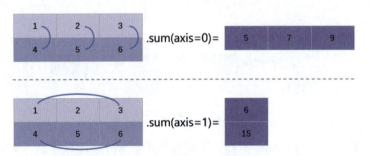

图 2.3.9　传入 axis 参数的 sum 函数运算图解

动画：关于轴的理解

关于轴的理解，请读者观看动画。

三、任务实施（表 2.3.4）

表 2.3.4　掌握数组运算

任务名称	掌握数组运算
任务内容	熟练使用数组各种运算解决实际问题
实施步骤	步骤一：定义两个二维数组。 arr1 = np.array([[1,1,2],[2,3,4]]) arr2 = np.array([[1,2,3],[2,5,4]])

【笔记】

续表

实施步骤	步骤二：计算如下结果。 1. 计算 arr1 和 arr2 的加、减、乘、除结果。 2. 使用两种方法计算 arr1 的平方。
	步骤三：计算如下统计结果。 1. arr1 中的最大值。 2. arr1 每行的最大值。 3. arr1 每列的最大值。
	提示：统计函数使用方法类似，读者可以实现其他统计结果。
验收标准	1. 提供步骤一到步骤三的代码及运行结果 2. 提供其他统计函数的代码及运行结果
任务评价	请根据任务的完成情况进行自评： | 任务 | 得分（满分10） | |---|---| | 步骤一到步骤三 | _____（8分） | | 其他统计函数应用 | _____（2分） |

子任务 2　掌握数组索引

一、任务描述

本任务需掌握一维数组、二维数组的索引，对于多维数组，了解其索引即可。具体要求见表2.3.5。

表 2.3.5 掌握数组索引

任务名称		掌握数组索引
任务要求	素质目标	1. 培养学生任务交付的职业综合能力 2. 培养学生严谨、细致的数据分析工程师职业素养 3. 激发学生自我学习热情
	知识目标	掌握对数组索引的基本操作
	能力目标	能够使用索引基本操作编写操作数组代码
任务内容		熟练操作一维数组、二维数组的索引
验收方式		完成任务实施工单内容及练习题

二、知识要点

ndarray 对象的内容可以通过索引来访问和修改，可以基于 0～n 的下标进行索引，一维数组的索引类似于 Python 列表，如图 2.3.10 所示。

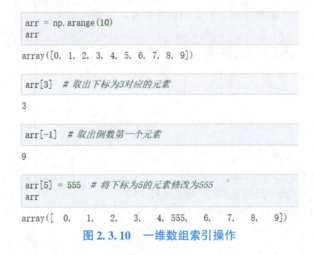

图 2.3.10 一维数组索引操作

一维数组索引操作过程如图 2.3.11 所示。

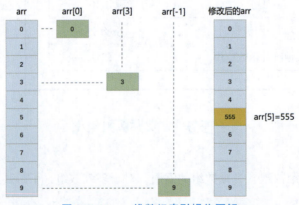

图 2.3.11 一维数组索引操作图解

从图 2.3.10 中对下标为 5 的元素修改后,是对原 arr 数组的修改,也就是说,修改数组索引对应的元素,实际上是对原始数组对应元素的修改,不会产生新的数据。

对二维数组的索引操作如图 2.3.12 所示。

```
arr = np.array([[1,2,3],[4,5,6]])
arr

array([[1, 2, 3],
       [4, 5, 6]])

arr[0]    # 取出下标为0的元素,实际上是一个一维数组

array([1, 2, 3])

arr[1]

array([4, 5, 6])

arr[0][1]    # 取出下标为0和1对应的元素
2

arr[0,1]    # 与arr[0][1]取出的结果相同
2
```

图 2.3.12 二维数组索引操作

二维数组可以理解为嵌套的一维数组,比如二维数组[[1,2,3],[4,5,6]]中,第一个元素是一维数组[1,2,3],第二个元素是一维数组[4,5,6]。因此,arr[0]相当于取出了第一个元素,arr[1]相当于取出了第二个元素。如果需要获取单个元素,比如这个二维数组中的 2,可以先用 arr[0]取出第一个一维数组[1,2,3],此时再取出其中的 2,对应的下标为 1,即 arr[0][1]可以取出 2 这个元素,可以简写为 arr[0,1],如图 2.3.13 所示。

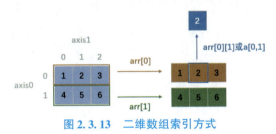

图 2.3.13 二维数组索引方式

三、任务实施(表 2.3.6)

表 2.3.6 掌握数组索引

任务名称	掌握数组索引	【笔记】
任务内容	熟练操作一维数组、二维数组的索引。	
实施步骤	步骤一:定义一个包含 3 行 4 列的、数据类型为整型的二维数组 arr,内容自拟。	

续表

实施步骤	步骤二：取出 arr 中的 arr[0]、arr[2]、arr[2][1]、arr[3][2]。	
	思考：上述四个索引操作是否都能够取出对应的元素？如果有报错，请分析原因。	
	步骤三： 1. 定义一个三维数组 arr，包含如下内容： array([[[1,1,1],[2,2,2]],[[1,2,3],[4,5,6]]]) 2. 从 arr 中取出 arr[1]、arr[0][1]、arr[0,0,0]。	
	思考：三维数组索引的理解。	
验收标准	1. 提供步骤一到步骤三的代码及运行结果。 2. 提供思考问题的文字性描述。	
任务评价	请根据任务的完成情况进行自评：	

任务	得分（满分10）
步骤一到步骤三	_____（7分）
思考问题	_____（3分）

子任务 3　掌握数组切片

一、任务描述

本任务主要讲解数组切片方法。具体要求见表 2.3.7。

项目二 Python 科学计算库训练

表 2.3.7　掌握数组切片

任务名称	掌握数组切片	
任务要求	素质目标	1. 培养学生任务交付的职业综合能力 2. 培养学生严谨、细致的数据分析工程师职业素养 3. 激发学生自我学习热情
	知识目标	掌握对数组的切片操作
	能力目标	能够使用切片操作编写操作数组代码
任务内容	熟练操作一维数组、二维数组的切片	
验收方式	完成任务实施工单内容及练习题	

二、知识要点

数组切片即选取数组中的部分元素构成新的数组，抽取的方法就是指定数组中的行下标和列下标来抽取元素组成新的数组。一维数组的切片同样类似于 Python 列表，如图 2.3.14 所示。

```
arr = np.arange(5)
arr
array([0, 1, 2, 3, 4])

arr[2:4]
array([2, 3])
```

图 2.3.14　一维数组切片（1）

数组切片操作可以通过内置的 slice 函数设置 start、stop 及 step 参数，从原数组中切割出一个新数组，也可以通过冒号分隔切片参数 start、stop、step 来进行切片操作，其中，start 表示起始下标包含该元素，stop 表示终止下标不包含该元素，step 表示步长，如图 2.3.15 所示。

```
arr = np.arange(10)
s = slice(1,7,2)   # 从下标1开始（包含1）,到索引7停止（不包含7）,步长为2
arr[s]
array([1, 3, 5])

arr[1:7:2]   # 从下标1开始（包含1）,到索引7停止（不包含7）,步长为2
array([1, 3, 5])
```

图 2.3.15　一维数组切片（2）

一维数组切片过程如图 2.3.16 所示。

多维数组的切片是按照轴方向进行的，以二维数组为例，当在中括号中输入一个参数时，数组就会按照第 0 轴方向进行切片，如图 2.3.17 所示。

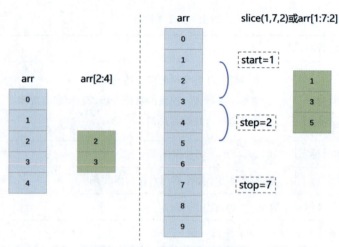

图 2.3.16　一维数组切片图解

```
arr = np.array([[0,1,2], [3,4,5], [6,7,8], [9,10,11]])
arr
```

```
array([[ 0,  1,  2],
       [ 3,  4,  5],
       [ 6,  7,  8],
       [ 9, 10, 11]])
```

```
arr[2:]    # 按照第0轴进行切片
```

```
array([[ 6,  7,  8],
       [ 9, 10, 11]])
```

```
arr[:,1]    # 第0轴方向的元素全部选择,第1轴方向选取下标为1的元素
```

```
array([ 1,  4,  7, 10])
```

```
arr[:,1:2]    # 第0轴方向的元素全部选择,第1轴方向进行切片,选取[1:2]
```

```
array([[ 1],
       [ 4],
       [ 7],
       [10]])
```

```
arr[2:,1:]    # 第0轴方向切片[2:],第1轴方向切片[1:]
```

```
array([[ 7,  8],
       [10, 11]])
```

图 2.3.17　二维数组切片

在图 2.3.17 中，在中括号中多次出现冒号，这里总结相关使用方法：

- 如果在中括号中只放置一个参数，如［2］，将返回与该索引相对应的单个元素。
- 如果为［2:］，表示从该索引开始以后的所有项都将被提取。
- 如果使用了两个参数，如［2:7］，那么提取两个索引（不包括终止索引）之间的项。
- 如果中括号中出现了逗号，可以将逗号前面的操作理解为对第 0 轴的操作，逗号后面的操作理解为对第 1 轴的操作。

- 如果只出现一个冒号，表示选择全部元素（arr[:] 中的冒号表示选择 arr 全部元素，arr[:,1] 中的冒号表示选择第 0 轴全部元素，arr[1,:] 中的冒号表示选择第 1 轴全部元素）。

三、任务实施（表 2.3.8）

表 2.3.8　掌握数组切片

任务名称	掌握数组切片
任务内容	熟练操作一维数组、二维数组的切片
实施步骤	步骤一：一维数组切片操作。 1. 定义一维数组 arr = np.arange(8)。 2. 使用切片操作，选择 arr 中值为 2~7 的元素组成新的数组。 思考：如果使用负数索引进行切片，该如何操作？ 步骤二：二维数组切片操作。 1. 定义二维数组 arr，包含如下元素： array([[0,1,2,3],[4,5,6,7],[8,9,10,11]]) 2. 使用切片操作，得到如下 3 个结果： （1）array([[0,1,2,3],[4,5,6,7]]) （2）array([2,6,10]) （3）array([[1,2],[5,6],[9,10]])
验收标准	1. 提供步骤一、步骤二的代码及运行结果。 2. 提供步骤一思考问题的文字性描述。
任务评价	请根据任务的完成情况进行自评： | 任务	得分（满分10）
步骤一到步骤二	_____（8分）
思考问题	_____（2分）	

练习题

1. （单选）用于求绝对值的函数是（　　）。
   A. np. power
   B. np. abs
   C. np. divide
   D. np. add
2. （判断）ndarray 对象的内容可以通过索引来访问和修改，可以基于 0～n 的下标进行索引。（　　）
3. （简答）总结冒号的使用方法。

任务四　数组的特殊操作

子任务1　理解数组连接操作

一、任务描述

本任务需理解多个数组进行连接操作的方法。具体要求见表 2.4.1。

表 2.4.1　理解数组连接操作

任务名称	理解数组连接操作	
任务要求	素质目标	1. 培养学生任务交付的职业综合能力 2. 培养学生严谨、细致的数据分析工程师职业素养 3. 激发学生自我学习热情
	知识目标	理解数组连接操作
	能力目标	能够使用连接操作编写操作数组代码
任务内容	完成两个数组的水平连接、垂直连接操作	
验收方式	完成任务实施工单内容及练习题	

二、知识要点

在数据处理过程中，经常会出现多个数组进行连接的操作。数组间的连接操作主要包括水平连接和垂直连接两种情况。NumPy 提供了 concatenate 函数通过指定轴方向，将多个数组进行连接，如图 2.4.1 所示。

我们再来回顾一下轴的概念。axis=0 相当于沿着第 0 轴垂直向下，axis=1 相当于沿着第 1 轴水平延伸，如图 2.4.2 所示。

除了使用 concatenate 函数进行数组连接外，NumPy 还提供了两个简单易懂的函数来进行数组的连接。vstack 函数用来进行数组的垂直连接，hstack 用来进行数组的水平连接，如图 2.4.3 所示。

```
arr1 = np.array([[0,1,2],[3,4,5]])
arr1
```

```
array([[0, 1, 2],
       [3, 4, 5]])
```

```
arr2 = np.array([[6,7,8],[9,10,11]])
arr2
```

```
array([[ 6,  7,  8],
       [ 9, 10, 11]])
```

```
np.concatenate([arr1,arr2],axis=0)  # 垂直连接
```

```
array([[ 0,  1,  2],
       [ 3,  4,  5],
       [ 6,  7,  8],
       [ 9, 10, 11]])
```

```
np.concatenate([arr1,arr2],axis=1)  # 水平连接
```

```
array([[ 0,  1,  2,  6,  7,  8],
       [ 3,  4,  5,  9, 10, 11]])
```

图 2.4.1　concatenate 函数连接数组

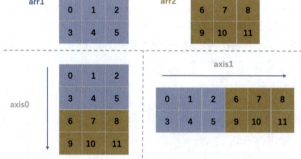

图 2.4.2　concatenate 函数连接演示

```
arr1 = np.array([[0,1,2],[3,4,5]])
arr1
```

```
array([[0, 1, 2],
       [3, 4, 5]])
```

```
arr2 = np.array([[6,7,8],[9,10,11]])
arr2
```

```
array([[ 6,  7,  8],
       [ 9, 10, 11]])
```

```
np.vstack((arr1,arr2))  # 数组垂直连接，相当于concatenate中axis=0
```

```
array([[ 0,  1,  2],
       [ 3,  4,  5],
       [ 6,  7,  8],
       [ 9, 10, 11]])
```

```
np.hstack((arr1,arr2))  # 数组水平连接，相当于concatenate中axis=1
```

```
array([[ 0,  1,  2,  6,  7,  8],
       [ 3,  4,  5,  9, 10, 11]])
```

图 2.4.3　vstack、hstack 函数连接数组

三、任务实施（表 2.4.2）

表 2.4.2　理解数组连接操作

任务名称	理解数组连接操作
任务内容	完成两个数组的水平连接、垂直连接操作
实施步骤	步骤一：使用 concatenate 函数完成两个二维数组 arr1 和 arr2 的连接，arr1 和 arr2 元素类型为整型，内容自拟。 思考：arr1 和 arr2 如果行数和列数不相同，是否可以进行连接？请读者进行总结。 步骤二：使用 vstack 和 hstack 完成两个二维数组 arr1 和 arr2 的连接，arr1 和 arr2 与步骤一中的数组相同即可。
验收标准	1. 提供步骤一、步骤二的代码及运行结果。 2. 提供步骤一思考问题的文字性描述。
任务评价	请根据任务的完成情况进行自评： | 任务 | 得分（满分 10）| | --- | --- | | 步骤一到步骤二 | _____（8 分）| | 思考问题 | _____（2 分）|

子任务 2　掌握数组形态变换

一、任务描述

本任务主要对数组形态变换 reshape 函数和 ravel 函数进行讲解。具体要求见表 2.4.3。

表 2.4.3 掌握数组形态变换

任务名称		掌握数组形态变换
任务要求	素质目标	1. 培养学生任务交付的职业综合能力 2. 培养学生严谨、细致的数据分析工程师职业素养 3. 激发学生自我学习热情
	知识目标	掌握数组形态变换函数
	能力目标	能够熟练使用 reshape、ravel 函数进行数组形态变换
任务内容		一维数组和二维数组形态互相转换
验收方式		完成任务实施工单内容及练习题

二、知识要点

NumPy 提供了 reshape 函数用于改变数组的形状，传入的参数为新维度的元组，如图 2.4.4 所示。

```
1  arr = np.arange(6)
2  arr
array([0, 1, 2, 3, 4, 5])

1  arr.reshape(2,3)   # 将arr形状变为2行3列
array([[0, 1, 2],
       [3, 4, 5]])

1  arr   # reshape函数不会修改原数组的形状
array([0, 1, 2, 3, 4, 5])
```

图 2.4.4 reshape 改变数组形状

与 reshape 相反的方法是数据散开，使用 ravel 函数实现，如图 2.4.5 所示。

```
1  arr = np.arange(6).reshape(3,2)
2  arr
array([[0, 1],
       [2, 3],
       [4, 5]])

1  arr.ravel()   # ravel将arr二维数组转换成一维数组
array([0, 1, 2, 3, 4, 5])

1  arr   # ravel函数不会修改原数组的形状
array([[0, 1],
       [2, 3],
       [4, 5]])
```

图 2.4.5 ravel 函数实现

reshape 函数实现过程如图 2.4.6 所示。

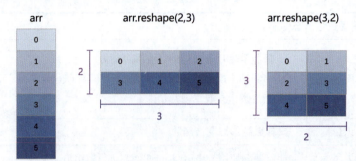

图 2.4.6　reshape 函数实现图解

三、任务实施（表 2.4.4）

表 2.4.4　掌握数组形态变换

任务名称	掌握数组形态变换
任务内容	一维数组和二维数组形态互相转换
实施步骤	步骤一：定义一维数组 arr1 内容如下： array([0,1,2,3,4,5,6,7,8,9]) 使用 reshape 函数转换成 5 行 2 列的二维数组，并赋值给对象 arr2。 思考：reshape 函数是否可以完成二维数组和二维数组之间的转换，比如 3 行 4 列的二维数组转换成 4 行 3 列的二维数组？ 步骤二：将步骤一生成的二维数组 arr2 使用 ravel 函数转换为一维数组。
验收标准	1. 提供步骤一、步骤二的代码及运行结果。 2. 提供步骤一思考问题的文字性描述。
任务评价	请根据任务的完成情况进行自评：

任务	得分（满分 10）
步骤一到步骤二	_____（8 分）
思考问题	_____（2 分）

【笔记】

子任务 3　理解数组排序

一、任务描述

本任务主要讲解数组的排序操作。具体要求见表 2.4.5。

表 2.4.5　理解数组排序

任务名称		理解数组排序
任务要求	素质目标	1. 培养学生任务交付的职业综合能力 2. 培养学生严谨、细致的数据分析工程师职业素养 3. 激发学生自我学习热情
	知识目标	理解数组排序操作
	能力目标	能够使用排序操作编写操作数组代码
任务内容		实现对一维数组和二维数组的排序
验收方式		完成任务实施工单内容及练习题

二、知识要点

在数据分析中，排序也是非常常用的操作。NumPy 提供了多种排序的方法，其中，sort 函数可以将一维数组元素值按从小到大的顺序进行直接排序，如图 2.4.7 所示。

```
arr = np.array([6, 3, 7, 2, 1, 10, 8, 4])
arr
array([ 6,  3,  7,  2,  1, 10,  8,  4])

arr1 = np.sort(arr)
arr1
array([ 1,  2,  3,  4,  6,  7,  8, 10])
```

图 2.4.7　sort 函数直接对一维数组排序

对于二维数组，在使用 sort 进行排序时，可以设置 axis 参数，指定元素是按照行方向排序还是按照列方向排序，如图 2.4.8 所示。

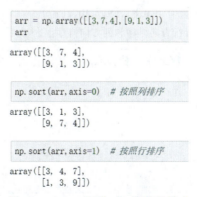

图 2.4.8　sort 函数对二维数组排序

argsort 函数可以返回数组值从小到大的索引值，这个功能在某些数据分析情况中也会被用到，如图 2.4.9 所示。

```
arr = np.array([6, 3, 7, 2, 1, 10, 8, 4])
arr
```
array([6, 3, 7, 2, 1, 10, 8, 4])

```
arr1 = np.sort(arr)    # 对arr元素按照从小到大的顺序排序
arr1
```
array([1, 2, 3, 4, 6, 7, 8, 10])

```
np.argsort(arr)        # 返回数组值从小到大的索引值
```
array([4, 3, 1, 7, 0, 2, 6, 5], dtype=int64)

图 2.4.9　argsort 函数的使用

三、任务实施（表 2.4.6）

表 2.4.6　理解数组排序

任务名称	理解数组排序
任务内容	实现对一维数组和二维数组的排序
实施步骤	步骤一：一维数组排序。 1. 定义一维数组 arr，数据类型为浮点型，数组如下： array([3.2,1.6,4.3,0.7,9.2,2.8]) 2. 对 arr 进行排序。 步骤二：二维数组排序 1. 定义二维数组 arr，数据类型为整型，数组如下： array([[3,2,5,4],[1,6,0,8],[9,7,10,11]]) 2. 分别对 arr 进行行方向排序和列方向排序。 思考：如果对二维数组进行排序时，sort 中不传入 axis 参数，排序结果是什么？

【笔记】

续表

验收标准	1. 提供步骤一、步骤二的代码及运行结果 2. 提供步骤二思考问题的文字性描述
任务评价	请根据任务的完成情况进行自评： | 任务	得分（满分10）
步骤一到步骤二	_____ （8分）
思考问题	_____ （2分）	

子任务4　掌握随机数函数使用

一、任务描述

本任务需要掌握 numpy.random 模块中多种随机数生成函数。具体要求见表 2.4.7。

表 2.4.7　掌握随机数函数使用

任务名称	掌握随机数函数使用	
任务要求	素质目标	1. 培养学生任务交付的职业综合能力 2. 培养学生严谨、细致的数据分析工程师职业素养 3. 激发学生自我学习热情
	知识目标	掌握数组随机数函数的使用
	能力目标	能够使用随机数函数生成数组
任务内容	使用随机数函数生成数组	
验收方式	完成任务实施工单内容及练习题	

二、知识要点

在 numpy.random 模块中，提供了多个随机数生成函数，还提供了一些概率分布的样本值函数。表 2.4.8 列出了部分 numpy.random 模块中的随机数函数。

表 2.4.8　numpy.random 模块中的随机数函数

函数	使用说明
randint	给定范围内取随机整数
rand	产生均匀分布的样本值
randn	产生正态分布的样本值
shuffle	对一个序列随机排序，改变原数组

续表

函数	使用说明
uniform(low,high,size)	产生具有均匀分布的数组，low 表示起始值，high 表示结束值，size 表示形状
normal(loc,scale,size)	产生具有正态分布的数组，loc 表示均值，scale 表示标准差，size 表示形状

1. randint 函数

randint 函数有三个参数，分别是 low、high、size。默认 high 是 None，如果只有 low，那范围就是［0，low］；如果只有 high，范围就是［low，high］，如图 2.4.10 所示。

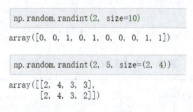

图 2.4.10　randint 函数

2. rand 函数

rand 函数产生均匀分布的样本值，即生成的随机样本位于［0，1）中，它的参数用来指定对应轴的元素个数。比如，传入一个数字 3 时，代表生成一个一维数组包含 3 个元素；传入两个数字 2 和 4 时，代表生成一个二维数组，第 0 轴包含 2 个元素，第 1 轴包含 4 个元素，如图 2.4.11 所示。

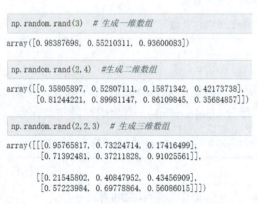

图 2.4.11　rand 函数

3. randn 函数

randn 函数产生正态分布的样本值，即从标准正态分布中返回一个或多个样本值，它的参数与 rand 类似，也是用来指定对应轴的元素个数，如图 2.4.12 所示。

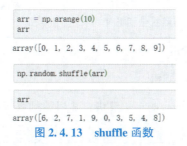

图 2.4.12 randn 函数

4. shuffle 函数

shuffle 函数用于对一个序列随机排序（也可以理解为洗牌操作），并且是在原数组上进行排序，即改变原数组，如图 2.4.13 所示。

图 2.4.13 shuffle 函数

与 shuffle 函数功能类似的函数是 permutation 函数，它也是对一个序列随机排序，但不改变原数组，如图 2.4.14 所示。

图 2.4.14 permutation 函数

5. uniform 函数

uniform(low,high,size) 函数可以产生具有均匀分布的数组，即从一个均匀分布 [low, high) 中随机采样，注意定义域是左闭右开，即包含 low，不包含 high，size 可以指定生成数组的形状，如图 2.4.15 所示。

6. normal 函数

normal(loc,scale,size) 函数产生具有正态分布的数组，loc 表示均值，scale 表示标准差，size 可以指定生成数组的形状，如图 2.4.16 所示。

```
np.random.uniform(3, 6, 4)    # 生成范围在[3,6)包含4个元素的具有均匀分布的一维数组
array([5.79020137, 3.88347835, 5.71194191, 4.48513605])
```

```
np.random.uniform(3, 6, (2,3))    # 生成范围在[3,6)包含2行3列的具有均匀分布的二维数组
array([[5.03116892, 4.55162376, 5.05744994],
       [3.96370546, 4.00450241, 5.59821595]])
```

图 2.4.15　uniform 函数

```
np.random.normal(0, 0.1, 4)    # 生成均值为0、标准差为0.1、包含4个元素具有正态分布的一维数组
array([-0.01108983, -0.02936329, 0.01633243, -0.03314987])
```

```
np.random.normal(0, 0.1, (2,3))    # 生成均值为0、标准差为0.1、包含2行3列具有正态分布的一维数组
array([[ 0.19972626, 0.00759097, -0.01032463],
       [ 0.20209683, -0.02013423, -0.00654426]])
```

图 2.4.16　normal 函数

三、任务实施（表 2.4.9）

表 2.4.9　掌握随机数函数使用

任务名称	掌握随机数函数使用
任务内容	使用随机数函数生成数组
实施步骤	步骤一：总结 numpy.random 模块中常用随机数函数的用法。 步骤二：使用 randint、randn、rand、uniform、normal 函数分别生成包含 4 个元素的一维数组、包含 3 行 4 列的二维数组。 步骤三：shuffle 函数的使用。 1. 定义一个包含 3 行 4 列的二维数组 arr，数据类型为浮点型，内容自拟。 2. 使用 shuffle 函数对 arr 进行随机排序。 思考：shuffle 函数对二维数组排序时，默认是对全部元素进行排序吗？

续表

验收标准	1. 提供步骤一的文字性描述。 2. 提供步骤二、步骤三的代码及运行结果。 3. 提供步骤三思考问题的文字性描述。
任务评价	请根据任务的完成情况进行自评： | 任务	得分（满分10）
步骤一	_____（3分）
步骤二到步骤三	_____（5分）
思考问题	_____（2分）	

练习题

1. （多选）下列函数可以实现数组的连接操作的有（　　）。
   A. concatenate　　　　B. vstack　　　　C. hstack　　　　D. join

2. （单选）阅读下述代码，将 arr 变成 3 行 4 列的二维数组，应该使用（　　）方法。
   import numpy as np
   arr = np.arange(12)
   A. arr.reshape(3,4)　　　　　　　　B. arr.reshape[3,4]
   C. arr.reshape((4,3))　　　　　　　D. arr.reshape(3)(4)

3. （简答）选择三个随机数函数，总结函数的使用方法。

任务五　数组存取

一、任务描述

本任务需掌握数组存取的方法。具体要求见表 2.5.1。

表 2.5.1　数组存取

任务名称	数组存取	
任务要求	素质目标	1. 培养学生任务交付的职业综合能力 2. 培养学生严谨、细致的数据分析工程师职业素养 3. 激发学生自我学习热情
	知识目标	掌握数组存取方法
	能力目标	能够根据数组特点进行数组存取方法的编写
任务内容	根据数组特点进行数组存取	
验收方式	完成任务实施工单内容及练习题	

二、知识要点

NumPy 提供了 save 函数，可以将数组保存为二进制数据文件，数据文件扩展名为 .npy。保存的二进制数据文件，可以使用 load 函数再加载到数组中，如图 2.5.1 所示。

```
arr1 = np.array([[1,2],[3,4]])
np.save('data', arr1)
```

```
arr2 = np.load('data.npy')
arr2
```
```
array([[1, 2],
       [3, 4]])
```

图 2.5.1　save 和 load 函数存取数组

NumPy 还提供了 savetxt 和 loadtxt 函数存储和读取数组，如图 2.5.2 所示。

```
arr = np.array([[1,2],[3,4]])
arr
```
```
array([[1, 2],
       [3, 4]])
```

```
# 存储的文件名为arr.csv，fmt为保存的数据格式，delimiter表示分隔列的字符串或字符
np.savetxt('arr.csv', arr2, fmt='%d', delimiter=',')
```

```
!type arr.csv  # 使用!type可以在Jupyter Notebook中查看arr.csv文件
```
```
1,2
3,4
```

```
# 加载arr.csv文件为内容并赋值给arr1，delimiter表示分隔列的字符串或字符
arr1 = np.loadtxt('arr.csv', delimiter=',')
arr1
```
```
array([[1., 2.],
       [3., 4.]])
```

图 2.5.2　savetxt 和 loadtxt 函数存取数组

三、任务实施（表 2.5.2）

表 2.5.2　数组存取

任务名称	数组存取
任务内容	根据数组特点进行数组存取
实施步骤	步骤一：数组存储。 1. 定义二维数组 arr，内容为 array([[1.2,3.4,5.2],[4.8,8.1,7.9]])。 2. 使用 save 函数将 arr 存储为二进制数据文件 arr.npy。 3. 使用 savetxt 函数将 arr 存储为文件 arr.csv（提示：fmt='%.2f'）。 思考：使用 savetxt 函数存储 arr 时，如果指定 fmt='%d'，是否可以存储成功？

【笔记】

	续表
实施步骤	步骤二：数组读取。 1. 使用 load 函数读取 arr.npy 文件并赋值给 arr1。 2. 使用 loadtxt 函数读取 arr.csv 文件并赋值给 arr2。 思考：如果 loadtxt 函数在读取 arr.csv 文件时不指定 delimiter = ','，是否可以读取成功？
验收标准	1. 提供步骤一、步骤二的代码及运行结果。 2. 提供思考问题的文字性描述。
任务评价	请根据任务的完成情况进行自评： | 任务	得分（满分10）
步骤一到步骤二	_____（7分）
思考问题	_____（3分）	

练习题

1. （单选）loadtxt 函数中 delimiter 的作用是（   ）。

   A. 指定分割列的字符串或字符

   B. 指定读取数组的数据格式

   C. 指定读取数组的文件类型

   D. 以上都不是

2. （判断）NumPy 提供了 savetxt 和 loadtxt 函数存储和读取数组。（   ）

任务六 图像处理

一、任务描述

本任务将使用 NumPy 数组及其相关操作实现转置、图像扩展、水平镜像、水平翻转等图像处理操作。具体要求见表 2.6.1。

表 2.6.1 图像处理

任务名称		图像处理
任务要求	素质目标	1. 培养学生任务交付的职业综合能力 2. 培养学生严谨、细致的数据分析工程师职业素养 3. 树立正确发展和运用图像处理等科学技术的观念
	知识目标	理解图像处理方法
	能力目标	能够使用 NumPy 数组及其相关操作实现图像处理操作
任务内容		使用 NumPy 数组及其相关操作实现图像处理操作
验收方式		完成任务实施工单内容及练习题

二、知识要点

NumPy 可用来存储和处理大型矩阵,支持大量的维度数组与矩阵运算。图像是尺寸(高度×宽度)的像素矩阵,可以使用 NumPy 数组来表示。

如果图像是黑白的,则每个像素都可以用单个数字表示,通常取值在 0(黑色)和 255(白色)之间,黑白图像的数据可以看成是二维数组,如图 2.6.1 所示,从图像中剪裁 10 × 10 的像素,写入 NumPy 数组中即可。

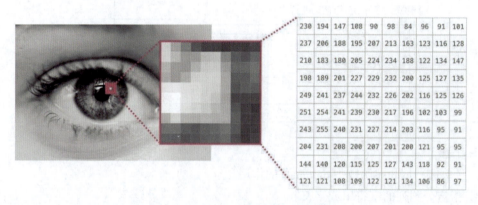

图 2.6.1 使用 NumPy 数组表示黑白图像

如果图像是彩色的,则每个像素由三个数字表示,分别表示红色、绿色和蓝色。这时需要一个三维数组来表示图像中的像素。如图 2.6.2 所示,从图像中剪裁尺寸为 10 × 10 的像素,还要设置数组的维度为三维,因此,彩色图像由尺寸为高 × 宽 × 3 的 NumPy 数组表示,即 10 × 10 × 3。

理解了使用 NumPy 数组表示图像的方式,下面让我们来看看使用 NumPy 数组进行图像处理的操作,具体代码详见二维码资源。

步骤及代码

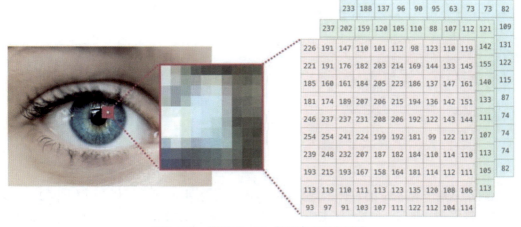

图 2.6.2　使用 NumPy 数组表示彩色图像

三、任务实施（表 2.6.2）

表 2.6.2　图像处理

任务名称	图像处理
任务内容	将图片使用 NumPy 数组进行表示，做进一步处理
实施步骤	任选一张图片，按照本任务中的知识要点完成图片的读取、转换为灰度图、图片转置、图像扩展、水平镜像与水平翻转等操作。
验收标准	提供相关代码及运行结果
任务评价	请根据任务的完成情况进行自评： {{TASKEVAL}}

<!-- TASKEVAL -->

任务	得分（满分 10）
代码实现	_____（10 分）

【笔记】

项目学习成果评价

项目拓展：矩阵与线性代数运算

项目三

Python数据分析库训练

pandas 是基于 NumPy 的一种工具，该工具是为了解决数据分析任务而创建的。pandas 纳入了大量库和一些标准的数据模型，提供了高效地操作大型数据集所需的工具。pandas 提供了大量能使我们快速、便捷地处理数据的函数和方法。

项目导入

"读书破万卷，下笔如有神""读万卷书，行万里路"……诸如这样的名言名句我们总能听到、看到。读书好，多读书，读好书，那么到底什么样的书算是好书呢？站在技术人员的角度来说，我们更喜欢使用数据来说话。图 3.0.1 是当当网的图书好评榜，书的评分高低可以作为选择阅读书籍的方式之一，例如豆瓣读书、当当网等都有好评榜、畅销书籍等榜单，以此作为购买图书的参考。对于大量的杂乱的读书数据，如何快速、有效、准确地得到好评榜单数据呢？在 Python 数据分析领域，pandas 提供了大量、快速、便捷的处理数据的函数和方法，可以实现对读书好评榜单数据的分析。接下来就让我们进入 pandas 数据分析的神奇世界吧。

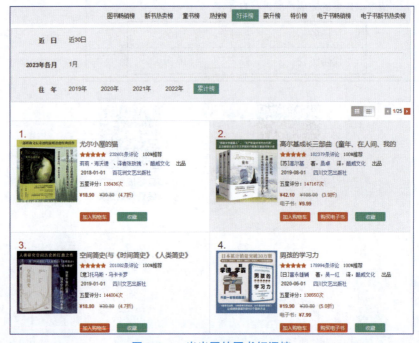

图 3.0.1　当当网的图书好评榜

本项目主要学习 pandas 在数据处理过程中的常用方法。在数据的导入中，pandas 库能够将 Excel 数据报表、MySQL 数据表、指定分隔符 CSV 数据表等常用的表格数据转化为 pandas 的单列结构 Series 或 pandas 的多列结构 DataFrame；能够将处理之后的数据使用 pandas 中的方法输出为 Excel 数据报表、MySQL 数据表、指定分隔符 CSV 数据表等常用的格式；对导入的数据 pandas 库可以按照要求对多个表格进行合并操作，也可以将单表进行拆分操作来获取指定数据；在获取数据之后，pandas 库能够对转换后形成的表格数据以列操作为基础，对选中区域的数据进行增加、删除、修改、删除、排序等操作；在数据的处理过程中，pandas 库可以将数据分析的过程数据或者结果数据以柱状图、折线图、散点图、分布直方图等多种方式进行可视化展示，来增强数据分析的说服力。

项目要求

给出部分某网站读书数据，使用 pandas 库实现如图 3.0.2 所示的好评榜单排序数据。

	书名	作者	出版社	出版时间	页数	价格	评分	评论数量
0	小王子	[法]圣埃克苏佩里	人民文学出版社	2003	97	22.0	9.0	209602
1	围城	钱锺书	人民文学出版社	1991	359	19.0	8.9	178288
2	挪威的森林	[日]村上春树	上海译文出版社	2001	350	18.8	8.0	177622
3	白夜行	[日]东野圭吾	南海出版公司	2008	467	29.8	9.1	170493
4	解忧杂货店	[日]东野圭吾	南海出版公司	2014	291	39.5	8.6	160063

图 3.0.2　好评榜单排序

项目学习目标

1. 素质目标
- ◆ 培养学生任务交付的职业综合能力。
- ◆ 培养学生严谨、细致的数据分析工程师职业素养。
- ◆ 激发学生自我学习热情。

2. 知识目标
- ◆ 理解 pandas 的两种基本数据结构，即 Series 和 DataFrame。
- ◆ 掌握 Series 和 DataFrame 数据的创建。
- ◆ 理解对 Series 和 DataFrame 数据进行索引操作。
- ◆ 掌握 Series 和 DataFrame 中数据的运算。
- ◆ 理解层次化索引。
- ◆ 掌握 pandas 可视化。

3. 能力目标
- ◆ 能够创建 Series 和 DataFrame 数据。
- ◆ 能够完成对 Series 和 DataFrame 数据的索引。
- ◆ 能够完成 Series 和 DataFrame 数据的基本运算。
- ◆ 能够使用 Series 和 DataFrame 进行数据可视化，绘制线形图等进行数据分析。
- ◆ 能够使用 pandas 实现某网站读书好评榜单数据排序。

知识框架

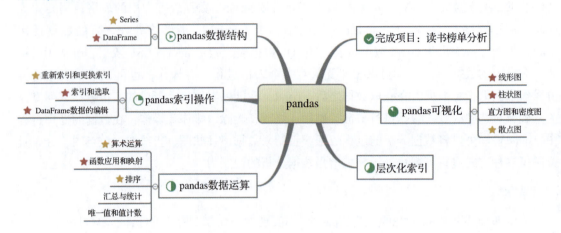

任务一　pandas 数据结构

pandas 有两种基本的数据结构：Series 和 DataFrame，Series 类似于数组，DataFrame 类似于 Excel 表格。

一、任务描述

本任务主要讲解 Series 和 DataFrame 这两个数据结构的创建和基本使用。具体要求见表 3.1.1。

表 3.1.1　pandas 数据结构

任务名称		pandas 数据结构
任务要求	素质目标	1. 培养学生任务交付的职业综合能力 2. 培养学生严谨、细致的数据分析工程师职业素养 3. 激发学生自我学习热情
	知识目标	理解 Series 和 DataFrame 的创建及使用
	能力目标	能够创建 Series 和 DataFrame 数据
任务内容		完成 Series 和 DataFrame 数据的创建
验收方式		完成任务实施工单内容及练习题

二、知识要点

1. 创建 Series 数据

Series 数据结构类似于一维数组，但它是由一组数据（各种 NumPy 数据类型）和一组对应的索引组成的。通过一组列表数据即可产生最简单的 Series 数据，如图 3.1.1 所示。

```
from pandas import Series,DataFrame
import pandas as pd

obj = Series([1,-2,3,-4])
obj

0    1
1   -2
2    3
3   -4
dtype: int64
```

图 3.1.1　创建 Series 数据 1

　　Series 数据：索引在左边，值在右边。如果没有指定一组数据作为索引，Series 数据会以 0～N-1（N 为数据的长度）作为索引，也可以通过指定索引的方式来创建 Series 数据，如图 3.1.2 所示。

```
obj2 = Series([1,-2,3,-4], index=['a','b','c','d'])
obj2

a    1
b   -2
c    3
d   -4
dtype: int64
```

图 3.1.2　创建 Series 数据 2

　　Series 有 values 和 index 属性，可返回值数据的数组形式和索引对象，如图 3.1.3 所示。

```
obj2.values
array([ 1, -2,  3, -4], dtype=int64)

obj2.index
Index(['a', 'b', 'c', 'd'], dtype='object')
```

图 3.1.3　Series 属性

　　与普通的一维数组相比，Series 具有索引对象，可通过索引来获取 Series 的单个或一组值，如图 3.1.4 所示。

```
obj2['b']
-2

obj2['c']=23
obj2[['c','d']]
c    23
d    -4
dtype: int64
```

图 3.1.4　Series 索引

Series 运算都会保留索引和值之间的链接，如图 3.1.5 所示。

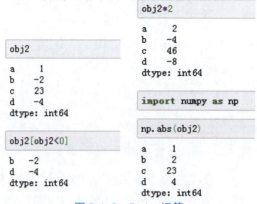

图 3.1.5　Series 运算

Series 数组中的索引和值一一对应，类似于 Python 字典数据，所以也可以通过字典数据来创建 Series，如图 3.1.6 所示。

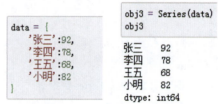

图 3.1.6　创建 Series 数据 3

由于字典结构是无序的，因此，返回的 Series 也是无序的，这里依旧可以通过 index 指定索引的排列顺序，如图 3.1.7 所示。

```
names = ['张三','李四','王五','小明']
obj4 = Series(data, index=names)
obj4
张三    92
李四    78
王五    68
小明    82
dtype: int64
```

图 3.1.7　创建 Series 数据 4

Series 对象和索引都有 name 属性，这样就可以给 Series 定义名称，让 Series 更具可读性，如图 3.1.8 所示。

```
obj4.name = 'math'
obj4.index.name = 'students'
obj4
students
张三    92
李四    78
王五    68
小明    82
Name: math, dtype: int64
```

图 3.1.8　name 属性

2. 创建 DataFrame 数据

DataFrame 数据是 Python 数据分析最常用的数据，无论是创建的数据还是外部数据，我们首先想到的都是如何将其转换为 DataFrame 数据，原因是 DataFrame 为表格型数据。而我们常见是 Excel 表格型数据，因此本项目将会把 DataFrame 与 Excel 两种数据进行对比，让读者更轻松地了解和使用 DataFrame 数据。

在 Excel 中，在单元格中输入数据即可创建一张表格。对于 DataFrame 数据而言，需要用代码实现，创建 DataFrame 数据的办法有很多，最常用的是传入由数组、列表或元组组成的字典，代码如图 3.1.9 所示。

```
import numpy as np
from pandas import Series,DataFrame
import pandas as pd

data = {
    'name':['张三','李四','王五','小明'],
    'sex':['female','female','male','male'],
    'year':[2001,2001,2003,2002],
    'city':['北京','上海','广州','北京']
}
df = DataFrame(data)
df
```

图 3.1.9　创建 DataFrame 数据 1

返回的数据如图 3.1.10 所示，DataFrame 数据有行索引和列索引，行索引类似于 Excel 表格中每行的编号（没有指定索引的情况下），列索引类似于 Excel 表格的列名（通常也可称为字段）。

	name	sex	year	city
0	张三	female	2001	北京
1	李四	female	2001	上海
2	王五	male	2003	广州
3	小明	male	2002	北京

图 3.1.10　DataFrame 数据

由于字典是无序的，因此可以通过 columns 指定列索引的排列顺序，如图 3.1.11 所示。

```
df = DataFrame(data,columns=['name','sex','year','city'])
df
```

	name	sex	year	city
0	张三	female	2001	北京
1	李四	female	2001	上海
2	王五	male	2003	广州
3	小明	male	2002	北京

图 3.1.11　指定列索引

在没有指定行索引的情况下，会使用 0~N-1（N 为数据的长度）作为行索引，这里也可以使用其他数据作为行索引，如图 3.1.12 所示。

```
df = DataFrame(data, columns=['name','sex','year','city'], index=['a','b','c','d'])
df
```

	name	sex	year	city
a	张三	female	2001	北京
b	李四	female	2001	上海
c	王五	male	2003	广州
d	小明	male	2002	北京

图 3.1.12　指定行索引

使用嵌套字典的数据也可以创建 DataFrame 数据，如图 3.1.13 所示。

```
data2 = {
    'sex':{'张三':'female','李四':'female','王五':'male'},
    'city':{'张三':'北京','李四':'上海','王五':'广州'}
}
df2 = DataFrame(data2)
df2
```

	sex	city
张三	female	北京
李四	female	上海
王五	male	广州

图 3.1.13　创建 DataFrame 数据 2

表 3.1.2 中提供了部分常用的为创建 DataFrame 数据可传入的数据类型。

表 3.1.2　创建 DataFrame 数据可传入的数据类型

类型	使用说明
二维 ndarray	数据矩阵，可传入如行列索引
由数组、列表或元组组成的字典	如图 3.1.9 所示
由 Series 组成的字典	每个 Series 为一列，Series 索引合并为行索引
嵌套字典	如图 3.1.13 所示
字典或 Series 的列表	字典或 Series 列表的各元素成为 DataFrame 一行，字典键或 Series 索引成为 DataFrame 列索引
由列表或元组组成的列表	类似于二维数组

如果 DataFrame 为某班级学生的信息，通过设置 DataFrame 的 index 和 columns 的 name 属性，可以将这些信息显示出来，如图 3.1.14 所示。

```
df.index.name = 'id'
df.columns.name = 'std_info'
df
```

std_info	name	sex	year	city
id				
a	张三	female	2001	北京
b	李四	female	2001	上海
c	王五	male	2003	广州
d	小明	male	2002	北京

图 3.1.14　设置 name 属性

通过 values 属性可以将 DataFrame 数据转换为二维数组，如图 3.1.15 所示。

```
df.values
array([['张三', 'female', 2001, '北京'],
       ['李四', 'female', 2001, '上海'],
       ['王五', 'male', 2003, '广州'],
       ['小明', 'male', 2002, '北京']], dtype=object)
```

图 3.1.15　转换为二维数组

> **注意：**
> 各列数据类型不同，返回的数组会兼顾所有数据类型，本例中数据类型为 object。

3. 索引对象

Series 的索引和 DataFrame 的行、列索引都是索引对象，用于管理轴标签和元数据，如图 3.1.16 所示。

```
obj2.index
Index(['a', 'b', 'c', 'd'], dtype='object')

df.index
Index(['a', 'b', 'c', 'd'], dtype='object', name='id')

df.columns
Index(['name', 'sex', 'year', 'city'], dtype='object', name='std_info')
```

图 3.1.16　索引对象

索引对象是不可以修改的，如果修改，就会报错，如图 3.1.17 所示。
索引对象类似于数组数据，其功能也类似于一个固定大小的集合，如图 3.1.18 所示。

```
index = obj.index
index[1]='f'
```

```
TypeError                                 Traceback (most recent call last)
<ipython-input-32-ff209de44a3b> in <module>()
      1 index = obj.index
----> 2 index[1]='f'

D:\ProgramData\Anaconda3\lib\site-packages\pandas\core\indexes\base.py in __setitem__(self, key, value)
   2048
   2049     def __setitem__(self, key, value):
-> 2050         raise TypeError("Index does not support mutable operations")
   2051
   2052     def __getitem__(self, key):

TypeError: Index does not support mutable operations
```

图 3.1.17 索引对象不可修改

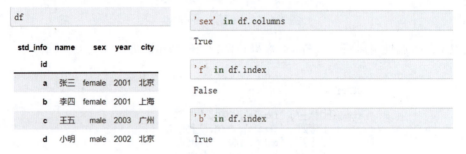

图 3.1.18 索引对象

三、任务实施

完成 Series 和 DataFrame 数据的创建：在 Jupyter Notebook 中新建 Python3 文件，引入 NumPy 包和 pandas 包，自行完成 Series 和 DataFrame 数据的创建，任务工单见表 3.1.3。

表 3.1.3 完成 Series 和 DataFrame 数据的创建

任务内容	完成 Series 和 DataFrame 数据的创建	【笔记】
实施步骤	步骤一：启动 Jupyter Notebook，新建 Python3 文件，创建一个包含 4 个元素的列表，内容自拟，使用该列表完成 Series 数据的创建。	

项目三　Python 数据分析库训练

续表

实施步骤	步骤二：使用 Jupyter Notebook 新建 Python3 文件，创建一个字典如下：
	data = {
	　　'name':['张三','李四','王五','赵六'],
	　　'sex':['female','female','male','male'],
	　　'year':[2002,2001,2003,2001],
	　　'city':['北京','天津','上海','广州']
	}
	使用该字典完成 DataFrame 数据的创建。

	思考：创建 DataFrame 数据可输入的数据类型有多种，例如二维 ndarray、由 Series 组成的字典、嵌套字典等，尝试使用其他数据类型创建 DataFrame。
验收标准	1. 提供步骤一和步骤二的执行结果。 2. 提供步骤二中"思考"的文字性描述。
任务评价	请根据任务的完成情况进行自评：<table><tr><td>任务</td><td>得分（满分 10）</td></tr><tr><td>代码运行</td><td>＿＿＿＿＿＿（7 分）</td></tr><tr><td>思考问题</td><td>＿＿＿＿＿＿（3 分）</td></tr></table>

【笔记】

练习题

（判断）当 DataFrame 数据中出现各列数据类型不同时，转换为二维数组后返回的数组不会兼顾所有的数据类型。(　　)

任务二　pandas 索引操作

子任务 1　重新索引和更换索引

一、任务描述

本任务将针对 Series 和 DataFrame 数据，讲解 Series 和 DataFrame 重新索引与更换索引的操作方法。具体要求见表 3.2.1。

表 3.2.1　pandas 重新索引和更换索引

任务名称	pandas 重新索引和更换索引	
任务要求	素质目标	1. 培养学生任务交付的职业综合能力 2. 培养学生严谨、细致的数据分析工程师职业素养 3. 激发学生自我学习热情
	知识目标	理解 Series 和 DataFrame 重新索引与更换索引的方法
	能力目标	能够对 Series 和 DataFrame 进行重新索引与更换索引
任务内容	完成 Series 和 DataFrame 重新索引与更换索引操作	
验收方式	完成任务实施工单内容及练习题	

二、知识要点

1. 重新索引

这里所说的重新索引并不是给索引重新命名，而是对索引重新排序，如果某个索引值不存在，就会引入缺失值（NaN）。首先来看一下 Series 重新排序后的索引，如图 3.2.1 所示。

```
obj = Series([1,-2,3,-4], index=['b','a','c','d'])
obj

b    1
a   -2
c    3
d   -4
dtype: int64
```

```
obj2 = obj.reindex(['a','b','c','d','e'])
obj2

a   -2.0
b    1.0
c    3.0
d   -4.0
e    NaN
dtype: float64
```

图 3.2.1　Series 重新排序后的索引

如果需要对插入的缺失值进行填充，可通过 method 参数来实现，参数值为 ffill 或 pad 时为向前填充，参数值为 bfill 或 backfill 时为向后填充，如图 3.2.2 和图 3.2.3 所示。

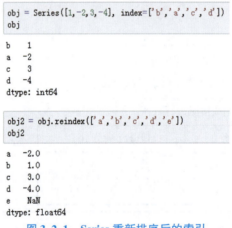

图 3.2.2　填充缺失值 1

```
obj = Series([1,-2,3,-4], index=[0,2,3,5])
obj
0    1
2   -2
3    3
5   -4
dtype: int64
```

```
obj2 = obj.reindex(range(6),method='bfill')
obj2
0    1
1   -2
2   -2
3    3
4   -4
5   -4
dtype: int64
```

图 3.2.3　填充缺失值 2

对于 DataFrame 数据来说，行和列索引都是可以重新索引的。图 3.2.4 所示为重新索引行。

```
df = DataFrame(np.arange(9).reshape(3,3), index=['a','c','d'], columns=['name','id','sex'])
df
```

	name	id	sex
a	0	1	2
c	3	4	5
d	6	7	8

```
df2 = df.reindex(['a','b','c','d'])
df2
```

	name	id	sex
a	0.0	1.0	2.0
b	NaN	NaN	NaN
c	3.0	4.0	5.0
d	6.0	7.0	8.0

图 3.2.4　重新索引行

重新索引列需要使用 columns 关键字，如图 3.2.5 所示。

```
df3 = df.reindex(columns=['name','year','id'], fill_value=0)
df3
```

	name	year	id
a	0	0	1
c	3	0	4
d	6	0	7

图 3.2.5　重新索引列

表 3.2.2 所列为 reindex 函数的各参数使用说明。

表 3.2.2　reindex 函数参数

类型	使用说明	类型	使用说明
index	用于索引的新序列	fill_value	缺失值替代值
method	填充缺失值方法	limit	最大填充量

2. 更换索引

在 DataFrame 数据中，如果不希望使用默认行索引，可在创建的时候通过 index 参数来设置行索引。有时希望将列数据作为行索引，这时可以通过 set_index 方法来实现，如图 3.2.6 所示。

微课：pandas 索引操作

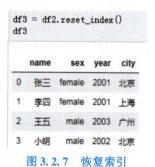

图 3.2.6　指定行索引

与 set_index 方法相反的方法是 reset_index（恢复索引）方法，如图 3.2.7 所示。

图 3.2.7　恢复索引

对于 Excel 表格而言，排序之后，行索引并不会发生改变（依旧是从 1 开始计数），而对于 DataFrame 数据，排序之后其行索引会改变，如图 3.2.8 所示。

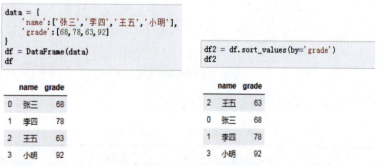

图 3.2.8　排序改变行索引

对于上面的例子，如果要获取成绩倒数两位同学的数据，需要记住其单独的索引。但当数据量大，想查看多位排序过后的数据时，这种做法是很不方便的。可以通过恢复索引，对数据进行排序，这样操作起来会方便很多，如图 3.2.9 所示。

原索引可通过 drop 参数进行删除，如图 3. 2. 10 所示。

```
df3 = df2.reset_index()
df3
```

	index	name	grade
0	2	王五	63
1	0	张三	68
2	1	李四	78
3	3	小明	92

图 3. 2. 9 索引重排

```
df4 = df2.reset_index(drop=True)
df4
```

	name	grade
0	王五	63
1	张三	68
2	李四	78
3	小明	92

图 3. 2. 10 删除原索引

三、任务实施

完成 Series 和 DataFrame 数据的重新索引与更换索引操作：在 Jupyter Notebook 中新建 Python3 文件，引入 NumPy 包和 pandas 包，完成 Series 和 DataFrame 数据的重新索引与更换索引，任务工单见表 3. 2. 2。

表 3. 2. 2 完成 Series 和 DataFrame 的重新索引与更换索引

任务内容	完成 Series 和 DataFrame 的重新索引与更换索引
实施步骤	步骤一：创建一个 Series 数据，命名为 s，包含[2,4,5,7]4 个值，对应的索引指定为['b','a','d','c']。
	步骤二：重建 s 的索引为['a','b','c','d','e']，并且使用 fill_value 参数填充缺失值为 100。
	步骤三：创建一个 DataFrame 数据，命名为 df1，包含 3 行 3 列，指定行索引为['a','c','d']，指定列索引为['one','two','four']。

【笔记】

续表

实施步骤	步骤四：重建 df1 的行索引和列索引，行索引为['a','b','c','d']，列索引为['one','two','three','four']。

	步骤五：使用如下 data 数据创建一个 DataFrame 数据，命名为 df2。
	data = {
	    'name':['张三','李四','王五','小明'],
	    'sex':['female','female','male','male'],
	    'year':[2001,2001,2003,2002],
	    'city':['北京','上海','广州','北京']
	}

	步骤六：df2 中 name 这一列作为行索引，再将索引还原，重新恢复索引为默认的整型索引。
验收标准	提供步骤一到步骤六的执行结果。
任务评价	请根据任务的完成情况进行自评：

任务	得分（满分10）
代码运行	_____ （10 分）

"三立"育人

习近平总书记在二十大报告中指出，"万事万物是相互联系、相互依存的。只有用普遍联系的、全面系统的、发展变化的观点观察事物，才能把握事物发展规律"，"我们要善于通过历史看现实、透过现象看本质，把握好全局和局部、当前和长远、宏观和微观、主要矛盾和次要矛盾、特殊和一般的关系，不断提高战略思维、历史思维、辩证思维、系统思维、创新思维、法治思维、底线思维能力，为前瞻性思考、全局性谋划、整体性推进党和国家各项事业提供科学思想方法"。

本任务所学习的索引就是为数据和数据之间建立联系的知识点。大家要知道万事万物都是可以进行联系的,只有将已知的和未知的事物之间建立有效连接,才能够更好地完善自己的知识体系,实现专业技能的提升。

子任务2 索引和选取

一、任务描述

在数据分析中,选取需要的数据进行处理是最基本的操作,本任务主要介绍 Series 和 DataFrame 数据结构的索引与选取。具体要求见表 3.2.3。

表 3.2.3 Series 和 DataFrame 的索引与选取

任务名称	Series 和 DataFrame 的索引与选取	
任务要求	素质目标	1. 培养学生任务交付的职业综合能力 2. 培养学生严谨、细致的数据分析工程师职业素养 3. 激发学生自我学习热情
	知识目标	掌握 Series 和 DataFrame 的索引与选取方法
	能力目标	能够灵活利用 Series 和 DataFrame 的索引选取需要的数据
任务内容	1. 使用索引选择 Series 数据 2. 针对 DataFrame 数据使用索引按照行、列等进行数据选择	
验收方式	完成任务实施工单内容及练习题	

二、知识要点

在 pandas 数据中,需要通过索引来完成数据的选取工作。Series 数据的选取较为简单,使用方法类似于 Python 的列表,这里不仅可以通过 0~N-1(N 是数据长度)进行索引,还可以通过设置好的索引标签进行索引,如图 3.2.11 所示。

图 3.2.11 Series 索引

切片运算与 Python 列表略有不同，如果利用索引标签切片，其尾端是被包含的，如图 3.2.12 所示。

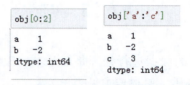

图 3.2.12　Series 切片

DataFrame 数据的选取更复杂些，因为它是二维数组，选取列和行都有具体的使用方法。接下来将重点介绍 DataFrame 数据的选取。

1. 选取列

通过列索引标签或以属性的方式可以单独获取 DataFrame 的列数据，返回的数据为 Series 结构，如图 3.2.13 所示。

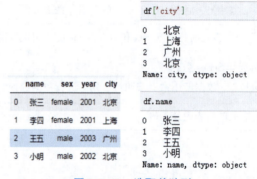

图 3.2.13　选取单独列

通过两个中括号可以获取多个列的数据，如图 3.2.14 所示。

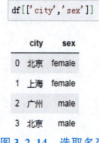

图 3.2.14　选取多列

> 注意：
> 选取列不能使用切片，因为切片用于选取行数据。

2. 选取行

通过行索引标签或行索引位置（0～N−1）的切片形式可选取 DataFrame 的行数据，如图 3.2.15 和图 3.2.16 所示。

图 3.2.15 选取行 1

图 3.2.16 选取行 2

切片方法选取行有很大的局限性。如果想获取单独的几行，通过 loc 和 iloc 方法可以实现。loc 方法是按行索引标签选取数据，如图 3.2.17 所示；iloc 方法是按行索引位置选取数据，如图 3.2.18 所示。

图 3.2.17 通过 loc 方法选取行

图 3.2.18 通过 iloc 方法选取行

3. 选取行和列

在数据分析中，有时可能只是对部分行和列进行操作，这时就需要选取 DataFrame 数据中行和列的子集，使用 loc 和 iloc 方法可以同时选取行和列，其中 loc 如图 3.2.19 和图 3.2.20 所示。

图 3.2.19　使用 loc 选取行和列

图 3.2.20　使用 iloc 选取行和列

loc 和 iloc 索引的行、列标签类型不同，loc 使用实际设置的索引来索引数据，但行、列名为数字时，loc 也可以索引数字，不过这里的数字不一定从 0 开始编号，而是对应具体行、列名的数字；iloc 使用顺序数字来索引数据，而不能使用字符型的标签来索引数据，注意，这里的数字是从 0 开始计数。

4. 布尔选择

以上面出现的 df2 为例，筛选出性别为 female 的数据，这时就需要通过布尔选择来完成，如图 3.2.21 所示。

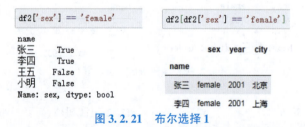

图 3.2.21　布尔选择 1

与数组布尔型索引类似，既然可以使用布尔选择，那么同样也适用于不等于符号（!=）、负号（-）、和（&）、或（|），如图 3.2.22 所示。

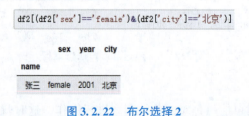

图 3.2.22　布尔选择 2

三、任务实施（表 3.2.4）

表 3.2.4　Series 和 DataFrame 的索引与选取

任务名称	Series 和 DataFrame 的索引与选取
任务内容	定义 DataFrame，按照需求完成行、列数据的选取

实施步骤	步骤一：使用如下 data 数据创建一个 DataFrame 数据，命名为 df。
	data = {
	　　'name'：['张三'，'李四'，'王五'，'小明']，
	　　'sex'：['female'，'female'，'male'，'male']，
	　　'year'：[2001，2001，2003，2002]，
	　　'city'：['北京'，'上海'，'广州'，'北京']
	}
	选取 name 和 year 这两列数据。
	
	步骤二：选取 df 中的第 2 行和第 3 行数据。
	
	步骤三：将 df 中的 city 指定为行索引，并赋值给 df1（图 3.2.23），从 df1 中同时选取北京和上海的行以及 name 和 year 的列。
	
	　　　　　name　sex　　year
	　city
	　北京　　张三　female　2001
	　上海　　李四　female　2001
	　广州　　王五　male　　2003
	　北京　　小明　male　　2002
	
	图 3.2.23　df1

验收标准	提供步骤一到步骤三的执行结果。
任务评价	请根据任务的完成情况进行自评： | 任务 | 得分（满分 10）| |---|---| | 步骤一到步骤三 | _____（10 分）|

【笔记】

子任务 3　DataFrame 数据的编辑

一、任务描述

在数据分析中，常用的基本操作为“增、删、改、查”，查（选取）在前面内容中已经详细讲解过，本任务主要针对 DataFrame 数据结构讲解其余的 3 个操作，即 DataFrame 数据的编辑。具体要求见表 3.2.5。

表 3.2.5　DataFrame 数据的编辑

<table>
<tr><td>任务名称</td><td colspan="2">DataFrame 数据的编辑</td></tr>
<tr><td rowspan="3">任务要求</td><td>素质目标</td><td>1. 培养学生任务交付的职业综合能力
2. 培养学生严谨、细致的数据分析工程师职业素养
3. 激发学生自我学习热情</td></tr>
<tr><td>知识目标</td><td>掌握 DataFrame 数据的增、删、改操作</td></tr>
<tr><td>能力目标</td><td>能够针对 DataFrame 数据熟练进行增、删、改操作</td></tr>
<tr><td>任务内容</td><td colspan="2">熟练掌握 DataFrame 数据的增、删、改操作</td></tr>
<tr><td>验收方式</td><td colspan="2">完成任务实施工单内容及练习题</td></tr>
</table>

二、知识要点

1. 增加

以 df 数据为例，该班级转来了一个新生，需要在原有数据的基础上增加一行数据。通过 append 函数传入字典结构数据即可，如图 3.2.24 所示。

```
new_data = {
    'city':'武汉',
    'name':'小李',
    'sex':'male',
    'year':2002
}
```

```
df = df.append(new_data,ignore_index=True) # 忽略索引值
df
```

	name	sex	year	city
0	张三	female	2001	北京
1	李四	female	2001	上海
2	王五	male	2003	广州
3	小明	male	2002	北京
4	小李	male	2002	武汉

图 3.2.24　新增行

这些学生都是 2018 级的，这里新建一列用于存放该信息。为一个不存在的列赋值，即可创建一个新列，如图 3.2.25 所示。

如果要新增的列中的数值不一样，可以传入列表或数组结构数据进行赋值，如图3.2.26 所示。

图 3.2.25　新增列 1　　　　　图 3.2.26　新增列 2

2. 删除

如果王五同学转学了，那么 class 字段就没有用了，需要删除其信息。通过 drop 方法可以删除指定轴上的信息，如图 3.2.27 所示。

图 3.2.27　删除行和列

3. 修改

这里的"改"指的是行和列索引标签的修改，通过 rename 函数，可完成由于某些原因导致的标签录入错误的问题，如图 3.2.28 所示。

图 3.2.28　修改标签名

三、任务实施

完成 DataFrame 数据的编辑：在 Jupyter Notebook 中新建 Python3 文件，引入 NumPy 包和 pandas 包，任务工单见表 3.2.6。

表 3.2.6　完成 DataFrame 数据的编辑

任务内容	完成 DataFrame 数据的编辑

【笔记】

实施步骤

步骤一：使用如下 data 数据创建一个 DataFrame 数据，命名为 df。

```
data = {
    'name': ['张三', '李四', '王五', '小明'],
    'sex': ['female', 'female', 'male', 'male'],
    'year': [2001, 2001, 2003, 2002],
    'city': ['北京', '上海', '广州', '北京']
}
```

在 df 中增加一行数据如下：

{'city': '兰州', 'name': '李红', 'year': 2005, 'sex': 'female'}

思考：增加一行数据的操作是否改变原来的 df?

步骤二：在 df 中增加一列数据 score，如下：

[85,78,96,80]

步骤三：将 df 中的 city 指定为行索引，并赋值给 df1（图 3.2.29），删除 city 为广州的这一行数据。

city	name	sex	year
北京	张三	female	2001
上海	李四	female	2001
广州	王五	male	2003
北京	小明	male	2002

图 3.2.29　df1

思考：删除数据的操作是否改变原来的 df1？如果想让删除数据的操作在原 df1 中生效，应该如何操作？

验收标准	续表 1. 提供步骤一和步骤三的文字性描述。 2. 提供步骤一到步骤三的执行结果。
任务评价	请根据任务的完成情况进行自评： | 任务	得分（满分10）
文字性描述	_____（3分）
步骤一到步骤三	_____（7分）	

【笔记】

练习题

1．（单选）设置索引使用（　　）。

　　A．merge( )方法　　　　　　　　　　B．concat( )方法

　　C．to_datetime( )方法　　　　　　　　D．set_index( )方法

2．（判断）pandas 中可以通过行索引或行索引位置的切片形式选取行数据。（　　）

3．（判断）两个索引不一致的 Series 进行算术运算会出错。（　　）

任务三　pandas 数据运算

一、任务描述

本任务将针对 Series 和 DataFrame 数据，详细讲解两者的算术运算和函数的应用，这在数据分析中会经常使用。具体要求见表3.3.1。

表3.3.1　Series 和 DataFrame 数据运算

任务名称	Series 和 DataFrame 数据运算	
任务要求	素质目标	1. 培养学生任务交付的职业综合能力 2. 培养学生严谨、细致的数据分析工程师职业素养 3. 激发学生自我学习热情
	知识目标	理解 Series 和 DataFrame 的数据运算及使用
	能力目标	能够完成 Series 和 DataFrame 数据运算
任务内容	完成 Series 和 DataFrame 数据运算	
验收方式	完成任务实施工单内容及练习题	

二、知识要点

1．算术运算

pandas 的数据对象在进行算术运算时，如果有相同索引对，则进行算术运算，如果没

有，则会引入缺失值，这就是数据对齐。下面是一个 Series 数据算术运算的例子，如图 3.3.1 所示。

```
obj1 = Series([3.2,5.3,-4.4,-3.7], index=['a','c','g','f'])
obj1
a    3.2
c    5.3
g   -4.4
f   -3.7
dtype: float64

obj2 = Series([5.0,-2,4.4,3.4], index=['a','b','c','d'])
obj2
a    5.0
b   -2.0
c    4.4
d    3.4
dtype: float64

obj1+obj2
a    8.2
b    NaN
c    9.7
d    NaN
f    NaN
g    NaN
dtype: float64
```

图 3.3.1　Series 数据运算

对于 DataFrame 数据而言，对齐操作会同时发生在行和列上，如图 3.3.2 所示。

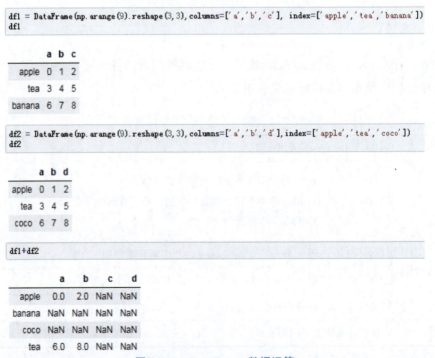

图 3.3.2　DataFrame 数据运算

DataFrame 和 Series 数据在进行运算时，先通过 Series 的索引匹配到相应的 DataFrame 列索引上，然后沿行向下运算（广播），如图 3.3.3 所示。

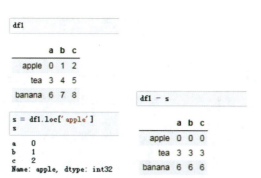

图 3.3.3　Series 与 DataFrame 数据运算

2. 函数应用和映射

在进行数据分析时，常常会对数据进行较复杂的数据运算，这时需要定义函数。定义好的函数可以应用到 pandas 数据中，其中有三种方法：

◆ map 函数，将函数套用在 Series 的每个元素中。
◆ apply 函数，将函数套用到 DataFrame 的行与列上。
◆ applymap 函数，将函数套用到 DataFrame 的每个元素上。

如图 3.3.4 所示，需要把 price 列的"元"字去掉，这时就需要用到 map 函数。

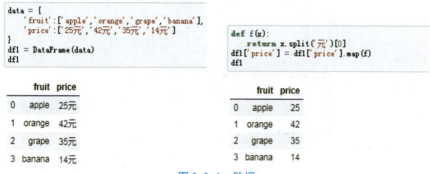

图 3.3.4　数据

apply 函数的使用方法如图 3.3.5 所示。

```
df2 = DataFrame(np.random.randint(2,5,size=(3,3)), columns=['a','b','c'], index=['app','win','mac'])
df2

       a  b  c
app    2  3  2
win    4  3  3
mac    4  3  4

f = lambda x:x.max()-x.min()
df2.apply(f)

a    2
b    0
c    2
dtype: int64
```

图 3.3.5　使用 apply 函数

applymap 函数可作用于每个元素，便于对整个 DataFrame 数据进行批量处理，如图 3.3.6 所示。

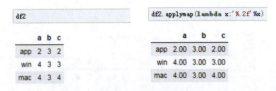

图 3.3.6 使用 applymap 函数

3. 排序

在 Series 中，通过 sort_index 函数可对索引进行排序，默认情况为升序，如图 3.3.7 所示。

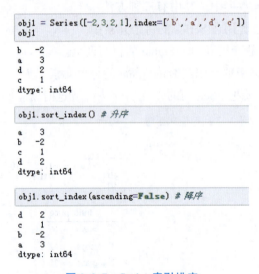

图 3.3.7 Series 索引排序

通过 sort_values 方法可对值进行排序，如图 3.3.8 所示。

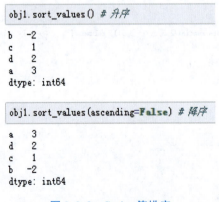

图 3.3.8 Series 值排序

对于 DataFrame 数据而言,通过指定轴方向,使用 sort_index 函数可对行或者列索引进行排序。要根据列进行排序,可以通过 sort_values 函数,把列名传给 by 参数即可,如图 3.3.9 所示。

图 3.3.9　DataFrame 列排序

4. 汇总与统计

在 DataFrame 数据中,通过 sum 函数可以对每列进行求和汇总,与 Excel 中的 sum 函数类似,如图 3.3.10 所示。

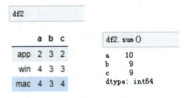

图 3.3.10　按列汇总

指定轴方向,通过 sum 函数可按行汇总,如图 3.3.11 所示。

```
df2.sum(axis=1)
app    7
win    10
mac    11
dtype: int64
```

图 3.3.11　按行汇总

describe 方法可对每个数值型列进行统计,经常用于对数据的初步观察,如图 3.3.12 所示。

```
df.describe()
              math
count    4.000000
mean    83.000000
std      6.377042
min     78.000000
25%     78.750000
50%     81.000000
75%     85.250000
max     92.000000
```

   name sex   math city
0 张三   female 78   北京
1 李四   female 79   上海
2 王五   male   83   广州
3 小明   male   92   北京

图 3.3.12　汇总统计

5. 唯一值和值计数

在 Series 中，通过 unique 函数可以获取不重复的数组，如图 3.3.13 所示。

```
obj = Series(['a','b','a','c','b'])
obj

0    a
1    b
2    a
3    c
4    b
dtype: object
```

```
obj.unique()
array(['a', 'b', 'c'], dtype=object)
```

图 3.3.13　唯一值

通过 values_counts 方法可统计每个值出现的次数，如图 3.3.14 所示。

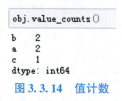

图 3.3.14　值计数

动画：
values_count()
统计频次

三、任务实施

完成 Series 和 DataFrame 数据运算：在 Jupyter Notebook 中新建 Python3 文件，引入 NumPy 包和 pandas 包，自行完成 Series 和 DataFrame 数据的运算，任务工单见表 3.3.2。

表 3.3.2　完成 Series 和 DataFrame 数据运算

任务内容	完成 Series 和 DataFrame 数据运算	【笔记】
实施步骤	步骤一：启动 Jupyter Notebook，新建 Python3 文件，完成 Series 数据的运算。	
	思考：Series 数据如何进行算术运算？如何进行排序？	
	步骤二：使用 Jupyter Notebook，新建 Python3 文件，完成 DataFrame 数据的运算。	
	思考：DataFrame 数据如何进行算术运算？如何进行排序？	

验收标准	1. 提供步骤一和步骤二的执行结果。 2. 提供步骤一和步骤二中"思考"的文字性描述。
任务评价	请根据任务的完成情况进行自评： | 任务	得分（满分10）
代码运行	_____（7分）
思考问题	_____（3分）	

练习题

（选择）describe 方法中的 25% 表示（　　）。

A. 行数　　　　　B. 标准差　　　　　C. 最大值　　　　　D. 第一四分位数

任务四　层次化索引

一、任务描述

层次化索引是 pandas 重要的功能之一，本任务将简单讲解层次化索引的创建过程和使用方法。具体要求见表 3.4.1。

表 3.4.1　层次化索引

任务名称	层次化索引	
任务要求	素质目标	1. 培养学生任务交付的职业综合能力 2. 培养学生严谨、细致的数据分析工程师职业素养 3. 激发学生自我学习热情
	知识目标	理解层次化索引的使用
	能力目标	能够完成层次化索引
任务内容	完成层次化索引	
验收方式	完成任务实施工单内容及练习题	

二、知识要点

简单地说，层次化索引就是轴上有多个级别索引。图 3.4.1 所示例子为创建一个层次化索引的 Series 对象。

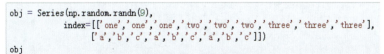

动画：
分层索引

图 3.4.1　Series 层次化索引

上一个例子中的索引对象为 MultiIndex 对象，如图 3.4.2 所示。

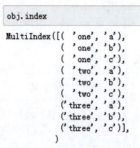

图 3.4.2　MultiIndex 对象

层次化索引的对象，索引和选取操作都很简单，如图 3.4.3 所示。

图 3.4.3　数据选取

对于 DataFrame 数据而言，行和列索引都可以为层次化索引。选取数据也很简单，如图 3.4.4 和图 3.4.5 所示。

```
df = DataFrame(np.arange(16).reshape(4,4),
               index=[['one','one','two','two'],['a','b','a','b']],
               columns=[['apple','apple','orange','orange'],['red','green','red','green']])
df
```

		apple		orange	
		red	green	red	green
one	a	0	1	2	3
	b	4	5	6	7
two	a	8	9	10	11
	b	12	13	14	15

图 3.4.4　DataFrame 层次化索引

图 3.4.5　数据选取

通过 swaplevel 方法可以对层次化索引进行重排，如图 3.4.6 所示。

图 3.4.6　重排分级顺序

在对层次化索引的 pandas 数据进行汇总统计时，可以通过 level 参数指定在某层次上进行汇总统计，如图 3.4.6 所示。

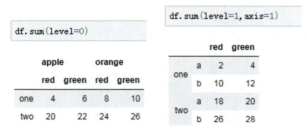

图 3.4.7　根据级别汇总统计

三、任务实施

完成层次化索引：在 Jupyter Notebook 中新建 Python3 文件，引入 NumPy 包和 pandas 包，自行完成层次化索引。任务工单见表 3.4.2。

表 3.4.2　完成层次化索引

任务内容	完完成层次化索引	【笔记】
实施步骤	步骤一：启动 Jupyter Notebook，新建 Python3 文件，完成 Series 层次化索引的创建。 思考：Series 层次化索引如何创建？ 步骤二：使用 Jupyter Notebook，新建 Python3 文件，完成层次化索引的创建。 思考：DataFrame 层次化索引如何创建？	

续表

验收标准	1. 提供步骤一和步骤二的执行结果。 2. 提供步骤一和步骤二中"思考"的文字性描述。
任务评价	请根据任务的完成情况进行自评： | 任务	得分（满分10） | |---|---|
代码运行	_____（7分）
思考问题	_____（3分）	

练习题

（判断）只有行方向上可以进行层次化索引。（　　）

任务五　pandas 可视化

一、任务描述

pandas 库中集成了 Matplotlib 中的基础组件，让绘图更加简单。本任务将讲解如何利用 pandas 绘制基本图形。具体要求见表 3.5.1。

表 3.5.1　pandas 绘制基本图形

任务名称	pandas 可视化	
任务要求	素质目标	1. 培养学生任务交付的职业综合能力 2. 培养学生严谨、细致的数据分析工程师职业素养 3. 激发学生自我学习热情
	知识目标	理解如何利用 pandas 绘制基本图形
	能力目标	能够利用 pandas 绘制基本图形
任务内容	利用 pandas 绘制基本图形	
验收方式	完成任务实施工单内容及练习题	

二、知识要点

1. 线形图

线形图通常用于描绘两组数据之间的趋势。例如，销售行中月份与销售量之间的趋势情况；金融行中股票收盘价与时间序列之间的走势。

pandas 库中的 Series 和 DataFrame 中都会有绘制各类图表的 plot 方法，默认情况下绘制的是线形图。下面首先创建一个 Series 对象，如图 3.5.1 所示。

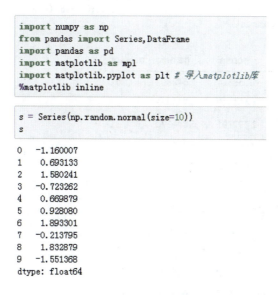

动画：数据可视化图形选择

微课：pandas进行数据可视化

图 3.5.1　Series 数据

通过 s.plot( ) 方法可以绘制线形图。从图中可以看出，Series 的索引作为 x 轴，值为 y 轴，如图 3.5.2 所示。

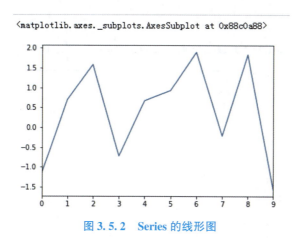

图 3.5.2　Series 的线形图

通过 DataFrame 数据的 plot 方法可以为各列绘制一条线，并会给其创建好图例。首先创建 DataFrame 数据，如图 3.5.3 所示。

绘制的图如图 3.5.4 所示。

2. 柱状图

柱状图常描绘各类别之间的关系。例如，班级中男生和女生的分布情况；某零售店各商品的购买数量分布情况。通过 pandas 绘制柱状图很简单，只需要在 plot 函数中加入 kind = 'bar'，如果类别较多，可绘制水平柱状图（kind = 'barh'）。

```
df = DataFrame({'normal':np.random.normal(size=100),
                'gamma':np.random.gamma(1,size=100),
                'poisson':np.random.poisson(size=100)})
df.cumsum()
```

	normal	gamma	poisson
0	-1.058384	2.542892	0.0
1	-1.164382	4.713018	2.0
2	-2.790791	5.041370	3.0
3	-3.249175	5.695321	3.0
4	-2.875070	7.561080	5.0
...	...	...	...
95	-15.932456	105.109496	98.0
96	-15.808563	105.910046	98.0
97	-15.644069	106.082738	99.0
98	-16.820552	106.480486	99.0
99	-15.976075	106.689150	99.0

100 rows × 3 columns

图 3.5.3　DataFrame 数据

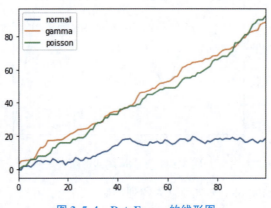

图 3.5.4　DataFrame 的线形图

首先，创建一个 DataFrame 数据的学生信息表格，如果需要分析班级的男女比例是否平衡，就可以使用柱状图。通过 values_counts 计数，获取男女计数的 Series 数据，进而绘制柱状图，如图 3.5.5 和图 3.5.6 所示。

对于 DataFrame 数据而言，每一行的值会成为一组，如图 3.5.7 和图 3.5.8 所示。

设置 plot 函数的 stacked 参数，可以绘制堆积柱状图，如图 3.5.9 所示。

```
data = {
    'name':['张三','李四','王五','小明','Peter'],
    'sex':['female','female','male','male','male'],
    'year':[2001, 2001, 2003, 2002, 2002],
    'city':['北京','上海','广州','北京','北京']
}
df = DataFrame(data)
df
```

	name	sex	year	city
0	张三	female	2001	北京
1	李四	female	2001	上海
2	王五	male	2003	广州
3	小明	male	2002	北京
4	Peter	male	2002	北京

```
df['sex'].value_counts()
```

```
male      3
female    2
Name: sex, dtype: int64
```

图 3.5.5　男女计数

```
df['sex'].value_counts().plot(kind='bar')
```

<matplotlib.axes._subplots.AxesSubplot at 0x8b1d7c8>

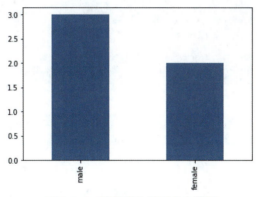

图 3.5.6　班级学生性别分布情况

```
df2 = DataFrame(np.random.randint(0,100,size=(3,3)),
        index=['one','two','three'],
        columns=['A','B','C'])
df2
```

	A	B	C
one	93	26	97
two	25	87	80
three	33	41	73

图 3.5.7　DataFrame 数据

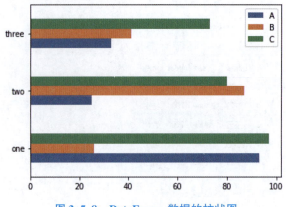

图 3.5.8 DataFrame 数据的柱状图

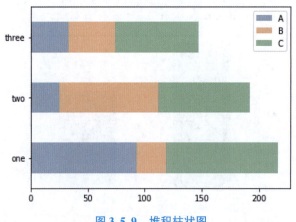

图 3.5.9 堆积柱状图

3. 直方图和密度图

直方图用于显示频率分布，y 轴可为数值或者比率。直方图在统计分析中是经常使用的，绘制数据的直方图，可以看出其大概分布规律。例如，某班级学生的身高情况一般服从正态分布，即高个子和矮个子的人较少，大部分都是在平均身高左右。可以通过 hist 方法绘制直方图，如图 3.5.10 所示。

动画：hist( )
绘制频率分布
直方图

核密度估计（Kernel Density Estimate，KDE）是对真实密度的估计，其过程是将数据的分布近似为一组核（如正态分布）。通过 plot 函数的 kind = 'kde'可进行绘制，如图 3.5.11 所示。

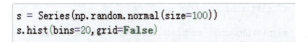

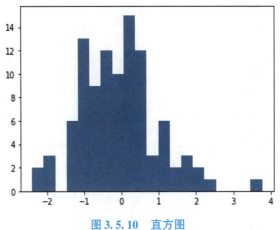

图 3.5.10 直方图

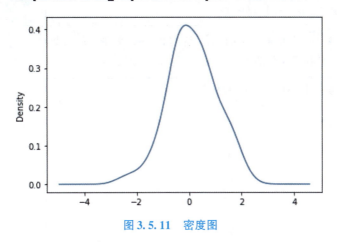

图 3.5.11 密度图

4. 散点图

散点图主要用来表现数据之间的规律。例如，身高和体重之间的规律。下面创建一个 DataFrame 数据，然后绘制散点图，如图 3.5.12 和图 3.5.13 所示。

```
df3 = DataFrame(np.arange(10),columns=['X'])
df3['Y'] = 2*df3['X']+5
df3
```

图 3.5.12 数据

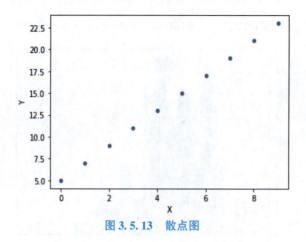

图 3.5.13 散点图

三、任务实施

利用 pandas 绘制基本图形：在 Jupyter Notebook 中新建 Python3 文件，引入 NumPy 包和 pandas 包，利用 pandas 绘制基本图形。任务工单见表 3.5.2。

表 3.5.2 利用 pandas 绘制基本图形

任务内容	利用 pandas 绘制基本图形
实施步骤	步骤：启动 Jupyter Notebook，新建 Python3 文件，完成线形图、柱状图、直方图、密度图、散点图的绘制。 思考：可以利用数据可视化做什么？
验收标准	1. 提供步骤的执行结果。 2. 提供步骤中"思考"的文字性描述。
任务评价	请根据任务的完成情况进行自评： | 任务 | 得分（满分10）| | --- | --- | | 代码运行 | _____（7分）| | 思考问题 | _____（3分）|

【笔记】

练习题

1. （填空）线形图由_____函数来绘制。
2. （填空）柱状图由_____函数来绘制。
3. （填空）直方图由_____函数来绘制。
4. （填空）密度图由_____函数来绘制。
5. （填空）散点图由_____函数来绘制。

任务六 读书榜单分析[①]

一、任务描述

本任务将使用 pandas 库及其相关操作实现某网站读书榜单分析。具体要求见表 3.6.1。

表 3.6.1 读书榜单分析

任务名称		读书榜单分析
任务要求	素质目标	1. 培养学生任务交付的职业综合能力 2. 培养学生严谨、细致的数据分析工程师职业素养 3. 树立正确发展和运用 pandas 完成实际问题的科学技术观念
	知识目标	理解读书榜单分析方法
	能力目标	能够使用 pandas 数据分析库实现读书榜单分析
任务内容		使用 pandas 库及其相关操作实现读书榜单分析
验收方式		完成任务实施工单内容及练习题

二、知识要点

本任务中的数据是从某网站获取的部分书籍数据，包括书名、作者、出版社、出版时间、页数、价格、评分、评论数量等字段，存储在 CSV 文件中。最终通过该数据得到出版社作品评分排名、书籍排名和作家作品数量排名等，具体代码实现详见二维码资源。

步骤及代码

三、任务实施（表 3.6.2）

表 3.6.2 读书榜单分析

任务名称	读书榜单分析
任务内容	使用 pandas 库对某网站读书榜单进行分析
实施步骤	按照本任务中的知识要点对读书榜单进行分析

【笔记】

[①] 本任务参考和鲸社区——豆瓣读书分析项目。网址：https://www.heywhale.com/mw/project/5fa4f880ca48e0003015f18d。

续表

验收标准	提供相关代码及运行结果。
任务评价	请根据任务的完成情况进行自评： | 任务	得分（满分10） | |---|---| | 代码实现	_____（10分）	

项目学习成果评价

项目四

Python大数据分析基础综合应用

数据分析指用适当的统计、分析方法对收集来的大量数据进行分析,将它们加以汇总和理解并消化,以求最大化地开发数据的功能,发挥数据的作用。数据分析是为了提取有用信息和形成结论而对数据加以详细研究与概括总结的过程。数据分析的基本步骤包括需求分析、数据清洗、数据分析、数据可视化、综合应用等。本项目将详细解构数据分析各个步骤。

项目导入

进入21世纪以后,伴随着互联网的迅速发展,大数据应运而生,越来越多的数据被不断挖掘出来,形成了"数据为王"的时代。比如你的购物习惯、你的喜好等,这些都会组成数据,对你购物习惯的分析会帮助购物平台更精准地推荐商品,这只是数据分析应用的"冰山一角",它还可以应用到金融、招聘、交通、农业、医疗等各个领域。随着数据规模越来越庞大,单靠人力重复的脑力劳动已经无法跟上行业的发展态势,人类的智慧应该更多应用于决断与选择层次,而让数据分析成为人类的一种辅助工具,可以帮助决策者更明确地做出预期判断与预测,这也是促使Python语言在数据分析领域快速走红的原因。

本项目以Python数据分析环境Anaconda为基础,基于招聘信息进行数据分析,确定招聘分析需求,运用NumPy、pandas、Matplotlib等Python库实现数据清洗、数据分析、数据可视化,最终以撰写综合分析报告为例来介绍数据分析结果的应用。

项目要求

给出某网站部分招聘数据,完成针对招聘数据的需求分析、数据清洗、数据分析、数据可视化及综合应用,如图4.0.1所示。

项目学习目标

1. 素质目标
◆ 培养学生任务交付的职业综合能力。
◆ 培养学生严谨、细致的数据分析工程师职业素养。
◆ 培养学生团队协作意识。

	企业全称	企业简称	企业规模	企业资质	行业类别	职位名称	薪资	薪资范围	薪资类型	工作城市	学历	经验	发布时间	过期时间	职位类型	工作职责	职位要求
0	职优选	职优选	500-2000人	民营公司	IT互联网/计算机/互联网	销售	面议	6000|15000	/月	深圳	大专	经验不限	2021/11/22 11:13	2022/2/22 11:13	全职	1、大专及以上学历； \n2、性格外向，善于沟通，具有良好的人际关系交往能力和客户...	东莞、深圳、广州、上海、北京都需要 \n \n本岗位由深圳市光联世纪信息...
1	职优选	职优选	500-2000人	民营公司	IT互联网/计算机/互联网	项目工程师	面议	7000|13000	/月	深圳	大专	经验不限	2021/11/22 11:13	2022/2/22 11:13	全职	1、专科及以上学历，通信工程、网络工程等相关专业毕业； \n2、有网络通信相关知识...	基本工资+岗位津贴+绩效+奖金+提成 \n员工培训、员工体检、下午茶、生日会、各种...
2	职优选	职优选	500-2000人	民营公司	IT互联网/计算机/互联网	运维工程师	面议	4000|7000	/月	深圳	大专	经验不限	2021/11/22 11:10	2022/2/22 11:10	全职	1、负责公司行业客户的桌面运维、网络及学校信息化项目的运维等工作； \n2、在技术...	富有竞争力的薪酬福利体系、良好的团队氛围及合作精神、丰富的学习资源及持续成长 \n...
3	职优选	职优选	500-2000人	民营公司	IT互联网/计算机/互联网	售后工程师	面议	5000|10000	/月	深圳	大专	经验不限	2021/11/22 8:59	2022/2/22 8:59	全职	1.计算机相关专业专科以上学历 \n2.具备扎实的路由与交换基础，并熟悉网络安全技...	本岗位由深圳市星华时代科技有限公司发布
4	职优选	职优选	500-2000人	民营公司	IT互联网/计算机/互联网	安全服务工程师	面议	6000|12000	/月	深圳	大专	经验不限	2021/11/22 8:59	2022/2/22 8:59	全职	1、熟悉网络网络协议、Linux/Unix操作系统、Oracle/db2/mssql数据库...	薪酬结构+员工福利 \n1、周末双休，员工均享有国家法律...

图 4.0.1　某网站部分招聘数据

2. 知识目标

◆ 理解需求的分析目的及意义。

◆ 掌握读取 CSV 文件的方法。

◆ 掌握使用 info、fillna 等函数进行数据清洗的方法。

◆ 掌握使用 groupby 函数进行数据分组的方法。

◆ 掌握聚合函数的使用。

◆ 掌握使用 Matplotlib 库绘制线形图、柱状图等可视化图形方法。

◆ 理解综合分析报告。

3. 能力目标

◆ 能够理解数据分析技术路线。

◆ 能够使用函数读取 CSV 文件。

◆ 能够使用 info、fillna 等函数完成数据清洗。

◆ 能够灵活使用 groupby 函数和聚合函数处理数据分组问题。

◆ 能够使用 Matplotlib、pyecharts 绘制数据可视化图形。

◆ 能够根据数据分析结果独立编写综合分析报告。

知识框架

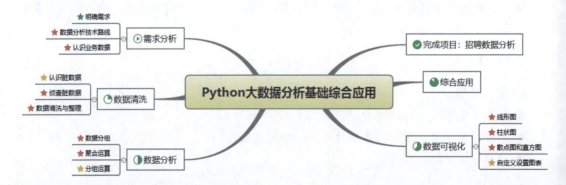

任务一　需求分析

需求分析也称为软件需求分析、系统需求分析或需求分析工程等，是开发人员经过深入细致的调研和分析，准确理解用户和项目的功能、性能、可靠性等具体要求，将用户非形式的需求表述转化为完整的需求定义，从而确定系统必须做什么的过程。

本任务以校企合作项目企业职前通三年的招聘数据为抓手，对标企业招聘人才需求，利用大数据技术进行招聘数据分析与预测，主要介绍如何基于招聘信息进行需求分析、数据分析技术路线、认识业务数据等。

微课：基于招聘项目的需求分析

子任务1　明确需求

一、任务描述

明确需求是有效进行数据分析的首要条件，也是整个数据分析过程的起点。确定数据分析思路，可为资料的收集、处理和分析提供明确的指导。本任务选择招聘信息作为业务数据，以学生关注的招聘及就业问题为切入点，对招聘数据定义多个待解决的问题。具体要求见表4.1.1。

表4.1.1　明确需求

任务名称	明确需求	
任务要求	素质目标	1. 培养学生任务交付的职业综合能力 2. 培养学生严谨、细致的数据分析工程师职业素养 3. 培养学生团队协作意识
	知识目标	理解需求分析的目的及意义
	能力目标	能够针对招聘数据梳理业务需求
任务内容	以小组为单位，确定招聘信息分析需求	
验收方式	完成任务实施工单内容及练习题	

二、知识要点

需求分析概述

需求分析是数据分析的前期阶段，这一阶段的准备工作直接决定了后续分析的工作方向、分析结果及价值，因此，需求分析阶段至关重要。

需求分析包括三个阶段：发现问题、需求确认、需求处理。

（1）发现问题

①具备数据分析思维。

在发现问题的过程中，要以数据分析的思维来看待问题。在实际工作中，问题可以是领导或者业务方直接抛出的，也可以是自己主动发现的。但无论是哪方发起的，思考问题都离不开数据分析思维的支撑。

②发现有效问题。

数据分析的过程就是在发现问题并解决问题。有价值的问题才能让分析工作更有意义，因此，找到有效问题是非常重要的。有效问题包含几个特点：是否有价值、是否涉及核心指标、是否影响面广、是否可规避、是否有实效等。

③拆解与归类问题。

确定需要分析的问题之后，要对问题进行拆解与归类，再根据不同类别的问题进行解决。有时候我们遇到的问题很棘手，大且复杂，那么如何着手去解决呢？这时候，我们需要将复杂的问题"拆而解之"，把大问题围绕核心点拆解成可以行动的小问题，找到切入点。

发现问题之后，有了初步的方向，下一步就是需求确认。

（2）需求确认

了解清楚需求背景，才能明白这个需求的意义，即，是为了解决什么问题而出发的，需求背景就是需求产生的原因以及想要达成的目标。需要确认清楚这个需求涉及什么指标，还要确认研究数据的角度，比如在招聘数据中，城市、岗位、薪资等指标是大家所关注的。最终要确认需求完成的总时间，以及每个需求完成的详细时间计划。

（3）需求处理

根据确定的需求，形成需求分析结果，在企业中最常见的是形成需求分析报告，指导开发人员进行需求功能开发和分析，同时，也作为汇报需求的最为重要的参考。

三、任务实施

基于招聘数据业务，描述需求背景、总结需求问题，并形成需求分析文档。任务工单见表4.1.2。

表 4.1.2　基于招聘数据描述需求背景及总结需求问题

任务内容	基于招聘数据描述需求背景及总结需求问题
实施步骤	步骤一：描述需求背景。 步骤二：总结需求问题。 提示：选择三个你感兴趣的方向，比如薪资、工作地点等，为后续数据分析步骤做准备。

【笔记】

续表

验收标准	提供步骤一和步骤二的文字性描述。
任务评价	请根据任务的完成情况进行自评： | 任务	得分（满分10）
思考问题	_____（10分）	

练习题

（多选）需求分析包括三个阶段：（　　）。
A. 发现问题　　　　　　　　　　B. 需求确认
C. 需求处理　　　　　　　　　　D. 需求回顾

子任务 2　数据分析技术路线

一、任务描述

确定招聘数据分析需求之后，接下来就要根据需求进行数据分析了。本任务针对数据分析技术路线进行概括性描述，为后续数据分析各个阶段的学习打下基础。具体要求见表 4.1.3。

表 4.1.3　理解数据分析技术路线

任务名称	理解数据分析技术路线	
任务要求	素质目标	1. 培养学生任务交付的职业综合能力 2. 培养学生严谨、细致的数据分析工程师职业素养 3. 培养学生团队协作意识
	知识目标	理解数据分析技术路线
	能力目标	能够明确数据分析技术路线各阶段内容
任务内容	总结数据分析技术路线	
验收方式	完成任务实施工单内容及练习题	

二、知识要点

数据分析技术路线概述

数据分析技术路线通常分为以下几步：数据获取、数据清洗与整理、数据分析、数据可视化、综合应用。

- 数据获取：可以通过数据采集、购买数据、查找免费开源数据、取得企业内部数据等途径获得数据。同时，需要对收集的数据有一定的认知，对各字段的含义和背景知识都要有着足够的理解。
- 数据清洗与整理：由于获取数据的过程中可能出现数据不够"干净"的问题，需要通过各种手段对数据进行清洗与整理，以便得到准确的分析结果。

- 数据分析：也可以叫作数据探索，通过各种方法对数据进行分析和探索，得出有价值的结论。
- 数据可视化：将数据分析结果使用可视化的形式展示出来，能够让分析结果更加直观。
- 综合应用：经过上述步骤得到分析结论之后，需要形成综合分析报告，用于进行阶段性总结或进行趋势预测。

其中，数据清洗与整理、数据分析、数据可视化是数据分析的三大核心技术环节，可以参考动画进行进一步理解。

以上只是基本的数据分析技术路线，根据实际情况会略有不同。比如，在数据分析方面，会使用数据挖掘等技术实现更复杂和具有实际操作意义的模型。但本书中的数据分析案例是按照以上数据分析技术路线进行的。

动画：数据分析流程理解

三、任务实施

理解数据分析技术路线中每个阶段需要完成的内容并进行总结。任务工单见表4.1.4。

表4.1.4 完成数据分析技术路线总结

任务内容	数据分析技术路线总结	
实施步骤	步骤一：数据分析技术路线包含哪几个步骤？	
	步骤二：在数据分析技术路线中，每个步骤需要完成的内容是什么？	
	提示：可以自行查阅资料进行扩展。	
验收标准	提供步骤一和步骤二的文字性描述。	
任务评价	请根据任务的完成情况进行自评：	
	任务	得分（满分10）
	思考问题	_____ （10分）

【笔记】

练习题

1. （多选）数据分析技术路线中三大核心技术环节包括（　　）。
   A. 数据获取　　　　　　　　　B. 数据清洗与整理
   C. 数据分析　　　　　　　　　D. 数据可视化

2.（判断）数据可视化可以将数据分析结果使用可视化的形式展示出来，能够让分析结果更加直观。（   ）

子任务3 认识业务数据

一、任务描述

在数据分析技术路线中，第一步是数据获取。我们需要对收集的数据有一定的认知，对各字段的含义和背景知识都要有足够的理解，因此，首先需要掌握访问数据的方法，才能看到数据细节。同时，经过数据清洗与整理、数据分析之后得到的结果数据也需要进行保存，留作进一步分析使用。本任务主要介绍访问数据的方法，重点关注使用 pandas 进行数据输入和输出。具体要求见表 4.1.5。

表 4.1.5　使用 pandas 进行数据输入和输出操作

任务名称	使用 pandas 进行数据输入和输出操作	
任务要求	素质目标	1. 培养学生任务交付的职业综合能力 2. 培养学生严谨、细致的数据分析工程师职业素养 3. 培养学生团队协作意识
	知识目标	掌握使用 pandas 进行数据输入和输出操作的方法
	能力目标	能够使用 pandas 读取或存储常见的文本格式数据
任务内容	使用 pandas 编写读取和存储数据代码	
验收方式	完成任务实施工单内容及练习题	

二、知识要点

将表格型数据读取为 DataFrame 对象是 pandas 的重要特性。在实际应用中，read_csv 和 read_table 两个函数将是使用最多的函数，函数说明见表 4.1.6。

表 4.1.6　常用的文本读取函数

函数	描述
read_csv	从文件、URL 或文件型对象读取分隔好的数据，逗号是默认分隔符
read_table	从文件、URL 或文件型对象读取分隔好的数据，制表符（'\t'）是默认分隔符

1. CSV 文件读取

CSV 是一种常用的存储表格数据的文件格式，在数据分析领域也是经常被使用的文件格式之一。CSV 文件是用逗号分隔的，可以使用 read_csv 函数将它读入一个 DataFrame 中，如图 4.1.1 所示，使用 read_csv 读取 joblist.csv 文件。

```
1  import pandas as pd
2  df = pd.read_csv(open('joblist.csv'))
3  df
```

	行业类别	职位名称	薪资	工作城市	学历	经验	发布时间	职位类型
0	IT互联网,计算机/互联网	销售	面议	深圳	大专	经验不限	2021/11/22 11:13	全职
1	IT互联网,计算机/互联网	项目工程师	面议	深圳	大专	经验不限	2021/11/22 11:13	全职
2	IT互联网,计算机/互联网	运维工程师	面议	深圳	大专	经验不限	2021/11/22 11:10	全职
3	IT互联网,计算机/互联网	JAVA开发工程师	5k-8k	北京	本科	经验不限	2017/12/12 11:35	全职
4	IT互联网,计算机/互联网	手游服务器开发	8k-12k	上海	本科	经验不限	2017/12/12 11:35	全职

图 4.1.1　使用 read_csv 读取 CSV 文件

上述代码中，传入 read_csv 中的 joblist.csv 文件路径是相对路径，要求 joblist.csv 与代码在同一路径下。也可以使用文件的绝对路径，比如将图 4.1.1 中第二行代码写成：

```
df = pd.read_csv(open('D:/notebook/Python数据分析/joblist.csv'))
```

> **注意：**
> 读取 CSV 文件时，如果文件路径有中文，需要加 open 函数，否则会报错。建议无论路径中是否包含中文，都加 open 函数。

由于在实际应用中，要读取的文件数据格式多样，因此，随着时间的推移，read_csv 函数的可选参数变得非常复杂。读者可以参考 pandas API 官方文档，里面有大量的示例展示 read_csv 函数参数的使用，可以帮助读者做进一步的学习。

pandas API 官方文档地址：https://pandas.pydata.org/pandas-docs/stable/reference/index.html。

读取 CSV 文件，也可以使用 read_table 进行读取，指定分隔符即可，如图 4.1.2 所示。

```
1  df = pd.read_table(open('joblist.csv'),sep=',')
2  df
```

	行业类别	职位名称	薪资	工作城市	学历	经验	发布时间	职位类型
0	IT互联网,计算机/互联网	销售	面议	深圳	大专	经验不限	2021/11/22 11:13	全职
1	IT互联网,计算机/互联网	项目工程师	面议	深圳	大专	经验不限	2021/11/22 11:13	全职
2	IT互联网,计算机/互联网	运维工程师	面议	深圳	大专	经验不限	2021/11/22 11:10	全职
3	IT互联网,计算机/互联网	JAVA开发工程师	5k-8k	北京	本科	经验不限	2017/12/12 11:35	全职
4	IT互联网,计算机/互联网	手游服务器开发	8k-12k	上海	本科	经验不限	2017/12/12 11:35	全职

图 4.1.2　使用 read_table 读取 CSV 文件

有的 CSV 文件并不包含表头，当读取这种类型的文件时，可以使用 header 参数分配默认标题行，如图 4.1.3 所示。

```
1  !type nohead.csv
```
1,2,3,a
4,5,6,b
7,8,9,c

```
1  df = pd.read_csv(open('nohead.csv'),header=None)
2  df
```

	0	1	2	3
0	1	2	3	a
1	4	5	6	b
2	7	8	9	c

图 4.1.3　header 设置默认标题行

也可以使用 names 参数自己指定列名，如图 4.1.4 所示。

```
1  df = pd.read_csv(open('nohead.csv'),names=['n1','n2','n3','message'])
2  df
```

	n1	n2	n3	message
0	1	2	3	a
1	4	5	6	b
2	7	8	9	c

图 4.1.4　names 指定标题行

现在想要指定 message 列作为索引，可以使用 index_col 进行指定，index_col 的取值可以是列的位置序号 3，也可以是 "message" 列名，如图 4.1.5 所示。

```
1  names = ['n1','n2','n3','message']
2  df = pd.read_csv(open('nohead.csv'),names=names, index_col='message')
3  df
```

	n1	n2	n3
message			
a	1	2	3
b	4	5	6
c	7	8	9

```
1  names = ['n1','n2','n3','message']
2  df = pd.read_csv(open('nohead.csv'),names=names, index_col=3)
3  df
```

	n1	n2	n3
message			
a	1	2	3
b	4	5	6
c	7	8	9

图 4.1.5　index_col 指定行索引

在很多情况下，CSV 文本文件中会包含注释内容，比如图 4.1.6 中的文件，就包含了 3 行注释。

图 4.1.6　CSV 中包含注释

针对上面的文件，可以使用 skiprows 参数来跳过第一行、第三行和第四行，如图 4.1.7 所示。

```
1  df = pd.read_csv(open('skiprow.csv'), skiprows=[0,2,3])
2  df
```

	n1	n2	n3	message
0	1	2	3	a
1	4	5	6	b
2	7	8	9	c

图 4.1.7　skiprows 跳过行

当处理大型文件时，可以使用 nrows 参数选择只读取部分数据，如图 4.1.8 所示。

图 4.1.8　nrows 选择读取行数

如果只是研究文件中的某几列数据，可以通过 usecols 参数进行部分列的选取。如图 4.1.9 所示，选取"岗位列表.csv"中的"职位名称"和"工作城市"。

如果内存无法加载整个文件，需要对文件进行逐块读取。分块读入文件，可以指定 chunksize 参数作为每一块的行数，如图 4.1.10 所示。

```
1  df = pd.read_csv(open('岗位列表.csv'), nrows=10, usecols=['职位名称','工作城市'])
2  df
```

	职位名称	工作城市
0	销售	深圳
1	项目工程师	深圳
2	运维工程师	深圳
3	售后工程师	深圳
4	安全服务工程师	深圳
5	技术支持工程师（数据中心方向）	深圳
6	网络安全工程师	深圳
7	商务/销售助理	深圳
8	网络工程师	深圳
9	IT售前工程师	深圳

图 4.1.9　usecols 读取部分列

```
1  chunker = pd.read_csv(open('岗位列表.csv'), chunksize=100)
2  chunker
```

<pandas.io.parsers.TextFileReader at 0x26826b85470>

图 4.1.10　chunksize 逐块读取

read_csv 返回的 TextFileReader 对象允许根据 chunksize 遍历文件，例如遍历 "岗位列表.csv"，并对 "工作城市" 列聚合获得计数值，如图 4.1.11 所示。

```
1  chunker = pd.read_csv(open('岗位列表.csv'), chunksize=100)
2  total = pd.Series([], dtype='float64')
3  for piece in chunker:
4      total = total.add(piece['工作城市'].value_counts(), fill_value=0)
5  total = total.sort_values(ascending=False)
6  total.head(10)
```

```
深圳    1518.0
北京    1479.0
成都    1311.0
广州    1054.0
上海     837.0
西安     671.0
杭州     411.0
重庆     338.0
南京     267.0
武汉     255.0
dtype: float64
```

图 4.1.11　chunksize 遍历文件计算数据

read_csv 常用的参数说明见表 4.1.7。

表 4.1.7　read_csv/read_table 常用参数说明

参数	使用说明
path	文件路径
sep	字段分隔符，可以是字符序列，也可以使用正则表达式
header	指定列索引，默认为 0（第一行）、1、2，也可以为 None，或没有 header 行
index_col	用于指定行索引

续表

参数	使用说明
names	用于指定列索引名字
skiprows	从文件开始，需要跳过的行数
nrows	从文件开始，需要读取的行数
usecols	指定读取的列
chunksize	指定文件块大小

2. CSV 文件存储

对数据进行处理分析之后，需要把数据存储起来，可以使用 DataFrame 的 to_csv 函数将数据导出为以逗号分隔的文件，如图 4.1.12 所示。

```
1  df.to_csv('out.csv')
2  out = pd.read_csv(open('out.csv', encoding='utf-8'))
3  out
```

图 4.1.12　to_csv 存储数据

> **注意：**
> 在使用 read_csv 读取通过 to_csv 存储的文件时，如果文件中包含中文，需要在 open 中增加 encoding = 'utf-8'，否则，可能出现如下错误：UnicodeDecodeError：'gbk' codec can't decode byte 0xbf in position 2：illegal multiby。

上述情况下会存储行索引，可以通过设置 index = False 不存储行索引，如图 4.1.13 所示。

三、任务实施

完成 CSV 文件的读取与存储：

①给定一个"××岗位列表.csv"文件，在 Jupyter Notebook 中新建 Python3 文件，引入 NumPy 和 pandas 包，将 CSV 文件使用 read_csv 函数读取出来，并理解 CSV 文件中各字段的含义。

```
1  df.to_csv('out.csv', index=False)
2  out = pd.read_csv(open('out.csv', encoding='utf-8'))
3  out
```

	行业类别	职位名称	薪资	工作城市	学历	经验	发布时间	职位类型
0	IT互联网,计算机互联网	销售	面议	深圳	大专	经验不限	2021/11/22 11:13	全职
1	IT互联网,计算机互联网	项目工程师	面议	深圳	大专	经验不限	2021/11/22 11:13	全职
2	IT互联网,计算机互联网	运维工程师	面议	深圳	大专	经验不限	2021/11/22 11:10	全职
3	IT互联网,计算机互联网	售后工程师	面议	深圳	大专	经验不限	2021/11/22 8:59	全职
4	IT互联网,计算机互联网	安全服务工程师	面议	深圳	大专	经验不限	2021/11/22 8:59	全职
5	IT互联网,计算机互联网	技术支持工程师（数据中心方向）	面议	深圳	大专	经验不限	2021/11/22 8:59	全职
6	IT互联网,计算机互联网	网络安全工程师	面议	深圳	大专	经验不限	2021/11/22 8:59	全职
7	IT互联网,计算机互联网	商务/销售助理	5k-8k	深圳	大专	经验不限	2021/11/22 8:59	全职
8	IT互联网,计算机互联网	网络工程师	面议	深圳	大专	经验不限	2021/11/22 8:59	全职
9	IT互联网,计算机互联网	IT售前工程师	面议	深圳	大专	经验不限	2021/11/22 8:59	全职

图 4.1.13　设置 index 参数不存储行索引

②从"××岗位列表.csv"中任意读取 10 行 3 列数据，再存储成"out.csv"文件。任务工单见表 4.1.8。

表 4.1.8　完成 CSV 文件的读取与存储

任务内容	完成 CSV 文件的读取与存储	【笔记】
实施步骤	步骤一：启动 Jupyter Notebook，新建 Python3 文件，将"××岗位列表.csv"放在代码目录下。	
	步骤二：代码编写，读取"××岗位列表.csv"。 1. 在新建的 Python3 文件中，引入 NumPy 和 pandas 包。 2. 定义 DataFrame 对象 df。 3. 使用 pandas 提供的 read_csv 方法将"××岗位列表.csv"读入 df 中。 提示：注意读取中文文件名以及包含中文内容的 CSV 文件时的编码问题。	
	步骤三：代码编写，任意读取 10 行 3 列数据，再存储成"out.csv"文件。	

续表

验收标准	提供步骤一、步骤二、步骤三的文字性描述	
任务评价	请根据任务的完成情况进行自评：	
	任务	得分（满分10）
	代码运行	_____（10分）

练习题

1. （单选）使用 read_csv 函数读取 CSV 文件时，想要跳过前 5 行，需要使用的参数是（　　）。

   A. nrows　　　　　B. index_col　　　　　C. skiprows　　　　　D. names

2. （单选）使用 read_csv 函数读取 CSV 文件时，想要指定分隔符，使用的参数是（　　）。

   A. sep　　　　　　B. index_col　　　　　C. header　　　　　　D. usecols

3. （判断）使用 read_csv 读取大文件，直接读取即可，不需要考虑其他因素。（　　）

任务二　数据清洗

无论是通过数据采集、购买数据、查找免费开源数据还是通过取得企业内部数据等途径获得数据，都或多或少存在数据缺失、重复数据、数据不规整等问题，因此，在做数据分析之前，数据清洗是非常重要的环节，要拿到有效的数据，才会让数据分析结果更趋于精准。本任务总结出"识侦洗理析"的数据清洗策略，首先让读者认识脏数据，然后通过一系列函数侦查脏数据，再针对不同的脏数据进行清洗与整理，解析数据清洗策略选择，为后续数据分析做准备。本任务将使用 pandas 库进行数据清洗和整理，包括缺失值、重复数据、数据格式等方面的处理。

子任务1　认识脏数据

一、任务描述

本任务主要介绍脏数据的概念和种类。具体要求见表 4.2.1。

表 4.2.1　认识脏数据

任务名称	认识脏数据	
任务要求	素质目标	1. 培养学生任务交付的职业综合能力 2. 培养学生严谨、细致的数据分析工程师职业素养 3. 激发学生自我学习热情
	知识目标	理解脏数据的概念及种类
	能力目标	能够理解脏数据的概念及种类

续表

任务内容	1. 理解脏数据的概念及种类 2. 给定数据，完成脏数据种类的判断
验收方式	完成任务实施工单内容

二、知识要点

1. 什么是脏数据

脏数据（Dirty Read），通俗来说，它是因数据重复录入、共同处理等不规范操作而产生的混乱、无效数据。这些数据不能为企业带来价值，反而会占据存储空间，浪费企业的资源。因此，这些数据被称为脏数据。当数据出现问题的时候，苦心构建的数据库就失去了原有价值。正因如此，处理脏数据的工作就变得十分重要，而且越早开始越好。因此，有必要了解一下脏数据的种类。

2. 脏数据的种类

脏数据主要包含四类：缺失数据、重复数据、错误数据、非需数据。

（1）缺失数据

导致数据缺失的原因有很多种，例如系统问题、人为问题等。假如出现了数据缺失情况，为了不影响数据分析结果的准确性，在数据分析时就需要进行补值，或者将空值排除在分析范围之外。

动画：数据缺失值是什么

排除空值会减少数据分析的样本总量，这个时候可以选择性地纳入一些平均数、比例随机数等。若系统中还留有缺失数据的相关记录，可以通过系统再次引入，若系统中也没有这些数据记录，就只能通过补录或者直接放弃这部分数据来解决。

（2）重复数据

相同的数据出现多次的情况相对而言更容易处理，因为只需要去除重复数据即可。但假如数据出现不完全重复的情况，例如，某酒店 VIP 会员数据中，除了住址、姓名不一样，其余的大多数数据都是一样的，这种重复数据的处理就比较麻烦了。假如数据中有时间、日期，仍然可以此作为判断标准来解决，但假如没有时间、日期这些数据，就只能通过人工筛选来处理。

（3）错误数据

错误数据一般是因为数据没有按照规定程序进行记录而出现的。例如，异常值，某个产品价格为 1~100 元，而统计中偏偏出现 200 这个值；格式错误，将文字录成了日期格式；数据不统一，关于天津的记录有天津、tianjin。

对于异常值，可以通过限定区间的方法进行排除；对于格式错误，需要通过系统内部逻辑结构进行查找；对于数据不统一，无法从系统方面去解决，因为它并不属于真正的"错误"，系统并不能判断出天津和 tianjin 属于同一"事物"，因此只能通过人工干预的方法，做出匹配规则，用规则表去关联原始表。例如，一旦出现 tianjin 这个数据，就直接匹配到天津。

(4)非需数据

有些数据虽然正确,但在数据分析过程中不需要使用或无法使用。例如,在分析招聘数据时要分析工作城市、职位与薪资的关系,这时就不需要分析其他字段了,可以将其他字段删除;再比如,地址为"上海浦东新区",想要对"区"级别的数据进行分析时,还需要将"浦东"拆出来。这种情况只能用关键词匹配的方法解决,而且不一定能够得到完美解决。

三、任务实施(表 4.2.2)

表 4.2.2 判断脏数据种类

任务内容	给定数据,判断脏数据的种类
实施步骤	步骤一:给定数据如图 4.2.1 所示,判断数据中包含的脏数据的类型。 | 职位名称	薪资范围	薪资类型	工作城市	学历	经验	发布时间
---	---	---	---	---	---	---
项目工程师	7000|13000	/月	深圳	大专	经验不限	2021/11/22 11:13
运维工程师	4000|7000	/月	深圳	大专	经验不限	2021/11/22 11:10
售后工程师	5000|10000	/月	深圳	大专	经验不限	2021/11/22 8:59
安全服务工程师	6000|12000	/月	深圳	大专	经验不限	2021/11/22 8:59
技术支持工程师	6000|12000	/月	深圳	大专	经验不限	2021/11/22 8:59
IT售前工程师	6000|15000	/月	深圳	大专	经验不限	2021/11/22 8:59
售前工程师		/月	深圳	大专	经验不限	2021/11/22 8:59
物联网测试工程师		/月	深圳	大专	经验不限	2021/11/22 8:59
运维人员		/月	深圳	大专	经验不限	2021/11/22 8:59
实施工程师		/月	长沙	大专	1-3年	2021/10/28 18:01
5G基站数通开发工程师		/月	广州	本科	经验不限	2021/10/25 10:07
技术人员		/月	深圳	大专	经验不限	2021/11/22 8:59
网络运维工程师		/月	长沙	大专	经验不限	2021/10/28 18:02
客户经理		/月	深圳	大专	经验不限	2021/11/22 8:59
网络工程师	4000|8000	/月	深圳	大专	经验不限	2021/11/22 8:59
技术工程师	4000|6000	/月	深圳	大专	经验不限	2021/11/22 8:59
技术工程师	4000|6000	/月	深圳	大专	经验不限	2021/11/22 8:59
销售实习生	4000|8000	/月	深圳	大专	经验不限	2021/11/22 8:59
云平台运维工程师	7000|12000	/月	长沙	本科	1-3年	2021/11/4 17:15	 图 4.2.1 思考:针对图 4.2.1 所示数据,要进行职位名称、工作城市、学历、经验、发布时间 5 个字段的数据分析,请判断其中的脏数据包含哪几个类型?(提示:发布时间只关注天,不需要精确到时分秒) 步骤二:请对脏数据的概念及种类进行总结。
验收标准	提供步骤一、步骤二中"思考"的文字性描述。
任务评价	请根据任务的完成情况进行自评: 	任务	得分(满分 10)
思考问题	_____ (10 分)	

【笔记】

子任务 2　侦查脏数据

一、任务描述

本任务主要讲解侦查脏数据（脏数据包含缺失数据、重复数据、错误数据、非需数据）的方法。具体要求见表 4.2.3。

表 4.2.3　侦查脏数据

任务名称	侦查脏数据	
任务要求	素质目标	1. 培养学生任务交付的职业综合能力 2. 培养学生严谨、细致的数据分析工程师职业素养 3. 激发学生自我学习热情
	知识目标	掌握常用的侦查脏数据的方法
	能力目标	能够针对不同种类的脏数据选择合适的函数进行侦查
任务内容	给定数据，选择合适的函数侦查脏数据，并完成代码的编写	
验收方式	完成任务实施工单内容及练习题	

二、知识要点

1. 侦查缺失值

有时由于采集数据设备故障或无法存入数据或没有录入数据或故意隐藏数据等诸多原因，获得的部分数据可能存在缺失值。这些缺失值对于数据分析是没有任何意义的，需要通过程序处理掉这些缺失值，以便下一步进行分析。如果通过人工方法查看 DataFrame 中是否存在缺失值是非常低效的，特别是数据量很大时，将会非常耗时。下面将介绍几种方法来侦查 DataFrame 中的缺失值。

通过 isnull 和 notnull 方法，可以返回布尔值对象，isnull 的结果为 True 时代表缺失值，notnull 的结果为 False 时代表缺失值，如图 4.2.2 所示。

这时通过求和可以获取每列的缺失值数量，再通过求和可以获取整个 DataFrame 的缺失值数量，如图 4.2.3 所示。

上述代码中，通过 df1.isnull().sum() 可以得到 df1 中的第 0 列没有缺失值，第 1 列有 2 个缺失值，第 2 列有 1 个缺失值；再通过 df1.isnull().sum().sum() 可以计算出 df1 中总缺失值为 3 个。

通过 info 函数，也可以查看 DataFrame 每列数据的缺失值情况，如图 4.2.4 所示。

上述结果中，RangeIndex 表示 df1 中包含 3 行数据，从 0 到 2。Data columns（total 3 columns）表示 df1 中包含 3 列数据，下面列出了每列数据的详细描述，其中，第 0 列的 Non-Null Count 的值为 3 non-null，表示第 0 列中的 3 个数据都不为空；第 1 列的 Non-Null Count 的值为 1 non-null，表示第 1 列中的 1 个数据不为空，即 3 个数据中有 2 个为空；第 2 列的 Non-Null Count 的值为 2 non-null，表示第 2 列中的 2 个数据不为空，即 3 个数据中有 1 个为空。

```
1  from pandas import Series, DataFrame
2  import numpy as np
3  import pandas as pd
```

```
1  # 构造包含缺失值的DataFrame
2  df1 = DataFrame([[1, 2, 3], [4, np.nan, 6], [7, np.nan, np.nan]])
3  df1
```

	0	1	2
0	1	2.0	3.0
1	4	NaN	6.0
2	7	NaN	NaN

```
1  df1.isnull()  # True为缺失值
```

	0	1	2
0	False	False	False
1	False	True	False
2	False	True	True

```
1  df1.notnull()  # False为缺失值
```

	0	1	2
0	True	True	True
1	True	False	True
2	True	False	False

图 4.2.2　使用 isnull 和 notnull 函数查看缺失值

```
1  df1.isnull().sum()
```

```
0    0
1    2
2    1
dtype: int64
```

```
1  df1.isnull().sum().sum()
```

```
3
```

图 4.2.3　使用 sum 对缺失值计数

```
1  df1.info()
```

```
<class 'pandas.core.frame.DataFrame'>
RangeIndex: 3 entries, 0 to 2
Data columns (total 3 columns):
 #   Column  Non-Null Count  Dtype
---  ------  --------------  -----
 0   0       3 non-null      int64
 1   1       1 non-null      float64
 2   2       2 non-null      float64
dtypes: float64(2), int64(1)
memory usage: 200.0 bytes
```

图 4.2.4　通过 info 函数查看缺失值

在实际应用过程中,可以结合 isnull、notnull、info 函数共同侦查缺失值的情况。

2. 侦查重复数据

通过网络爬虫爬取数据时,往往因为网络原因会出现重复数据,对于重复数据,只需要保留一份,其余的重复数据可以直接删除。那么如何在 DataFrame 中判断重复数据有哪些呢?可以通过 duplicated 方法判断各行是否有重复数据,如图 4.2.5 所示。

图 4.2.5　duplicated 查看重复数据

其中,索引为 1 和 4 的两行数据 "2 b" 出现了两次,因此 duplicated 函数判断索引为 4 的这行数据为重复数据,返回布尔值 True,其他行都不是重复数据,返回 False。

3. 侦查错误数据及非需数据

侦查错误数据时,需要查看数据的内容,侦查非需数据时,需要查看数据的字段,可以使用 head 函数实现这两种情况,如图 4.2.6 所示。

图 4.2.6　使用 head 查看数据

head 函数会默认显示数据中的前 5 行,可以认为这个功能是预览数据的功能。通过 head 函数的执行结果,可以看到数据字段有哪些,每个字段下数据的内容格式是什么样的。例如图 4.2.6 中在分析数据时,不需要用到"职位类型"这一字段,那么"职位类型"就属于非需字段。再比如"发布时间"这一列,在数据分析过程中不需要将时间精确到时分,只精确到年月日即可,那么"发布时间"在数据分析中就属于错误数据。

在侦查脏数据的过程中,可以结合子任务提到的各个函数进行综合判断,能让侦查结果更加全面而趋于精准。

三、任务实施(表4.2.4)

表4.2.4 侦查脏数据

任务内容	读取"××岗位列表.csv"中的数据,并侦查其中的缺失数据、重复数据、错误数据、非需数据
实施步骤	步骤一:定义 df,读取"××岗位列表.csv"。 步骤二:使用 isnull、notnull、info、duplicated、head 等方法侦查 df 中的脏数据。 思考:根据侦查脏数据的结果进行描述。
验收标准	1. 提供步骤一和步骤二的执行结果。 2. 提供步骤二中"思考"的文字性描述。
任务评价	请根据任务的完成情况进行自评: | 任务	得分(满分10)
代码运行	_____ (7分)
思考问题	_____ (3分)	

"三立"育人

侦查脏数据的过程就像大学生入伍兵检一样,入伍兵检需要进行思想政治、身体素质、家庭背景等方面审查,以筛选出可以为祖国筑长城,为人民保平安的合格士兵。侦查脏数据需要从缺失值、重复数据、错误数据及非需数据四个方面进行,以筛选出更能体现数据价值、便于分析的数据源。携笔从戎、强军兴国是当代大学生的青春梦想之一,同样,也可以通过学好专业技术,实现科技报国。

子任务 3　数据清洗与整理

一、任务描述

侦查完各类脏数据之后，需要对这些脏数据进行清洗，整理出有效的、"干净的"数据。本任务需要掌握各种数据清洗与整理方法，为后续数据分析阶段做准备。具体要求见表 4.2.5。

表 4.2.5　数据清洗与整理

任务名称	数据清洗与整理	
任务要求	素质目标	1. 培养学生任务交付的职业综合能力 2. 培养学生严谨、细致的数据分析工程师职业素养 3. 激发学生自我学习热情
	知识目标	掌握数据清洗与整理的方法
	能力目标	能够根据不同种类的脏数据选择合适的数据清洗与整理方法
任务内容	给定数据，选择合适的函数清洗脏数据，并完成代码的编写	
验收方式	完成任务实施工单内容及练习题	

二、知识要点

1. 处理缺失值

当数据中存在缺失值时，可以根据缺失值的重要程度选择处理方法，如果缺失的数据不重要，可以直接过滤缺失值，如果缺失的数据重要，不能直接删除，可以填充缺失值。

微课：数据清洗与整理

（1）删除缺失值

在缺失值的处理方法中，删除缺失值是常用的方法之一，虽然可以使用 isnull 或 notnull 以及布尔值索引手动过滤缺失值，但通过 dropna 函数删除缺失值更加方便。在 Series 上使用 dropna，它会返回 Series 中所有的非空数据及其索引值，如图 4.2.7 所示。

动画：数据清洗策略选择

```
1  data = pd.Series([1, np.nan, 3, np.nan, 5])
2  data
```
```
0    1.0
1    NaN
2    3.0
3    NaN
4    5.0
dtype: float64
```

```
1  data.dropna()
```
```
0    1.0
2    3.0
4    5.0
dtype: float64
```

图 4.2.7　Series 中使用 dropna 删除缺失值

上面的示例中的代码与图 4.2.8 的代码是等价的。

```
data[data.notnull()]
```

```
0    1.0
2    3.0
4    5.0
dtype: float64
```

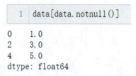

图 4.2.8 使用 notnull 过滤缺失值

当在 DataFrame 中删除缺失值时，会稍微复杂一些，可能我们想要删除全部为 NaN 的行或列，也可能删除包含有 NaN 的行或列。dropna 函数默认情况下会删除包含缺失值的行，如图 4.2.9 所示。

```
df1
```

	0	1	2
0	1	2.0	3.0
1	4	NaN	6.0
2	7	NaN	NaN

```
df1.dropna()
```

	0	1	2
0	1	2.0	3.0

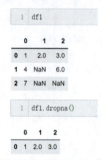

图 4.2.9 DataFrame 中使用 dropna 删除缺失值

当传入 how = 'all' 时，dropna 将删除所有值均为 NaN 的行，如图 4.2.10 所示。

```
df2 = pd.DataFrame([[1,2,3],[4,np.nan,np.nan],[np.nan,np.nan,np.nan],[np.nan,11,12]])
df2
```

	0	1	2
0	1.0	2.0	3.0
1	4.0	NaN	NaN
2	NaN	NaN	NaN
3	NaN	11.0	12.0

```
df2.dropna(how='all')
```

	0	1	2
0	1.0	2.0	3.0
1	4.0	NaN	NaN
3	NaN	11.0	12.0

图 4.2.10 删除全为 NaN 的行

图 4.2.10 中，只有索引为 2 的行中所有的元素都是 NaN，因此被删除了。

如果想要删除全为 NaN 的列，需要传入 axis = 1，如图 4.2.11 所示。

(2) 填充缺失值

当数据量比较少或者数据比较重要时，就不能直接删除缺失值了，这时可能需要以多种方式补全缺失值。通过 fillna 函数填充缺失值，可以使用一个常数来代替缺失值，如图 4.2.12 所示。

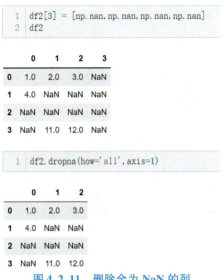

图 4.2.11　删除全为 NaN 的列

上述示例中，使用常数 0 替代了缺失值。在调用 fillna 时也可以传入字典，针对不同列设定不同的填充值，如图 4.2.13 所示。

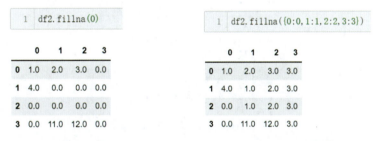

图 4.2.12　fillna 填充缺失值　　　图 4.2.13　fillna 不同列填充不同值

上述示例中，第 0 列使用 0 填充，第 1 列使用 1 填充，依此类推。fillna 对数据进行填充后，将会返回一个新的对象，如果想直接修改原来已经存在的对象，可以使用 inplace = True 进行设置，如图 4.2.14 所示。

图 4.2.14　使用 inplace = True 参数修改原来的 df2

对重新索引中填充缺失值的方法也可以用于 fillna 中，如图 4.2.15 所示。

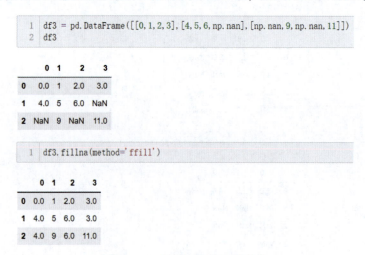

```
1  df3 = pd.DataFrame([[0, 1, 2, 3], [4, 5, 6, np.nan], [np.nan, 9, np.nan, 11]])
2  df3
```

```
    0    1    2     3
0  0.0   1   2.0   3.0
1  4.0   5   6.0   NaN
2  NaN   9   NaN  11.0
```

```
1  df3.fillna(method='ffill')
```

```
    0    1    2     3
0  0.0   1   2.0   3.0
1  4.0   5   6.0   3.0
2  4.0   9   6.0  11.0
```

图 4.2.15　使用 ffill 填充缺失值

还可以在使用 fillna 时将数据中的平均值或中位数填充为缺失值，如图 4.2.16 所示。

```
1  df3.fillna(df3[0].mean())
```

```
    0    1    2     3
0  0.0   1   2.0   3.0
1  4.0   5   6.0   2.0
2  2.0   9   2.0  11.0
```

图 4.2.16　使用平均值填充缺失值

fillna 函数参数说明见表 4.2.6。

表 4.2.6　fillna 函数参数

参数	描述
value	常数或者字典型对象用于填充缺失值
method	插值方法，如果没有其他参数，默认是 ffill
axis	需要填充的轴，默认 axis = 0
inplace	修改原始调用的对象
limit	用于前向或后向填充时最大的填充范围

2. 删除重复数据

使用 drop_duplicates 函数可以删除多余的重复项，它返回的是 DataFrame，内容是 duplicated 返回数组中为 False 的部分，如图 4.2.17 所示。

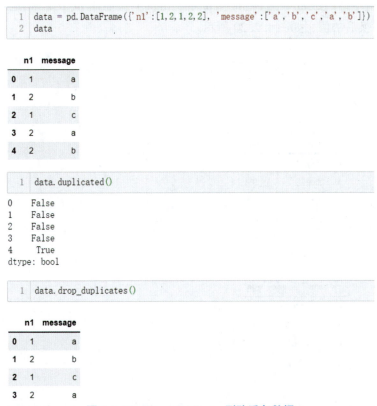

图 4.2.17　drop_dupicates 删除重复数据

在这种情况下，当每行每个字段都相同时才会判断为重复数据，这里也可以指定部分列作为判断重复数据的依据，如图 4.2.18 所示。

通过结果可以看出，保留的数据为第一个出现的数据，后面重复的数据将会被删除。可以通过传入 keep = 'last' 保留最后一个出现的数据，如图 4.2.19 所示。

图 4.2.18　指定部分列作为判断重复数据的依据	图 4.2.19　keep = 'last' 保留最后一个出现的数据

此时将 data 中索引为 1 的行删除了，保留了索引为 4 的行。

3. 替换值

在处理数据的时候，很多时候会遇到批量替换的情况，如果一个一个去修改，则效率过低，也容易出错，replace 是很好的方法。replace 类似于 Excel 中的替换功能，是将查询到的数据替换为相应的数据。

replace 的基本结构是 df.replace(to_replace, value)，前面 to_replace 是需要替换的值，后面 value 是替换后的值，如图 4.2.20 所示。

```
1  df4 = pd.DataFrame({'name':['Lily','Lucy','Tom','Jack'],
2                     'sex':['female','','male','male'],
3                     'age':['18','19','','20']
4                    })
5  df4
```

	name	sex	age
0	Lily	female	18
1	Lucy		19
2	Tom	male	
3	Jack	male	20

```
1  df4.replace('','不详')
```

	name	sex	age
0	Lily	female	18
1	Lucy	不详	19
2	Tom	male	不详
3	Jack	male	20

图 4.2.20　replace 替换值

也可以针对不同的值进行多值替换，可以传入列表或字典格式指定需要替换的值和替换后的值，如图 4.2.21 所示。

```
1  df4.replace(['','18'],['不详','18岁'])
```

	name	sex	age
0	Lily	female	18岁
1	Lucy	不详	19
2	Tom	male	不详
3	Jack	male	20

```
1  df4.replace({'':'不详','18':'18岁'})
```

	name	sex	age
0	Lily	female	18岁
1	Lucy	不详	19
2	Tom	male	不详
3	Jack	male	20

图 4.2.21　replace 进行多值替换

当 replace 传入列表时，比如 df4.replace(['','18'],['不详','18岁'])，第一个列表代表需要替换的值，第二个列表代表替换后的值；当 replace 传入字典时，比如 df4.replace

({":'不详','18':'18 岁'}),字典中第一个键值对表示要将"替换为'不详',第二个键值对表示要将 '18'替换为 '18 岁'。

4. 使用函数或映射进行数据转换

对于更加复杂的数据处理,需要使用到函数和映射。这里举一个例子演示。假设表 4.2.7 为某个班级学生的 Python 成绩单。

表 4.2.7 某班学生 Python 成绩单

姓名	成绩	姓名	成绩
张三	46	王五	95
李四	83	赵六	62

定义一个等级情况,分数在 90~100 之间为优秀,70~89 之间为良好,60~69 之间为及格,低于 60 分为不及格。现在想要在 Python 成绩单的基础上增加一列等级,可以使用 map 映射及自定义函数来实现,如图 4.2.22 所示。

```
1  df5 = pd.DataFrame({
2      '姓名':['张三','李四','王五','赵六'],
3      'python':[46,83,95,62]
4  })
5  df5
```

	姓名	python
0	张三	46
1	李四	83
2	王五	95
3	赵六	62

```
1   def func(x):
2       if x>=90:
3           return '优秀'
4       elif 70<=x<90:
5           return '良好'
6       elif 60<=x<70:
7           return '及格'
8       else:
9           return '不及格'
10  df5['等级'] = df5['python'].map(func)
11  df5
```

	姓名	python	等级
0	张三	46	不及格
1	李四	83	良好
2	王五	95	优秀
3	赵六	62	及格

图 4.2.22 函数及映射在数据处理中的应用

5. 字符串处理

在数据分析中经常会处理一些文本数据，pandas 提供了处理字符串的矢量化函数。对于图 4.2.23 所示数据，要把数据分成两列，可以使用函数及映射来完成。

```
1  df6 = pd.DataFrame({
2      '薪资':['3000-5000','4000-7000','3000-6000','8000-10000']
3  })
4  df6
```

	薪资
0	3000-5000
1	4000-7000
2	3000-6000
3	8000-10000

```
1  result = df6['薪资'].apply(lambda x:Series(x.split('-')))
2  result
```

	0	1
0	3000	5000
1	4000	7000
2	3000	6000
3	8000	10000

图 4.2.23　字符串中的函数应用

pandas 中字段的 str 属性可以直接对 DataFrame 中的某列调用字符串方法，并运用到整个字段中（即矢量化运算），如图 4.2.24 所示。

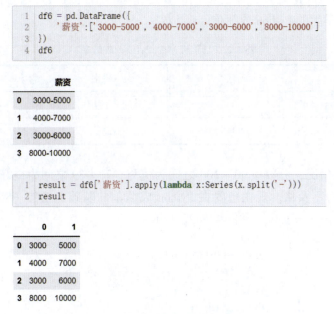

```
1  result1 = df6['薪资'].str.split('-')
2  result1
```

```
0    [3000, 5000]
1    [4000, 7000]
2    [3000, 6000]
3    [8000, 10000]
Name: 薪资, dtype: object
```

```
1  df7 = pd.DataFrame()
2  df7['薪资下限'] = result1.str[0]
3  df7['薪资上限'] = result1.str[1]
4  df7
```

	薪资下限	薪资上限
0	3000	5000
1	4000	7000
2	3000	6000
3	8000	10000

图 4.2.24　str 属性应用字符串方法

三、任务实施（表 4.2.8）

表 4.2.8　数据清洗与整理

任务内容	1. 读取"××岗位列表.csv"中的数据，侦查其中的脏数据（包括缺失数据、重复数据、错误数据、非需数据）之后，选择合适的函数清洗脏数据 2. 将清洗完成的数据存储为 clean.csv
实施步骤	步骤一：处理数据中的缺失值。 思考：针对缺失值有几种处理方式？ 步骤二：处理数据中的重复数据，直接删除。 步骤三：处理数据中的错误数据及非需字段。 步骤四：将清洗好的数据存储为 clean.csv。
验收标准	1. 提供步骤一至步骤四的执行结果。 2. 提供步骤一中"思考"的文字性描述。
任务评价	请根据任务的完成情况进行自评： | 任务	得分（满分10）
代码运行	＿＿＿（7分）
思考问题	＿＿＿（3分）	

【笔记】

子任务 4　基于招聘信息的数据清洗

一、任务描述

本任务将基于招聘信息进行数据清洗。具体要求见表 4.2.9。

表 4.2.9　基于招聘信息的数据清洗

任务名称		基于招聘信息的数据清洗
任务要求	素质目标	1. 培养学生任务交付的职业综合能力 2. 培养学生严谨、细致的数据分析工程师职业素养 3. 激发学生自我学习热情
	知识目标	掌握在不同业务数据中灵活进行数据清洗的方法
	能力目标	能够针对不同业务数据完成数据清洗
任务内容		给定招聘数据，选择合适的方法进行数据清洗
验收方式		完成任务实施工单内容及练习题

二、知识要点

该招聘样例数据是通过网络爬虫爬取的某招聘网站的数据，因为网络等外部因素的影响，数据中可能存在缺失值、重复数据等脏数据，下面将通过 Python 语言对这些招聘信息进行数据清洗。操作过程详见二维码资源。

步骤及代码

三、任务实施（表 4.2.10）

表 4.2.10　基于招聘信息的数据清洗

任务内容	读取"××岗位列表.csv"中的数据，进行数据清洗，并将清洗后的结果保存到 clean.csv 文件中
实施步骤	步骤：参照子任务 4 中的知识要点，完成"××岗位列表.csv"的数据清洗。
	思考：总结针对不同类型的脏数据使用的数据清洗方法。
验收标准	1. 提供步骤的执行结果。 2. 提供步骤中"思考"的文字性描述。
任务评价	请根据任务的完成情况进行自评： | 任务 | 得分（满分10）| | --- | --- | | 代码运行 | _____（7分）| | 思考问题 | _____（3分）|

【笔记】

练习题

1. （单选）用于判断是否包含缺失值的函数是（　　）。
   A. isnull　　　　　　B. fillna　　　　　　C. dropna　　　　　　D. duplicated
2. （单选）用于判断是否包含重复值的函数是（　　）。
   A. isnull　　　　　　B. fillna　　　　　　C. dropna　　　　　　D. duplicated
3. （多选）下列函数可以用于侦查缺失值的是（　　）。
   A. isnull　　　　　　B. notnull　　　　　　C. head　　　　　　D. info
4. （判断）对缺失值的处理只有一种方法，就是直接删除。（　　）
5. （判断）pandas 中字段的 str 属性可以轻松调用字符串的方法，并运用到整个字段中。（　　）

任务三　数据分析

得到清洗好的数据之后，就要根据需求进行数据分析了。对数据集进行分类，并在每一组上进行统计分析，通常是数据分析工作中的一个重要部分。进行数据分组统计，可以完成后续数据可视化和形成分析报告。本任务将讲解 pandas 中 GroupBy 的原理和使用方法、聚合函数的使用、分组运算 transform 和 apply 方法的使用。

子任务1　数据分组

一、任务描述

本任务需要理解数据分组的原理，掌握 GroupBy 的使用方法。具体要求见表 4.3.1。

表 4.3.1　掌握数据分组

任务名称	掌握数据分组	
任务要求	素质目标	1. 培养学生任务交付的职业综合能力 2. 培养学生严谨、细致的数据分析工程师职业素养 3. 激发学生自我学习热情
	知识目标	1. 理解 GroupBy 的原理 2. 掌握 groupby 函数的使用方法
	能力目标	能够熟练使用 groupby 函数对数据进行分组
任务内容	熟练使用 groupby 函数对数据进行分组	
验收方式	完成任务实施工单内容及练习题	

二、知识要点

1. GroupBy 原理

GroupBy 用于数据分组运算，类似于 Excel 中的分类汇总或数据库中的分组操作，其运算的核心模式是 split – apply – combine（分组 – 应用 – 聚合）。

动画：**GroupBy** 分组聚合

图 4.3.1 中是一个简单的分组聚合案例。

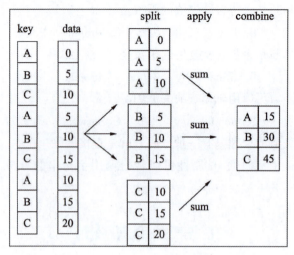

图 4.3.1　分组聚合案例

首先，数据集按照相同的分组键 key 分成小的数据片（即 split 阶段），然后对每个数据片进行操作，比如图 4.3.1 中分别对 A、B、C 的数据进行求和操作（即 apply 阶段），最后将结果再聚合起来形成新的数据集（即 combine 阶段）。

在 pandas 的数据对象（Series、DataFrame 或其他数据结构）中，根据提供的一个或多个键将数据拆分到多个组中，拆分操作是在数据对象的特定轴向上进行的，比如 DataFrame 可以在它的行方向（axis = 0）或列方向（axis = 1）进行分组。分组操作后，就可以在各个组中应用函数进行统计，产生新的值。最终所有组的结果会联合到一个结果对象中形成新的数据集。结果对象的形式通常取决于对数据进行的操作。

下面以一个案例为例，来看看 groupby 函数的使用。图 4.3.2 中展示了部分学生的成绩数据。

```
1  df = pd.DataFrame({
2      "姓名":['张三','李四','王五','张三','李四','王五','张三','李四','王五'],
3      "科目":['高数','英语','Python','心理','体育','英语','创业','Java','大数据'],
4      "分数":np.random.randint(60,100,9)   # 60-100的分数选择9个
5  })
6  df
```

	姓名	科目	分数
0	张三	高数	71
1	李四	英语	90
2	王五	Python	76
3	张三	心理	81
4	李四	体育	67
5	王五	英语	98
6	张三	创业	87
7	李四	Java	89
8	王五	大数据	75

图 4.3.2　部分学生的成绩数据

现在根据"姓名"进行分组，得到一个 DataFrameGroupBy 对象，如图 4.3.3 所示。

```
1  groupbying = df.groupby(df['姓名'])
2  groupbying
```
<pandas.core.groupby.generic.DataFrameGroupBy object at 0x00000214F7571BA8>

图 4.3.3 groupby 分组对象

使用 list 展开查看 DataFrameGroupBy 对象的结构，如图 4.3.4 所示。

```
1  list(groupbying)
```
[('张三',   姓名 科目 分数
  0 张三   高数 71
  3 张三   心理 81
  6 张三   创业 87), ('李四',   姓名   科目   分数
  1 李四   英语 90
  4 李四   体育 67
  7 李四   Java 89), ('王五',   姓名   科目   分数
  2 王五   Python 76
  5 王五   英语   98
  8 王五   大数据 75)]

图 4.3.4 groupby 分组对象内部结构

DataFrameGroupBy 对象是一个大列表，里面包含 3 个元素，每个元素是一个元组对象：[tuple1,tuple2,tuple3]，其中的元素就是按照指定的姓名进行分组之后的数据，例如 tuple1 就是张三的数据信息，tuple2 就是李四的数据信息，tuple3 就是王五的数据信息。

下面查看王五的具体信息。如图 4.3.5 所示，元组转成列表后的第一个信息就是分组的姓名，第二个就是这个姓名对应的全部信息构成的一个小 DataFrame 数据帧。

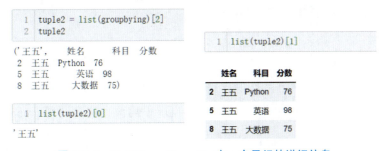

图 4.3.5 DataFrameGroupBy 中一个元组的详细信息

图 4.3.6 能够很好地展示 DataFrameGroupBy 对象的内部分组情况。

当根据某个字段进行 GroupBy 机制分组的时候，最后能够生成多少个子 DataFrame，取决于字段中有多少个不同的元素（案例有 3 个）；当分组之后，便可以进行后续的各种聚合操作，比如 sum、mean、min 等。

GroupBy 对象支持迭代，会生成一个包含组名和数据块的二维元组序列，如图 4.3.7 所示。

如果要计算成绩数据中分数的平均值，需要将"分数"选择出来，按照"姓名"进行分组，计算平均值，如图 4.3.8 所示。

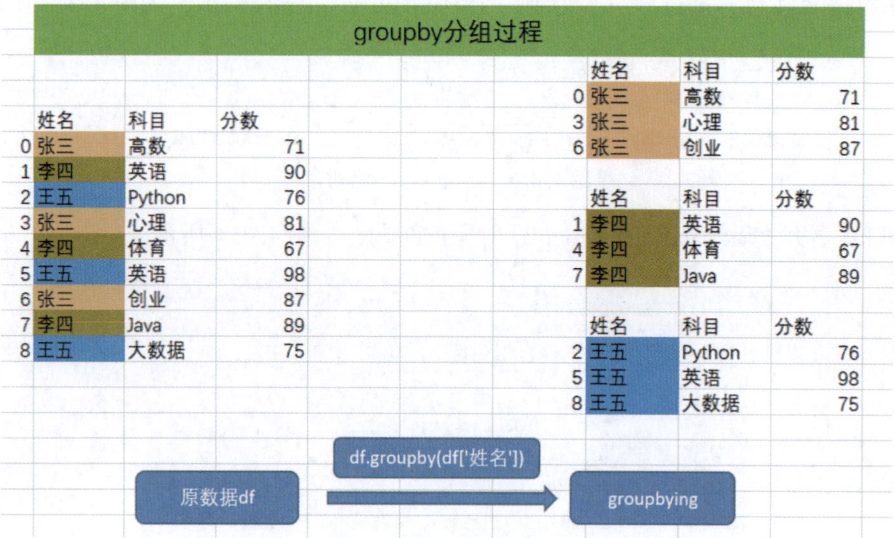

图 4.3.6 DataFrameGroupBy 对象的内部分组情况

图 4.3.7 遍历 DataFrameGroupBy 对象

上面的语法也可以通过索引获取"分数",再求平均值,这是调用 groupby 函数时提供的语法糖,如图 4.3.9 所示。

图 4.3.8 按照姓名分组计算分数的平均值　　图 4.3.9 groupby 语法糖

使用 groupby 进行分组时,分组键可以是多种形式的,并且键不一定是完全相同的类型:

- DataFrame 的列名的值。

- 与需要分组的轴向长度一致的值列表或元组或值数组。
- 可以将分组轴向上的值和分组名称相匹配的字典或 Series。
- 可以在轴索引或索引中的单个标签上调用的函数。

下面将针对这些分组键进行逐一讲解。

2. 使用列名分组

DataFrame 数据的列索引名称可以作为分组键，用列索引名称作为分组键时，用于分组的对象必须是 DataFrame 数据本身，否则，搜索不到索引名称会报错，如图 4.3.10 所示。

图 4.3.10　使用列名分组

3. 使用列表或元组分组

分组键也可以是与需要分组的轴向长度一致的值列表或元组或值数组，如图 4.3.11 所示。

```
1 list1 = ['a','b','c','a','b','c','a','b','c']
2 df.groupby(list1).mean()
```

	分数
a	79.666667
b	82.000000
c	83.000000

图 4.3.11　使用列表分组

4. 使用字典和 Series 分组

分组键可以定义为字典结构，比如上面的成绩数据中，张三和李四是 A 班学生，王五是 B 班学生，要计算 A 班和 B 班的成绩总分，可以如图 4.3.12 所示进行计算。

图 4.3.12　使用字典分组

5. 使用函数分组

与使用字典或 Series 分组相比，使用 Python 函数是定义分组关系的一种更为通用的方式。作为分组键传递的函数将会按照每个索引值调用一次，同时，返回值会被用作分组名称。例如，给定成绩等级情况，将成绩数据按照等级情况进行分组，如图 4.3.13 所示。

```python
def func(x):
    if x>=90:
        return '优秀'
    elif 70<=x<90:
        return '良好'
    elif 60<=x<70:
        return '及格'
    else:
        return '不及格'
df.groupby(df['分数'].map(func)).size()
```

```
分数
优秀    2
及格    1
良好    6
dtype: int64
```

图 4.3.13 使用函数分组

三、任务实施（表 4.3.2）

表 4.3.2 掌握数据分组

任务内容	1. 理解 GroupBy 原理 2. 读取 clean.csv，根据招聘数据分析需求进行数据分组
实施步骤	步骤一：理解 GroupBy 原理。 提示：根据招聘数据分析需求选择部分数据绘制 split–apply–combine 示意图。 步骤二：读取 clean.csv 文件，根据招聘数据分析需求进行数据分组。 提示：可以按照城市、学历、职位等信息进行分组。
验收标准	1. 提供步骤二的执行结果。 2. 提供步骤一中"思考"的文字性描述及绘图。
任务评价	请根据任务的完成情况进行自评： | 任务	得分（满分10）
代码运行	_____（7分）
思考问题	_____（3分）	

【笔记】

"三立"育人

GroupBy 运算的核心模式是 split – apply – combine（分组 – 应用 – 聚合），分组、聚合，会让人想起一个熟悉的词，就是"物以类聚，人以群分"。这句话来源于一个战国时期的故事，出处是《战国策·齐策三》。战国时期，齐宣王为了储备贤能，谋求发展，他命著名大夫淳于髡招揽各行各业的贤士各司其职，共同为齐国效力。淳于髡一天之内就推荐了多位贤能之士，他是如何做到这么效率的呢？淳于髡曾说：翅膀相同的鸟往往聚集在一起。他淳于髡本人就是贤士，周围聚集了很多贤能之人，因此举荐贤士易如反掌。这正所谓物以类聚，人以群分。也正因为齐国招贤纳才，齐心协力，让齐国成为当时非常强盛的国家。

这个故事表达的就是 groupby 函数的核心思想。在这个典故中，齐宣王招揽擅长不同领域的贤能之士就是 split 阶段；贤士各司其职谋求发展就是 apply 应用阶段；各领域的贤能之人分别发挥作用，要将齐国建得更加强大，就是 combine 聚合阶段。这也就是分组运算的核心思想：分组 – 应用 – 聚合。同时，这个故事也告诉我们，一个人成长最快的方式是：与优秀者同行，与奋斗者共进。

子任务 2　聚合运算

一、任务描述

本任务需要掌握各种聚合函数的用法，并能与 groupby 分组函数一起使用。具体要求见表 4.3.3。

表 4.3.3　掌握聚合运算

任务名称	掌握聚合运算	
任务要求	素质目标	1. 培养学生任务交付的职业综合能力 2. 培养学生严谨、细致的数据分析工程师职业素养 3. 激发学生自我学习热情
	知识目标	掌握各种聚合函数的用法
	能力目标	能够结合 groupby 分组函数与聚合函数一起使用
任务内容	熟练使用 groupby 函数和聚合函数对数据进行统计分析	
验收方式	完成任务实施工单内容及练习题	

二、知识要点

1. 聚合函数

聚合函数又叫组函数，通常是对表中的数据进行统计和计算，一般结合分组（groupby）来使用，用于统计和计算分组数据。在前面的例子中使用了部分聚合运算方法，比如 mean、sum 等，常见的聚合函数见表 4.3.4。

表 4.3.4　常见的聚合函数

函数名	描述
count	分组中的非 NaN 值数量
sum	非 NaN 值的累加和
mean	非 NaN 值的平均值
median	非 NaN 值的算术中位数
std、var	无偏的标准差和方差
min、max	非 NaN 值的最小值、最大值
prod	非 NaN 值的乘积
first、last	非 NaN 值的第一个值和最后一个值

除了上述聚合运算方法外，只要是 Series 或 DataFrame 支持的能用于分组的运算函数都可以拿来使用，比如 quantile 可以计算 Series 或 DataFrame 列的样本分位数，虽然 quantile 并不是为了 GroupBy 而定义的函数，但它是 Series 的方法，因此，也可以用于聚合。在分组运算内部，GroupBy 有效地对 Series 进行切片，为每一块调用 piece.quantile(0.5)，然后将这些结果一起组装到结果对象中，如图 4.3.14 所示。

还可以自定义聚合函数，通过 aggregate 或 agg 参数传入即可，例如计算极差（即最大值与最小值的差）时，如图 4.3.15 所示进行操作。

```
1  df = pd.DataFrame(np.arange(12).reshape(4,3))
2  df
```

	0	1	2
0	0	1	2
1	3	4	5
2	6	7	8
3	9	10	11

```
1  list1 = ['a','a','b','b']
2  df.groupby(list1).quantile(0.5)
```

	0	1	2
a	1.5	2.5	3.5
b	7.5	8.5	9.5

```
1  def getRange(x):
2      return x.max()-x.min()
3  df.groupby(list1).agg(getRange)
```

	0	1	2
a	3	3	3
b	3	3	3

图 4.3.14　quantile 在分组聚合中的应用　　　图 4.3.15　自定义聚合函数的使用

2. 逐列及多函数应用

接下来将使用小费数据集作为数据案例。如果需要在一列上进行多聚合函数的运算，可以在 agg 参数中传入多函数列表，如图 4.3.16 所示。

```
1  tips.groupby('sex')['tip'].agg(['mean','std',getRange])
```

	mean	std	getRange
sex			
Female	2.833448	1.159495	5.5
Male	3.089618	1.489102	9.0

图 4.3.16　一列应用多个聚合函数

上面的结果中，会使用聚合函数名称作为结果的列名，也可以自定义结果中的列名，可以使用元组的形式传入，元组中第一个元素是列名，第二个元素是聚合函数，如图 4.3.17 所示。

```
1  tips.groupby('sex')['tip'].agg([('tip_mean','mean'),('tip_std','std'),('Range',getRange)])
```

	tip_mean	tip_std	Range
sex			
Female	2.833448	1.159495	5.5
Male	3.089618	1.489102	9.0

图 4.3.17　结果列名的重命名

在 DataFrame 中，可以指定应用到所有列上的函数列表或每一列上要应用的不同函数。如果需要对不同列使用不同的函数运算，可以通过字典来定义映射关系，如图 4.3.18 所示。

图 4.3.18　不同列应用不同聚合函数

图 4.3.18 所示的示例中，会将分组指标 "day" 和 "time" 作为结果数据中的索引。如果希望返回的结果不以分组键为索引，可以设置 as_index = False，如图 4.3.19 所示。

```
1  tips.groupby(['day','time'],as_index=False)[['total_bill','tip']].agg({'total_bill':'sum','tip':'mean'})
```

	day	time	total_bill	tip
0	Fri	Dinner	235.96	2.940000
1	Fri	Lunch	89.92	2.382857
2	Sat	Dinner	1778.40	2.993103
3	Sun	Dinner	1627.16	3.255132
4	Thur	Dinner	18.78	3.000000
5	Thur	Lunch	1077.55	2.767705

图 4.3.19　取消分组键作为索引

三、任务实施（表 4.3.5）

表 4.3.5　掌握聚合运算

任务内容	熟练使用 groupby 函数和聚合函数对数据进行统计分析
实施步骤	步骤一：常用的聚合函数和自定义聚合函数。 要求：1. 总结常用聚合函数及相应的描述。 2. 总结自定义聚合函数的使用。 步骤二：读取 clean.csv 文件，并根据招聘数据分析需求进行分组聚合分析。 提示：若要按照城市分组统计薪资上限的平均值，应该如何编写代码呢？
验收标准	1. 提供步骤二的执行结果。 2. 提供步骤一中"思考"的文字性描述。
任务评价	请根据任务的完成情况进行自评： | 任务	得分（满分 10）
代码运行	＿＿＿（7 分）
思考问题	＿＿＿（3 分）	

【笔记】

子任务 3 分组运算

一、任务描述

聚合运算是数据转换的特例，它是分组运算的一部分。本任务主要讲解分组运算中的 transform 和 apply 方法。具体要求见表 4. 3. 6。

表 4. 3. 6 掌握分组运算 transform 和 apply

任务名称	掌握分组运算 transform 和 apply	
任务要求	素质目标	1. 培养学生任务交付的职业综合能力 2. 培养学生严谨、细致的数据分析工程师职业素养 3. 激发学生自我学习热情
	知识目标	掌握分组运算 transform 和 apply 方法的使用
	能力目标	能够使用 transform 和 apply 编写分组运算代码
任务内容	编写 transform 和 apply 分组运算代码案例	
验收方式	完成任务实施工单内容及练习题	

二、知识要点

1. *transform 方法*

transform 函数可以使运算结果分布到每一行，先举一个例子，如图 4. 3. 20 所示。

	姓名	科目	分数
0	张三	高数	71
1	李四	英语	90
2	王五	Python	76
3	张三	心理	81
4	李四	体育	67
5	王五	英语	98
6	张三	创业	87
7	李四	Java	89
8	王五	大数据	75

```
df.groupby('姓名')['分数'].transform('sum')
```

```
0    239
1    246
2    249
3    239
4    246
5    249
6    239
7    246
8    249
Name: 分数, dtype: int64
```

图 4. 3. 20 transform 方法

上述结果经过 transform 计算分数的平均值后，得到的结果保持了与原始数据集相同数量的项目，这是 transform 的独特之处。

也可以直接将 transform 结果直接作为 df 中的一列，如图 4. 3. 21 所示。

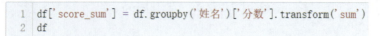

	姓名	科目	分数	score_sum
0	张三	高数	71	239
1	李四	英语	90	246
2	王五	Python	76	249
3	张三	心理	81	239
4	李四	体育	67	246
5	王五	英语	98	249
6	张三	创业	87	239
7	李四	Java	89	246
8	王五	大数据	75	249

图 4.3.21　df 中直接增加 transform 获得的结果

下面以图解的方式来看看进行 groupby 后 transform 的实现过程，如图 4.3.22 所示。

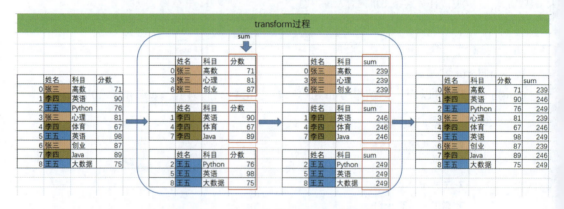

图 4.3.22　groupby 后 transform 的实现过程

图 4.3.22 中的大方框是 transform 和使用聚合函数所不一样的地方。对聚合函数而言，会计算并聚合得到张三、李四、王五分数的和并直接返回，每个人一条数据；但对 transform 而言，则会对每一条数据求得相应的结果，同一组内的样本会有相同的值，组内求完和之后会按照原索引的顺序返回结果。

2. apply 方法

apply 方法用于对 DataFrame 中的数据进行按行或者按列操作，它在分组运算中也能发挥强大的功能，比如计算小费数据集中根据性别分组后消费金额排在前 5 名的 DataFrame 数据，如图 4.3.23 所示。

```python
1  def top(x):
2      return x.sort_values(by='tip', ascending=False)[0:5]
3  tips.groupby('sex').apply(top)
```

		total_bill	tip	sex	smoker	day	time	size
sex								
Female	214	28.17	6.50	Female	Yes	Sat	Dinner	3
	52	34.81	5.20	Female	No	Sun	Dinner	4
	85	34.83	5.17	Female	No	Thur	Lunch	4
	155	29.85	5.14	Female	No	Sun	Dinner	5
	11	35.26	5.00	Female	No	Sun	Dinner	4
Male	170	50.81	10.00	Male	Yes	Sat	Dinner	3
	212	48.33	9.00	Male	No	Sat	Dinner	4
	23	39.42	7.58	Male	No	Sat	Dinner	4
	59	48.27	6.73	Male	No	Sat	Dinner	4
	141	34.30	6.70	Male	No	Thur	Lunch	6

图 4.3.23　apply 在分组运算中的应用

图 4.3.23 中定义了 top 函数，使用 sort_values 中的 ascending = False 实现按照 tip 降序排列，并获取排在前 5 名的数据，再根据 groupby 对 sex 分组，分别求取 Female 和 Male 小费金额排在前 5 名的数据。如果希望返回的结果不以分组键作为索引，可以传入参数 group_keys = False，如图 4.3.24 所示。

```python
1  tips.groupby('sex', group_keys=False).apply(top)
```

	total_bill	tip	sex	smoker	day	time	size
214	28.17	6.50	Female	Yes	Sat	Dinner	3
52	34.81	5.20	Female	No	Sun	Dinner	4
85	34.83	5.17	Female	No	Thur	Lunch	4
155	29.85	5.14	Female	No	Sun	Dinner	5
11	35.26	5.00	Female	No	Sun	Dinner	4
170	50.81	10.00	Male	Yes	Sat	Dinner	3
212	48.33	9.00	Male	No	Sat	Dinner	4
23	39.42	7.58	Male	No	Sat	Dinner	4
59	48.27	6.73	Male	No	Sat	Dinner	4
141	34.30	6.70	Male	No	Thur	Lunch	6

图 4.3.24　apply 分组运算不以分组键作为索引

三、任务实施(表 4.3.7)

表 4.3.7 掌握分组运算 transform 和 apply

任务内容	编写 transform 和 apply 分组运算代码案例
实施步骤	步骤一:读取小费数据集文件 tips.csv。 步骤二:在小费数据集上进行操作。 1. 按照 smoker 分组,使用 transform 求 total_bill 的平均值。 2. 按照 day 分组,使用 apply 求每天 total_bill 排在前 10 名的 DataFrame 数据。
验收标准	提供步骤一、步骤二的执行结果。
任务评价	请根据任务的完成情况进行自评: | 任务	得分(满分 10)
代码运行	_____(10 分)	

子任务 4 基于招聘信息的数据分析

一、任务描述

本任务将在数据清洗后的招聘信息基础上进行数据分析。具体要求见表 4.3.8。

表 4.3.8 基于招聘信息的数据分析

任务名称	基于招聘信息的数据分析	
任务要求	素质目标	1. 培养学生任务交付的职业综合能力 2. 培养学生严谨、细致的数据分析工程师职业素养 3. 激发学生自我学习热情
	知识目标	使用 pandas 库分析招聘数据
	能力目标	能够使用 pandas 库分析招聘数据
任务内容	使用 pandas 库分析招聘数据	
验收方式	完成任务实施工单内容及练习题	

二、知识要点

数据分析操作是在清洗好的招聘数据基础上进行的，可以根据具体业务需求进行相应的分析，比如统计岗位数量、薪资情况等。具体代码实现详见二维码。

三、任务实施（表 4.3.9）

表 4.3.9　基于招聘信息的数据分析

任务内容	基于招聘信息的数据分析	
实施步骤	步骤一：总结数据分组、聚合运算、分组运算各个方法的使用。	
	步骤二：在数据清洗好的招聘数据基础上进行操作，参照子任务 4 中的知识要点，完成 3 个你感兴趣的方向的数据分析，比如薪资、工作地点等，为后续数据可视化做准备。	
验收标准	1. 提供步骤一的文字性描述。 2. 提供步骤二的执行结果。	
任务评价	请根据任务的完成情况进行自评：	
	任务	得分（满分10）
	代码运行	＿＿＿＿＿（7分）
	思考问题	＿＿＿＿＿（3分）

【笔记】

练习题

1.（单选）用于计数的聚合函数是（　　）。
　A. count　　　　B. sum　　　　C. mean　　　　D. max

2.（判断）应用自定义聚合函数时，需要将自定义聚合函数的名字作为 aggregate 或 agg 参数传入。（　　）

3. （简答）总结 3 个常用的聚合函数及其使用方法。

任务四　数据可视化

通过数据分析，隐藏在数据中的关系和规律将逐渐显现。此时，数据显示模式的选择尤为重要。数据最好是以表格和图形的形式呈现，即用图表说话。而数据用图形形式呈现就是数据可视化，它能够用更加直观的方式清晰、有效地传达与沟通信息。数据可视化是数据分析中的一部分，可用于数据的探索和查找缺失值等，也是展现数据的重要手段。Matplotlib 是一个 Python 的绘图库，它能让使用者很轻松地将数据图形化，并且提供多样化的输出格式，它可以用来绘制各种静态、动态、交互式的图表，是一个非常强大的 Python 画图工具。可以使用该工具将很多数据通过图表的形式更直观地呈现出来，比如 Matplotlib 可以绘制线图、散点图、等高线图、条形图、柱状图、3D 图形，甚至是图形动画等。本任务主要介绍如何利用 Matplotlib 绘制常用数据图表，如何使用 Matplotlib 的自定义设置绘制个性化图表等，最后回归招聘数据分析结果，将其采用 Matplotlib 可视化方式展示出来，带领读者掌握 Matplotlib 数据可视化的用法。

子任务 1　线形图

一、任务描述

本任务主要介绍如何利用 Matplotlib 绘制线形图，并介绍通过修改 Matplotlib 中的 plot 函数的参数来修改线条颜色、形状、数据点标记形状等。具体要求见表 4.4.1。

表 4.4.1　在 Matplotlib 下绘制线形图

任务名称	在 Matplotlib 下绘制线形图	
任务要求	素质目标	1. 培养学生任务交付的职业综合能力 2. 培养学生严谨、细致的数据分析工程师职业素养 3. 激发学生自我学习热情
	知识目标	理解并掌握 Matplotlib 中线形图的绘制方法
	能力目标	能够绘制简单的线形图
任务内容	在 Matplotlib 中完成线形图的绘制	
验收方式	完成任务实施工单内容及练习题	

二、知识要点

1. 基本使用

Matplotlib 的 plot 函数可以用来绘制线形图，在参数中传入 X 轴和 Y

微课：Matplotlib
绘制线形图

轴坐标即可。X 轴和 Y 轴坐标的数据格式可以是列表、数组和 Series。首先创建一个 DataFrame 数据，如图 4.4.1 所示。然后让 DataFrame 数据的行索引作为 X 轴，math 列索引作为 Y 轴，开始绘制线形图，如图 4.4.2 所示。

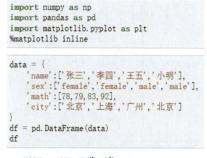

图 4.4.1　数据情况

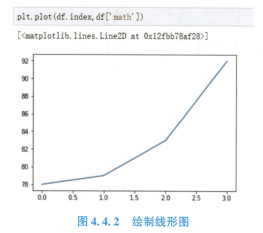

图 4.4.2　绘制线形图

2. 颜色设置

通过 plot 函数的 color 参数可以指定线条的颜色，这里绘制红色线条，如图 4.4.3 所示。

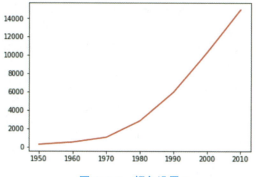

图 4.4.3　颜色设置 1

也可以使用 RGB 颜色来进行线条色彩设置，如图 4.4.4 所示。

3. 线形设置

通过 plot 函数的 linestyle 参数可以指定线条的形状，这里绘制出虚线的线条，如图 4.4.5 所示。

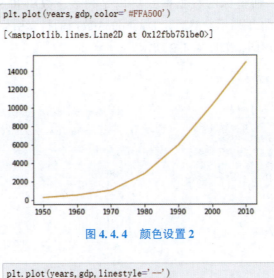

图 4.4.4　颜色设置 2

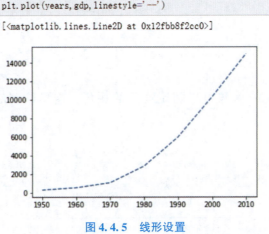

图 4.4.5　线形设置

通过 plot 函数的 linewidth 参数还可以指定线条的宽度，如图 4.4.6 所示。

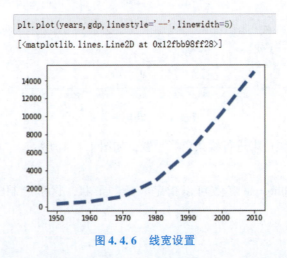

图 4.4.6　线宽设置

4. 点标记

默认情况下，坐标点是没有标记的，但是为了方便用户查看，可以使用 plot 函数的 marker 参数对坐标点进行标记，如图 4.4.7 所示。

颜色、线条和点的样式可以一起放置于格式字符串中，但颜色设置要放在线条和点的样式的前面，如图 4.4.8 所示。

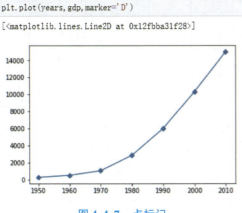

图 4.4.7　点标记

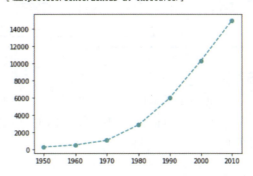

图 4.4.8　综合样式设置

三、任务实施

完成 Matplotlib 线形图的绘制：给定一个数据集 data1，在 Jupyter Notebook 中新建 Python3 文件，引入 NumPy 包、pandas 包、Matplotlib 库，将数据集 data1 绘制成一个线形图。任务工单见表 4.4.2。

表 4.4.2　Matplotlib 线形图绘制

任务内容	Matplotlib 线形图绘制	【笔记】
实施步骤	步骤一：启动 Jupyter Notebook，新建 Python3 文件。	
	步骤二：代码编写。 1. 在新建的 Python3 文件中，引入 NumPy 包、pandas 包、Matplotlib 库。 2. 定义数据集 data1。 3. 使用 Matplotlib 库提供的 plot 函数将数据集 data1 绘制成一个包含颜色、线形、线宽等个性化设置的线形图。 思考：线形图的颜色、线形、线宽参数分别是什么？怎样进行设置？	

续表

验收标准	1. 提供步骤一、步骤二的执行结果。 2. 提供步骤二中"思考"的文字性描述。		
任务评价	请根据任务的完成情况进行自评：		
	任务	得分（满分10）	
	代码运行	_____ （7 分）	
	思考问题	_____ （3 分）	

练习题

1.（填空）在 Matplotlib 中，使用_____函数可以绘制线形图。

2.（填空）在 Matplotlib 中，线形图的颜色用_____来设置，线形用_____来设置，线宽用_____来设置。

子任务 2　柱状图

一、任务描述

本任务主要介绍通过 Matplotlib 绘制各类柱状图的方法。具体要求见表 4.4.3。

表 4.4.3　在 Matplotlib 下绘制柱状图

任务名称	在 Matplotlib 下绘制柱状图	
任务要求	素质目标	1. 培养学生任务交付的职业综合能力 2. 培养学生严谨、细致的数据分析工程师职业素养 3. 激发学生自我学习热情
	知识目标	理解并掌握 Matplotlib 中柱状图的绘制方法
	能力目标	能够绘制简单的柱状图
任务内容	在 Matplotlib 中完成柱状图的绘制	
验收方式	完成任务实施工单内容及练习题	

二、知识要点

1. 基本使用

绘制柱状图主要是使用 Matplotlib 的 bar 函数。相比通过 pandas 绘制柱状图，通过 Matplotlib 绘制柱状图的方法稍微复杂一些，需要把刻度列表和高度列表提前传入，如图 4.4.9 所示。

通过 bar 函数的 color 参数可以设置柱状图的填充颜色，alpha 参数可以设置透明度，如图 4.4.10 所示。

微课：Matplotlib 绘制柱状图

```
data = [23, 85, 72, 43, 52]
plt.bar([1, 2, 3, 4, 5], data)
```
<BarContainer object of 5 artists>

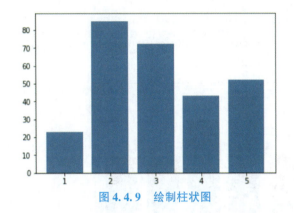

图 4.4.9 绘制柱状图

```
plt.bar(range(len(data)), data, color='royalblue', alpha=0.7)
```
<BarContainer object of 5 artists>

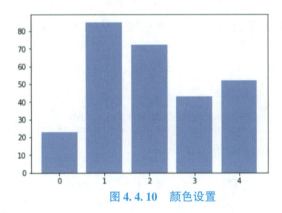

图 4.4.10 颜色设置

grid 函数用于绘制格网，通过对参数的个性化设置，可以绘制出个性的格网，如图 4.4.11 所示。

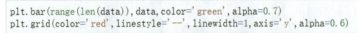
```
plt.bar(range(len(data)), data, color='green', alpha=0.7)
plt.grid(color='red', linestyle='--', linewidth=1, axis='y', alpha=0.6)
```

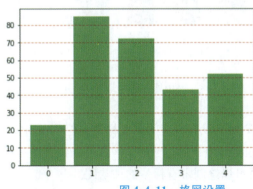

图 4.4.11 格网设置

bar 函数的 bottom 参数用于设置柱状图的高度，从而实现堆积柱状图的绘制，如图 4.4.12 所示。

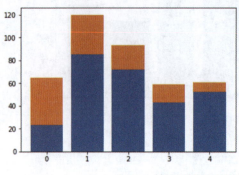

图 4.4.12　堆积柱状图

bar 函数的 width 参数用于设置柱状图的宽度，从而实现并列柱状图的绘制，如图 4.4.13 所示。

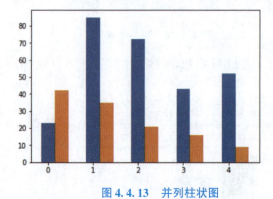

图 4.4.13　并列柱状图

也可以通过 barh 函数绘制水平柱状图，如图 4.4.14 所示。

2. 刻度与标签

前面在绘制柱状图时，X 轴刻度上没有对应的刻度标签，但是在现实中，是需要显示柱状图的 X 轴上的标签的。在 Matplotlib 中，通过 xticks 函数可以设置图表的 X 轴刻度和刻度标签，通过图 4.4.15 所示代码就可以绘制带有标签的柱状图。

项目四　Python 大数据分析基础综合应用

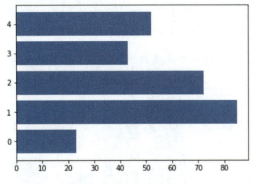

图 4.4.14　水平柱状图

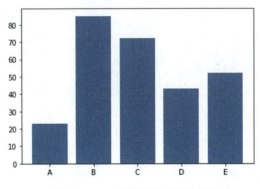

图 4.4.15　设置刻度和刻度标签

通过 xlable 和 ylable 方法给 X 轴和 Y 轴添加标签，通过 title 方法为图表添加标题，如图 4.4.16 所示。

3. 图例

图例是标注图表元素的重要工具。在 bar 函数中传入 lable 参数可以表明图例名称，通过 legend 函数即可绘制出图例，如图 4.4.17 所示。

三、任务实施

完成 Python 列表到 ndarray 数组的转换：给定一个数据集 data2，在 Jupyter Notebook 中新建 Python3 文件，引入 NumPy 包、pandas 包、Matplotlib 库，将数据集 data1 绘制成一个柱状图。任务工单见表 4.4.4。

```
data = [23, 85, 72, 43, 52]
labels = ['A','B','C','D','E']
plt.xticks(range(len(data)),labels) # 设置刻度和标签
plt.xlabel('Class')
plt.ylabel('Amounts')
plt.title('Example1')
plt.bar(range(len(data)),data)
```

<BarContainer object of 5 artists>

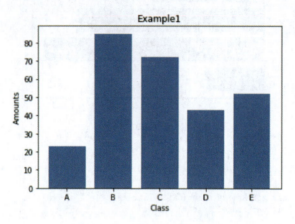

图 4.4.16　添加 X、Y 轴标签和标题

```
data1 = [23, 85, 72, 43, 52]
data2 = [42, 35, 21, 16, 9]
width = 0.3
plt.bar(np.arange(len(data1)),data1,width=width,label='one')
plt.bar(np.arange(len(data2))+width,data2,width=width,label='two')
plt.legend()
```

<matplotlib.legend.Legend at 0x9ee1048>

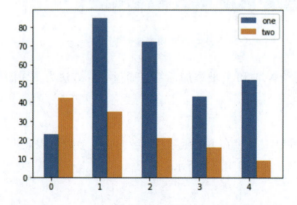

图 4.4.17　添加图例

表 4.4.4　Matplotlib 柱状图绘制

任务内容	Matplotlib 柱状图绘制
实施步骤	步骤一：启动 Jupyter Notebook，新建 Python3 文件。 步骤二：代码编写。 1. 在新建的 Python3 文件中，引入 NumPy 包、pandas 包、Matplotlib 库。 2. 定义数据集 data2。 3. 使用 Matplotlib 库提供的 bar 函数将数据集 data2 绘制成多种样式的柱状图。 思考：柱状图拥有哪些参数？分别怎样进行设置？
验收标准	1. 提供步骤一、步骤二的执行结果 2. 提供步骤二中"思考"的文字性描述
任务评价	请根据任务的完成情况进行自评： | 任务 | 得分（满分 10）| | --- | --- | | 代码运行 | _____（7 分）| | 思考问题 | _____（3 分）|

练习题

1.（填空）在 Matplotlib 中，使用_____函数可以绘制柱状图。

2.（填空）在 Matplotlib 中，柱状图的颜色用_____来设置，格网用_____来设置，宽度用_____来设置，高度用_____来设置。

子任务 3　散点图和直方图

一、任务描述

本任务主要讲解散点图和直方图的绘制方法。具体要求见表 4.4.5。

表 4.4.5　在 Matplotlib 下绘制散点图和直方图

任务名称		在 Matplotlib 下绘制散点图和直方图
任务要求	素质目标	1. 培养学生任务交付的职业综合能力 2. 培养学生严谨、细致的数据分析工程师职业素养 3. 激发学生自我学习热情
	知识目标	理解并掌握 Matplotlib 中散点图和直方图的绘制方法
	能力目标	能够绘制简单的散点图和直方图
任务内容		在 Matplotlib 下完成散点图和直方图的绘制
验收方式		完成任务实施工单内容及练习题

二、知识要点

1. 散点图

Matplotlib 中，scatter 函数可以用来绘制散点图，输入 X 轴和 Y 轴坐标即可。首先利用 NumPy 创建一组随机数，如图 4.4.18 所示。

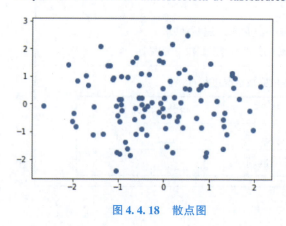

图 4.4.18　散点图

散点图的颜色和点标记样式也是可以更改的，如图 4.4.19 所示。

2. 直方图

Matplotlib 的 hist 函数可以用来绘制直方图，如图 4.4.20 所示。

三、任务实施

完成散点图和直方图的绘制：在 Jupyter Notebook 中新建 Python3 文件，引入 NumPy 包、pandas 包、Matplotlib 库，生成随机数据集，绘制散点图和直方图。任务工单见表 4.4.6。

```
plt.scatter(X, Y, color='red', marker='D')
```
<matplotlib.collections.PathCollection at 0x20ba6ddee10>

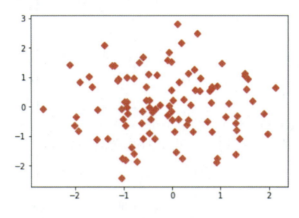

图 4.4.19　样式设置

```
x = np.random.normal(size=100)
plt.hist(x, bins=30)
```
(array([1., 1., 0., 2., 1., 3., 2., 5., 4., 1., 4., 4., 5.,
         5., 5., 10., 11., 5., 1., 3., 2., 4., 1., 7., 2., 4.,
         1., 1., 2., 3.]),
 array([-2.17705861, -2.03075281, -1.884447 , -1.73814119, -1.59183539,
        -1.44552958, -1.29922377, -1.15291797, -1.00661216, -0.86030636,
        -0.71400055, -0.56769474, -0.42138894, -0.27508313, -0.12877732,
         0.01752848, 0.16383429, 0.31014009, 0.4564459 , 0.60275171,
         0.74905751, 0.89536332, 1.04166913, 1.18797493, 1.33428074,
         1.48058654, 1.62689235, 1.77319816, 1.91950396, 2.06580977,
         2.21211558]),
 <a list of 30 Patch objects>)

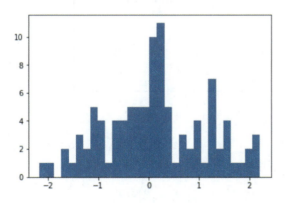

图 4.4.20　直方图

表 4.4.6 Matplotlib 散点图和直方图绘制

任务内容	Matplotlib 散点图和直方图绘制	
实施步骤	步骤一：启动 Jupyter Notebook，新建 Python3 文件。	
	步骤二：代码编写。 1. 在新建的 Python3 文件中，引入 NumPy 包、pandas 包、Matplotlib 库。 2. 生成随机数据集。 3. 使用 scatter 函数和 hist 函数绘制散点图和直方图。	
	思考：绘制散点图和直方图的意义是什么？	
验收标准	1. 提供步骤一、步骤二的执行结果。 2. 提供步骤二中"思考"的文字性描述。	
任务评价	请根据任务的完成情况进行自评：	
	任务	得分（满分10）
	代码运行	_____（7分）
	思考问题	_____（3分）

练习题

1. （填空）在 Matplotlib 中使用_____函数绘制散点图。
2. （填空）在 Matplotlib 中使用_____函数绘制直方图。

子任务 4　自定义设置图表

一、任务描述

本任务主要讲解如何通过 Matplotlib 进行自定义绘图设置。具体要求见表 4.4.7。

表 4.4.7　在 Matplotlib 下绘制自定义图表

任务名称		在 Matplotlib 下绘制自定义图表
任务要求	素质目标	1. 培养学生任务交付的职业综合能力 2. 培养学生严谨、细致的数据分析工程师职业素养 3. 激发学生自我学习热情
	知识目标	理解并掌握 Matplotlib 中自定义图表的绘制方法
	能力目标	能够绘制自定义图表
任务内容		在 Matplotlib 下完成自定义图表的绘制
验收方式		完成任务实施工单内容及练习题

二、知识要点

1. 图表布局

Matplotlib 的图像位于 Figure 对象中。通过 figure 函数可以创建一个新的 Figure，用于绘制图表，其中的 figsize 参数可以设置图表的长宽比。在创建 Figure 对象过程中，通过 add_subplot 函数创建子图，用于绘制图形，如图 4.4.21 所示。

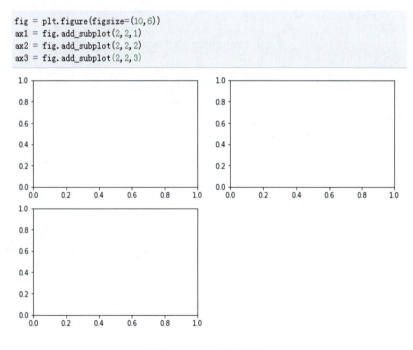

图 4.4.21　创建子图

这时选择不同的 ax 变量，便可在对应的 subplot 子图中绘图，如图 4.4.22 所示。

通过 plt.subplots 可以很轻松地创建子图，而且 axes 的索引类似于二维数组，这样便可以对指定的子图进行绘制，如图 4.4.23 所示。

```python
fig = plt.figure(figsize=(10,6))
ax1 = fig.add_subplot(2,2,1)
ax2 = fig.add_subplot(2,2,2)
ax3 = fig.add_subplot(2,2,3)
years = [1950,1960,1970,1980,1990,2000,2010]
gdp = [300.2,543.3,1075.9,2862.5,5979.6,10289.7,14958.3]
ax1.scatter(years,gdp)
ax2.plot(years,gdp)
ax3.bar(years,gdp)
```

`<BarContainer object of 7 artists>`

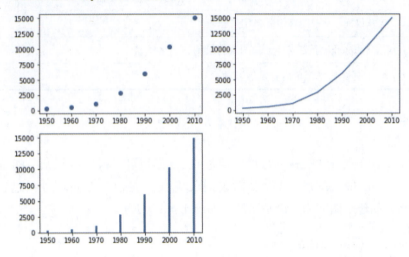

图 4.4.22　subplot 子图绘制 1

```python
fig,axes = plt.subplots(2,2,figsize=(10,6))
axes[1,0].plot(years,gdp)
```

`[<matplotlib.lines.Line2D at 0x8e4d388>]`

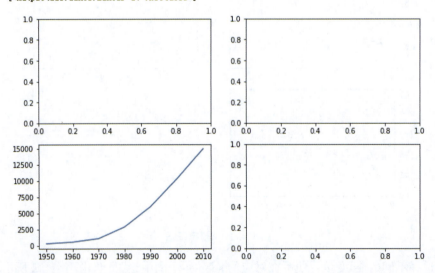

图 4.4.23　subplot 子图绘制 2

默认情况下，各 subplot 子图间都会留有一定的间距，如图 4.4.24 所示。

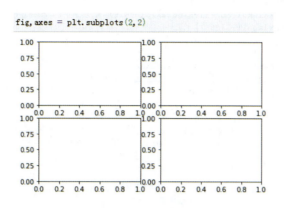

图 4.4.24　修改前

当没有设置 figsize 时，创建多子图会显得拥挤。通过 plt.subplots_adjust 方法可以设置子图的间距，具体参数如下：

subplots_adjust(left = None, bottom = None, right = None, top = None, wspace = None, hspace = None)

其中，前 4 个参数用于设置 subplot 子图的外围边距，wspace 和 hspace 参数用于设置 subplot 子图间的边距，如图 4.4.25 所示。

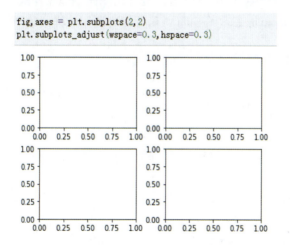

图 4.4.25　修改后

2. 文本注释

有时需要在图表上加上文本注解。例如，在柱状图上加入文本数字，可以很清楚地知道每个类别的数量。通过 text 函数可以在指定的坐标（x，y）上加入文本注解，如图 4.4.26 所示。

```
data = [23,85,72,43,52]
labels = ['A','B','C','D','E']
plt.xticks(range(len(data)),labels) # 设置刻度和标签
plt.xlabel('Class')
plt.ylabel('Amounts')
plt.title('Example1')
plt.bar(range(len(data)),data)
for x,y in zip(range(len(data)),data):
    plt.text(x,y,y,ha='center',va='bottom') #文本注解
    # x: 注释文本内容所在位置的横坐标
    # y: 注释文本内容所在位置的纵坐标
    # y: 注释文本内容
    # ha(horizontalalignment): 水平对齐方式
    # va(verticalalignment): 垂直对齐方式
```

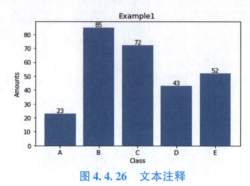

图 4.4.26 文本注释

3. 样式与字体

Matplotlib 自带了一些样式供用户使用，最常用的是 ggplot 样式，该样式参考了 R 语言中的 ggplot 库。通过 plt.style.use('ggplot') 函数即可调用该样式绘图，如图 4.4.27 所示。

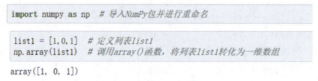

图 4.4.27 样式调用

Matplotlib 默认为英文字体，如果绘制过程中出现汉字，就会发生乱码，如图 4.4.28 所示。

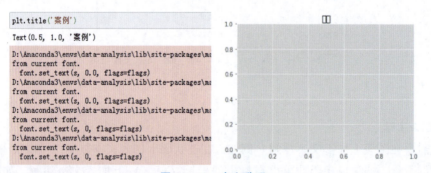

图 4.4.28 中文乱码

因此，需要指定 Matplotlib 的默认字体，这样就可以解决中文乱码的问题，如图 4.4.29 所示。

```
plt.rcParams['font.sans-serif'] = ['simhei'] # 指定默认字体
plt.rcParams['axes.unicode_minus'] = False # 解决保存图像时负号'-'显示为方块的问题
plt.title('案例')
```
Text(0.5, 1.0, '案例')

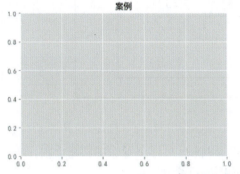

图 4.4.29　修改默认字体

三、任务实施

完成自定义图表的绘制：在 Jupyter Notebook 中新建 Python3 文件，引入 NumPy 包、pandas 包、Matplotlib 库，创建子图，并根据提供的数据集 data3 绘制不同的图表。任务工单见表 4.4.8。

表 4.4.8　绘制自定义图表

任务内容	绘制自定义图表
实施步骤	步骤一：启动 Jupyter Notebook，新建 Python3 文件。 步骤二：代码编写。 1. 在新建的 Python3 文件中，引入 NumPy 包、pandas 包、Matplotlib 库。 2. 定义数据集 data3。 3. 创建子图。 4. 使用 data3 中的数据在 subplot 子图中进行图表绘制。 思考：子图如何创建？如何指定子图的显示内容？
验收标准	1. 提供步骤一、步骤二的执行结果。 2. 提供步骤二中"思考"的文字性描述。

【笔记】

续表

任务评价	请根据任务的完成情况进行自评：	
	任务	得分（满分10）
	代码运行	_____（7分）
	思考问题	_____（3分）

练习题

1.（判断）在 Matplotlib 中，通过 plt.subplots 可以很轻松地创建子图，而且 axes 的索引类似于二维数组，这样便可以对指定的子图进行绘制。（　　）

2.（单选）Matplotlib 是一个强大的数据可视化工具箱，对于下列说法，正确的是（　　）。

　　A. Matplotlib 中通过 plot 函数的 color 参数可以指定线条的颜色

　　B. 绘制柱状图主要使用 Matplotlib 的 grid 函数

　　C. 在 bar 函数中通过 label 参数可以绘制出图例

　　D. Matplotlib 的 hist 函数可以用来绘制散点图

3.（编程）根据任务三中基于招聘信息的数据分析结果，使用 Matplotlib 选择合适的图表进行数据可视化。

任务五　综合应用

完成需求分析、数据清洗、数据分析、数据可视化之后，已经得到了对招聘信息的数据分析结果。得到数据分析结果之后，我们能够做什么呢？首先可以将数据价值有效传递，发现问题，解决问题；站在企业的角度，将企业经营行为转化成可评估指标，把控经营情况；有助于管理、评估、预判风险等，及时做出优化和预防；还可以总结出所研究对象的内在规律，辅助管理者进行有效的判断和决策。

因此，在综合应用阶段，就是要让数据分析结果发挥其最大的价值。本任务首先讨论数据分析结果的应用方向，最常用的两个方向是数据可视化结果大屏展示（即 Dashboard）、综合分析报告撰写；借助"RCSI"自研平台、智能机器人豹小秘 MINI 等展示数据可视化大屏等综合应用场景；最后借助 SPSSPRO 数据分析平台生成的分析步骤、详细结论等提示，形成最终的招聘就业综合分析文档。

一、任务描述

本任务主要介绍数据分析结果的两个应用方向，需了解数据可视化结果大屏展示（Dashboard），掌握综合分析报告的撰写思路。具体要求见表 4.5.1。

表 4.5.1 综合应用

任务名称		综合应用
任务要求	素质目标	1. 培养学生任务交付的职业综合能力 2. 培养学生严谨、细致的数据分析工程师职业素养 3. 激发学生自我学习热情
	知识目标	1. 了解数据可视化结果大屏展示（Dashboard） 2. 掌握综合分析报告的撰写思路
	能力目标	能够根据数据分析结果编写综合分析文档
任务内容		编写招聘就业综合分析文档
验收方式		完成任务实施工单内容及练习题

二、知识要点

1. 数据可视化大屏（Dashboard）

微课：基于招聘信息的数据分析综合应用

数据可视化就是把相对复杂、抽象的数据通过可视的方式以一种人们更容易理解的、更直观的方式展示出来的一系列手段，也就是将数据转换成图或表等。数据可视化是为了更形象地表达数据内在的信息和规律，促进数据信息的传播和应用。通过"可视化"的方式，人们看不懂的数据通过图形化的手段进行有效表达，准确高效、简洁全面地传递某种信息，甚至帮助发现某种规律和特征，挖掘数据背后的价值。

数据可视化大屏是以大屏为主要展示载体的数据可视化设计。可视化大屏就是一种非常有效的数据可视化工具，它可以将业务的关键指标以可视化的方式展示到一个或多个 LED 屏幕上，或者在网页中设计数据可视化展示布局，不仅使业务人员能够从复杂的业务数据中快速、直接地找到重要数据，而且能对决策者起到辅助作用。

大数据产业正在用一个超乎我们想象的速度蓬勃发展，大数据时代的来临，越来越多的公司开始意识到数据资源的管理和运用，大数据可视化大屏展示逐渐被更多的企业所青睐，大屏显示系统也不再仅仅作为显示工具，只是将图像、数据信号传输到大屏幕上显示给用户，而是需要对海量的数据信息进行高效率的分析，实现硬件搭载软件的完美结合，帮助管理者发现数据背后的关系和规律，为决策提供依据。

可视化大屏在各行各业得到越来越广泛的应用。数据可视化涵盖的内容很多，比较普遍的就是自动化的监控看板。敏捷式开发也是近一两年的热词，意思是不需要做日报、月报、周报。一次开发，自动形成推送。数据可视化就是管理者在和时间赛跑的"帮手"。随着社会信息化的高速增长，数据大屏已经在很多商业领域彰显价值，比如会议展厅、园区管理、城市交通调度中心、公安指挥中心、企业生产监控等重要场所。

相较于传统的可视化工具开发出来的图表和数据仪表盘，如今的可视化大屏，搭载地理轨迹、飞线、热力、区块、3D 地图/地球、多图层叠加等技术，能更加生动、友好地活化数据，同时，也能结合丰富的交互功能和实时性，让数据开口说话，传达出超出其本身的信息。它可以打破数据隔离，通过数据采集、清洗、分析到直观实时的数据可视化，即时呈现隐藏在瞬息万变且庞杂数据背后的业务洞察。通过交互式实时数据可视化大屏来实时监测企业数据，洞悉运营增长，助力智能高效决策。

可视化大屏不再只是电影里奇幻的画面，而是被实实在在地应用在政府、商业、金融、制造等各个行业的业务场景中，切切实实地实现着大数据的价值。对于大数据从业人员来说，可视化大屏可能是最能展现工作价值的一个途径，因为数据分析的最后成果就需要可视化展现出来，而可视化大屏是最直观的、炫酷的、具有科技感的展示方式。图 4.5.1 和图 4.5.2 所示就是数据可视化大屏的表现形式。

图 4.5.1　数据可视化大屏 1

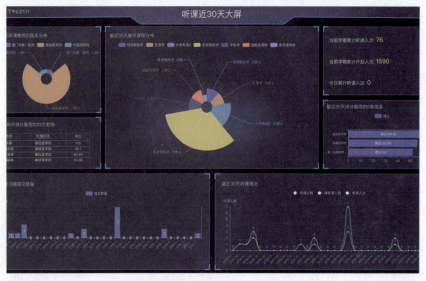

图 4.5.2　数据可视化大屏 2

除了使用物理大屏来直接展示数据分析结果外，还可以将大屏展示在网页中，这也是企业最常见的应用方式之一。例如，在企业服务器监控系统中，使用可视化页面展示对服务器CPU、内容、硬盘等资源性能的分析结果，用于决策是否增加服务器资源、是否需要多种监控手段等。

2. 综合分析报告

另外一种应用，就是得到数据分析结果之后，编写综合分析报告。在大数据企业中，最终的数据分析结果也会通过综合分析报告进行呈现的，通过对已有数据的分析，一方面可以进行阶段性总结，另一方面也可以对未来进一步规划和指导。图4.5.3展示了几种综合分析报告的样例。

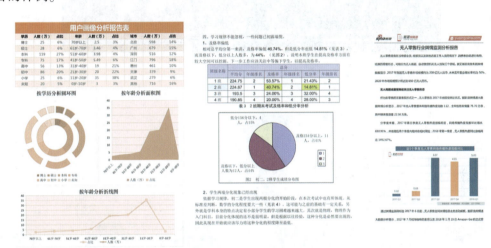

图 4.5.3　综合分析报告样例

举一个简单的例子，每年的"双十一"已经成为网络购物节，我们在购物网站上的单击、搜索、购买商品的过程都会被购物网站日志记录下来，购物网站将得到的数据进行清洗分析后，能够得到诸如哪种商品最畅销、商品单击次数最多等数据，通过对"双十一"用户购物行为的分析，形成综合分析报告，指导在未来销售过程中哪些类别的产品可以增加销量，推送到首页让用户优先购买。如图4.5.4所示，用户在购物网站上的搜索、浏览、购买商品的行为会被购物网站记录下来，通过收集的数据进行分析，得到商品销售相关方面的分析结果。

对于招聘数据的分析，最终也要形成一个综合分析文档，用于分析城市、职位、薪资等信息，指导学生未来的就业方向。本项目的附录中是根据2019年全国职业院校技能大赛样题中对招聘数据的分析内容总结的文档，包含五部分内容：需求分析、数据采集、数据清洗与分析、数据可视化、总结。其中，数据采集部分不是本书的重点内容，因此这部分内容可以根据招聘数据实际来源进行书写。这些内容与之前学习的数据分析各阶段的任务是吻合的，简单理解，综合分析文档中要写的就是对于前面各个任务的总结分析。下面归纳综合分析文档中各模块的内容，如图4.5.5所示。

附录：招聘综合分析

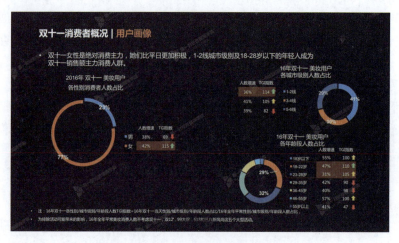

图 4.5.4 "双十一" 用户购物行为分析

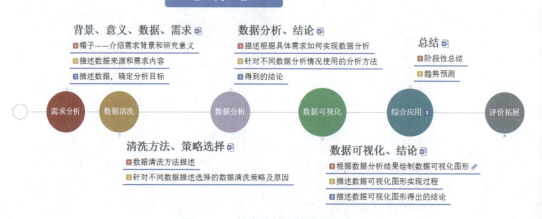

图 4.5.5 综合分析文档撰写思路

总体来说,要用总-分-总的结构进行文档的书写。首先需要有一个"帽子",介绍招聘数据分析需求背景和研究意义。在需求分析部分,要描述数据来源和需求内容、描述数据,最终确定分析目标。在数据清洗部分,对使用的数据清洗方法有一个总的描述,再针对不同类型的数据选择合适的清洗策略并阐述原因。数据分析部分,根据具体需求描述如何实现数据分析、选择的分析方法以及得到的结论。数据可视化部分,将数据分析结果采用可视化的图形表述,描述实现过程以及得到的结论。最终将这几部分内容拼在一起形成综合分析文档的各个部分。最后还需要描述通过数据分析得到的结论,可以包含阶段性总结和趋势预测等内容,这也是一个总结。数据分析最终目的是要从分析结果中得到有价值的信息进行总结和决策。SPSSPRO 平台可以作为一个很好的参考和指导工具,如图 4.5.6 所示。

图 4.5.6　SPSSPRO 平台

三、任务实施（表 4.5.2）

表 4.5.2　综合分析报告撰写

任务内容	综合分析报告撰写		
实施步骤	步骤一：阅读附录：招聘综合分析，上网收集综合分析报告撰写参考及素材。		
	步骤二：根据招聘数据分析结果，撰写自己的综合分析报告。		
验收标准	完成招聘数据综合分析报告的撰写。		
任务评价	请根据任务的完成情况进行自评：		
		任务	得分（满分 10）
		任务完成情况	＿＿＿＿（10 分）

【笔记】

练习题

(填空) 数据分析结果有两方面应用,分别是_____和_____。

项目学习成果评价

项目五
Python大数据分析高阶综合应用

项目四已经对数据分析的基本步骤包括需求分析、数据清洗、数据分析、数据可视化、综合应用进行了详细的解构。本项目将以疫情数据为载体，探讨数据分析各个步骤中更高阶的技术。

项目导入

1831年起，欧洲大陆暴发霍乱，当时的主流理论是毒气或瘴气引起了霍乱。许多医生认为霍乱和天花是由"瘴气"或从污水及其他不卫生的东西中产生的有害物所引起的。然而，英国医生约翰·斯诺并不认可这种说法。他走访疫区，着手调查病例发生的地点与取水的关系，发现73个病例离布拉德街水井的距离比附近其他任何一个水井的距离都更近。在地图上用散点来表示霍乱案例与周围水泵的关联，并且用统计数据来说明水源水质与霍乱的相关性，最终锁定了一个公共水井，如图5.0.1所示。这个公共水井距离受污染的水道仅有1 m之远，更深入的调查证明，在当地霍乱流行前，布拉德大街一名儿童有明显的霍乱症状，浸泡过孩子尿布的脏水倒入离水井不远的排水沟里，而这个排水沟与水井并未完全隔离。这项惊人的发现让斯诺再一次坚信自己之前的研究成果（《霍乱传递方式研究》，约翰·斯诺，1849），即霍乱是通过受污染的饮用水来传播的，并建议伦敦政府封闭这个公共水井，阻止居民继续饮用这里的水。1854年9月，伦敦政府最终采纳了斯诺的意见，取下了布拉德水泵的摇手把。这时，奇迹发生了，第二天得病人数迅速减少，该区域的疫情被有效地控制住了。在这个过程中，虽然约翰·斯诺并没有发现霍乱病的病原体，但创造性地使用空间统计学查找到传染源，并以此证明了这种方法的价值。

现如今，科学技术的发展已经不需要使用手动统计的方式对传染病进行分析了。比如，2019年年末全世界爆发的新型冠状病毒疫情事件，我国利用大数据分析技术准确感知疫情态势，在流动人员统计、疫情态势研判等方面"用数据说话"，为政府精准施策提供了有力支撑，使我国在"防疫之战"中取得了举世瞩目的成绩，保护了人民和财产的安全。

本项目以疫情数据为载体，深入探讨数据清洗、数据分析、数据可视化等更高阶的技术，以Python数据分析环境Anaconda为基础，确定疫情数据分析需求，运用NumPy、pandas、pyecharts等Python库实现更为复杂的数据清洗、数据分析、数据可视化，最终撰写综合分析报告，培养全过程可追溯、可预测、可视化的科学自信，强调战"疫情"，人与数据和谐共生；破"疫情"，数据予人保驾护航；治"疫情"，人与数据温暖同程，彰显科学防疫、精准防疫，升华民族自豪感和爱国主义情怀。

图 5.0.1 伦敦霍乱地图

项目要求

给出疫情样例数据（图 5.0.2），完成需求分析、数据清洗、数据分析、数据可视化及综合应用。

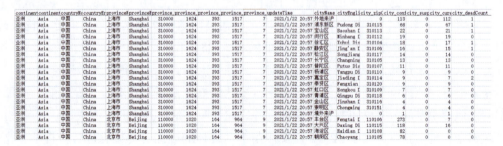

图 5.0.2 疫情样例数据

项目学习目标

1. 素质目标
   ◆ 培养学生任务交付的职业综合能力。
   ◆ 培养学生严谨、细致的数据分析工程师职业素养。
   ◆ 培养学生团队协作意识。

2. 知识目标
- 理解疫情数据需求分析的目的及意义。
- 掌握检测和过滤异常值的方法。
- 理解虚拟变量的使用。
- 掌握正则表达式的使用方法。
- 理解分层索引的使用方法。
- 掌握联合与合并数据集。
- 理解数据重塑和透视。
- 掌握使用 seaborn、pyecharts 库绘制线形图、柱状图等可视化图形的方法。
- 理解综合分析报告。

3. 能力目标
- 能够完成疫情数据分析需求确定。
- 能够使用检测和过滤异常值方法处理数据。
- 能够使用虚拟变量、正则表达式处理数据。
- 能够在数据分析中理解分层索引的使用方法。
- 能够进行数据集的联合与合并。
- 能够对数据进行重塑和透视。
- 能够使用 seaborn、pyecharts 绘制数据可视化图形。
- 能够根据数据分析结果独立编写综合分析报告。

知识框架

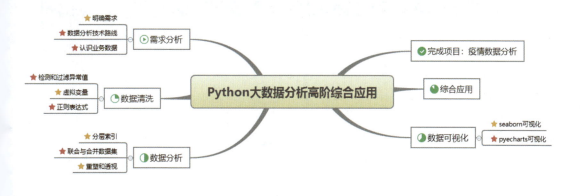

任务一 需求分析

本任务以大数据分析支撑疫情防控工作为切入点,以疫情数据为载体,通过调研、分析等方法明确项目需求,实现"AI 人机交互"展示确诊国家 Top10、疫情新增确诊趋势图等功能。

子任务 1　明确需求

一、任务描述

本任务选择疫情数据作为业务数据，以民生问题为切入点，主要完成以下两个内容：

需求调研：获取疫情数据分析需求，解析项目总体需求、各个功能需求模块。

需求确定：主要包含需求问题描述。具体要求见表 5.1.1。

表 5.1.1　明确需求

任务名称	明确需求	
任务要求	素质目标	1. 培养学生任务交付的职业综合能力 2. 培养学生严谨、细致的数据分析工程师职业素养 3. 培养学生团队协作意识
	知识目标	理解需求分析的目的及意义
	能力目标	能够针对疫情数据梳理业务需求
任务内容	以小组为单位，确定疫情分析需求	
验收方式	完成任务实施工单内容及练习题	

二、知识要点

1. 需求调研

目前只要在网站上进行疫情的搜索，就会出现如图 5.1.1 所示的页面。

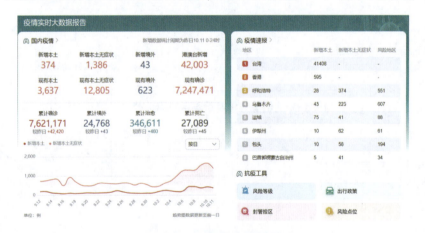

微课：基于疫情分布项目的需求分析

图 5.1.1　疫情实时大数据报告

很多手机 APP、小程序也支持查看疫情动态的功能，如图 5.1.2 所示。

疫情动态中，能够看到针对疫情数据分析的确诊趋势、确诊排名等数据可视化结果。这些结果其实都是通过数据分析后展示出来的结果。本任务的需求调研将以网络查询的方式展开，根据网络上现有的查询疫情动态的网站、数据，确定可以实现的数据分析内容。

图 5.1.2 手机端查看疫情动态

2. 需求确定

根据调研结果,确定基于疫情数据的大数据分析需求,主要包括新增确诊趋势、确诊国家 Top10、确诊占比、确诊地图等。

三、任务实施

基于疫情数据业务,描述需求背景、总结需求问题,并形成需求分析文档。任务工单见表 5.1.2。

表 5.1.2 基于疫情数据描述需求背景及总结需求问题

任务内容	基于疫情数据描述需求背景及总结需求问题	
实施步骤	步骤一:描述需求背景。	
	步骤二:总结需求问题。	

【笔记】

续表

验收标准	提供步骤一、步骤二的文字性描述。
任务评价	请根据任务的完成情况进行自评： | 任务	得分（满分10）
思考问题	_____（10分）	

【笔记】

子任务2　数据分析技术路线

一、任务描述

确定疫情数据分析需求之后，接下来就要根据需求进行数据分析了。本任务基于疫情数据，对数据分析各个阶段工作任务进行概括性描述，为后续数据分析各个阶段的学习打下基础。具体要求见表5.1.3。

表5.1.3　理解疫情数据分析技术路线

任务名称	理解疫情数据分析技术路线	
任务要求	素质目标	1. 培养学生任务交付的职业综合能力 2. 培养学生严谨、细致的数据分析工程师职业素养 3. 培养学生团队协作意识
	知识目标	理解疫情数据分析技术路线
	能力目标	能够明确数据分析技术路线各阶段内容
任务内容	总结疫情数据分析技术路线	
验收方式	完成任务实施工单内容及练习题	

二、知识要点

项目四中已经对数据分析技术路线进行了详细描述，通常分为以下几步：数据获取、数据清洗与整理、数据分析、数据可视化、综合应用。基于疫情数据，下面给出数据分析技术路线中各步骤需要完成的任务内容。

- 数据获取：给出从网络上爬取的部分全球疫情数据，文件格式为CSV，使用文本读取方法查看数据内容，认识各个字段的含义，了解疫情数据分析背景。
- 数据清洗与整理：根据读取的疫情数据，按照"识侦洗理析"的数据清洗策略，对数据中的缺失值、重复数据、错误数据、非需数据等进行清洗与整理，并将清洗好的数据存储在CSV文件中。
- 数据分析：根据确定的需求，使用数据分析方法对清洗好的数据进行分析，得到结论。
- 数据可视化：对数据分析结论进行数据可视化展示，使分析结果更加直观。
- 综合应用：经过上述步骤得到分析结论之后，需要形成综合分析报告，用于进行阶段性总结或进行趋势预测。

三、任务实施

理解数据分析技术路线中每个阶段需要完成的内容并进行总结,任务工单见表 5.1.4。

表 5.1.4　总结疫情数据分析技术路线

任务内容	总结疫情数据分析技术路线	
实施步骤	步骤一:数据分析技术路线包含哪几个步骤?	
	步骤二:在数据分析技术路线中,每个步骤需要完成的内容是什么?	
	提示:可以自行查阅资料进行扩展。	
验收标准	提供步骤一、步骤二的文字性描述。	
任务评价	请根据任务的完成情况进行自评:	
	任务	得分(满分10)
	思考问题	＿＿＿＿＿(10分)

【笔记】

子任务 3　认识业务数据

一、任务描述

本任务将使用项目四任务一中认识业务数据中的方法,读取疫情数据文件,对各字段的含义和背景知识进行了解。具体要求见表 5.1.5。

表 5.1.5　认识业务数据

任务名称	认识业务数据	
任务要求	素质目标	1. 培养学生任务交付的职业综合能力 2. 培养学生严谨、细致的数据分析工程师职业素养 3. 培养学生团队协作意识
	知识目标	掌握使用 pandas 进行数据输入和输出操作
	能力目标	能够使用 pandas 读取或存储文本格式数据
任务内容	使用 pandas 编写读取和存储数据代码	
验收方式	完成任务实施工单内容及练习题	

二、知识要点

回顾项目四中读取 CSV 文本数据的内容，read_csv 是常用的方法。下面给出部分全球疫情数据 DXYArea.csv 文件，读取方法如图 5.1.3 所示。

```
1  import numpy as np
2  import pandas as pd
3  df = pd.read_csv(open('DXYArea.csv',encoding='utf-8'))
4  df.head()
```

	continentName	continentEnglishName	countryName	countryEnglishName	provinceName	provinceEnglishName	province_zipCode	province_confirmedCount
0	亚洲	Asia	中国	China	澳门	Macau	820000	47
1	北美洲	North America	美国	United States of America	美国	United States of America	971002	24632468
2	南美洲	South America	巴西	Brazil	巴西	Brazil	973003	8699814
3	欧洲	Europe	比利时	Belgium	比利时	Belgium	961001	686827
4	欧洲	Europe	俄罗斯	Russia	俄罗斯	Russia	964006	3677352

图 5.1.3　read_csv 读取部分疫情数据

从读取的数据中分析各个字段的含义，见表 5.1.6。

表 5.1.6　部分全球疫情数据字段含义

方法	描述	方法	描述
continentName	洲名称	province_deadCount	省死亡数量
continentEnglishName	洲英文名称	updateTime	更新时间
countryName	国家名称	cityName	市名称
countryEnglishName	国家英文名称	cityEnglishName	市英文名称
provinceName	省名称	city_zipCode	市邮政编码
provinceEnglishName	省英文名称	city_confirmedCount	市确诊数量
province_zipCode	省邮政编码	city_suspectedCount	市疑似数量
province_confirmedCount	省确诊数量	city_curedCount	市治愈数量
province_suspectedCount	省疑似数量	city_deadCount	市死亡数量
province_curedCount	省治愈数量		

三、任务实施

完成部分全球疫情数据 CSV 文件的读取：

给定"DXYArea.csv"文件，在 Jupyter Notebook 中新建 Python3 文件，引入 NumPy 和 pandas 包，将 CSV 文件使用 read_csv 函数读取出来，并理解 CSV 文件中各字段的含义。

任务工单见表 5.1.7。

表 5.1.7　认识业务数据

任务内容	认识业务数据	
实施步骤	步骤一：启动 Jupyter Notebook，新建 Python3 文件，将"DXYArea.csv"放在代码目录下。	
	步骤二：代码编写，读取"DXYArea.csv"。 1. 在新建的 Python3 文件中引入 NumPy 和 pandas 包。 2. 定义 DataFrame 对象 df。 3. 使用 pandas 提供的 read_csv 方法将"DXYArea.csv"读入 df 中。 提示：注意读取 CSV 文件时的编码问题。	
	步骤三：理解 CSV 文件中各字段含义。	
验收标准	提供步骤一、步骤二的执行结果。	
任务评价	请根据任务的完成情况进行自评：	
	任务	得分（满分10）
	代码运行	_____（10分）

任务二　数据清洗

通过前面的学习，已经掌握了"识侦洗理析"的数据清洗策略，本任务将讲解更加高阶的数据清洗方法，包括检测和过滤异常值、置换和随机抽样、计算指标/虚拟变量、字符串操作等内容。

子任务1　检测和过滤异常值

一、任务描述

本任务主要介绍 describe 方法、any 方法和 np.sign 方法在检测和过滤异常值中的使用，并借助 pandas 可视化方式查看离群点。具体要求见表 5.2.1。

表 5.2.1　检测和过滤异常值

任务名称		检测和过滤异常值
任务要求	素质目标	1. 培养学生任务交付的职业综合能力 2. 培养学生严谨、细致的数据分析工程师职业素养 3. 激发学生自我学习热情
	知识目标	1. 掌握 describe、any 方法的使用 2. 理解 np.sign 方法的使用 3. 掌握检测异常值时 pandas 可视化的灵活运用
	能力目标	能够使用 describe、any、np.sign 以及 pandas 可视化检测和过滤异常值
任务内容		给定数据，检测和过滤其中的异常值
验收方式		完成任务实施工单内容

二、知识要点

设备故障和人为操作失误都会产生异常值。在数据分析中，过滤或变换异常值在很大程度上就是运用数组运算。图 5.2.1 所示是一个具有正态分布数据的 DataFrame。

图 5.2.1　具有正态分布数据的 DataFrame

describe( )方法会统计 DataFrame 中每一个 column 里的 count 数量、mean 平均值、std 标准差、std 标准差、max 最大值、百分位值，如图 5.2.2 所示。

假设想要找出某一列中绝对值大于 2 的值，如图 5.2.3 所示。

```
1  data.describe()
```

	0	1	2	3
count	100.000000	100.000000	100.000000	100.000000
mean	0.022241	-0.053563	0.120624	0.116976
std	0.974844	1.021405	1.064261	1.036438
min	-2.022405	-2.608446	-2.306103	-2.342383
25%	-0.586967	-0.831721	-0.596644	-0.568056
50%	-0.129512	0.092420	0.153952	0.099047
75%	0.723189	0.748252	0.818025	0.822823
max	2.693184	1.956507	2.408211	2.788194

图 5.2.2　describe 方法统计

```
1  col = data[2]
2  col[np.abs(col)>2]
```

```
3   -2.306103
7    2.401898
41   2.080689
54  -2.093960
56   2.408211
61   2.109930
89   2.398412
Name: 2, dtype: float64
```

图 5.2.3　某列绝对值大于 2 的值

要选出全部含有大于 2 或小于 -2 的值的行，可以在布尔型 DataFrame 中使用 any 方法，如图 5.2.4 所示。

```
1  data[(np.abs(data)>2).any(1)]
```

	0	1	2	3
3	0.998333	-1.782435	-2.306103	0.880141
7	0.840038	0.163228	2.401898	-2.209770
30	-1.671553	1.310464	0.115518	2.788194
41	-0.199660	0.247564	2.080689	-2.342383
45	2.448562	-0.086905	1.183518	1.620450

图 5.2.4　使用 any 检测含有绝对值大于 2 的值的行

any 方法和 all 方法是相反的，any 只要存在不为 0 的值就是 True，all 方法只有值都不为 0 才为 True，如图 5.2.5 所示。

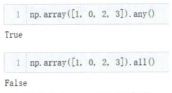

```
1  np.array([1, 0, 2, 3]).any()
```
True

```
1  np.array([1, 0, 2, 3]).all()
```
False

图 5.2.5　any 和 all 方法

any(1) 和 any(0) 的区别在于，any() 里的 0 或 1 对应轴的方向，如图 5.2.6 所示。

```
1  sample = pd.DataFrame([[0,1,2,3],[-2,-1,0,1],[3,4,5,6]])
2  sample
```

	0	1	2	3
0	0	1	2	3
1	-2	-1	0	1
2	3	4	5	6

```
1  sample.any(0)   # 第0-3列任一值大于0即返回True
```

```
0    True
1    True
2    True
3    True
dtype: bool
```

```
1  sample.any(1)   # 第0-2行任一值大于0即返回True
```

```
0    True
1    True
2    True
dtype: bool
```

图 5.2.6　any 的方向

根据数据的值是正的还是负的，np.sign( ) 可以生成 1 和 −1，如图 5.2.7 所示。

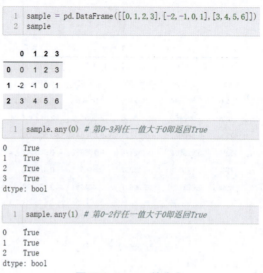

图 5.2.7　np.sign 根据数据中的值的正、负分别生成 1 和 −1

图 5.2.8 所示的代码可以把值限定在 −2~2 之间，统计信息里的 min 和 max 值如图 5.2.9 所示。

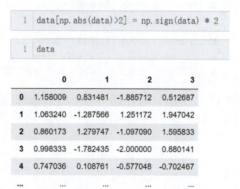

图 5.2.8　将 data 中绝对值大于 2 的数据换成 2 或者 −2

还可以使用 pandas 可视化的方式检测和过滤异常值，如图 5.2.10 所示，将 df 数据使用散点图进行绘制，可以看到，X 轴的索引为 9 的数据与其他数据相差较大，可以将该点称为离群点。但初学者需要注意，并非所有的离群点都是异常值，需要根据业务常识等辅助经验进行判断。

```
1  data.describe()
```

	0	1	2	3
count	100.000000	100.000000	100.000000	100.000000
mean	0.011048	-0.042914	0.110633	0.115220
std	0.946979	0.997951	1.027690	1.005027
min	-2.000000	-2.000000	-2.000000	-2.000000
25%	-0.586967	-0.831721	-0.596644	-0.568056
50%	-0.129512	0.092420	0.153952	0.099047
75%	0.723189	0.748252	0.818025	0.822823
max	2.000000	1.956507	2.000000	2.000000

图 5.2.9　统计信息中最大值和最小值部分变成 2 或 −2

```
1  df = pd.DataFrame(np.arange(10),columns=['X'])
2  df['Y'] = 2*df['X']+1
3  df.iloc[9,1] = 200
4  df
```

	X	Y
0	0	1
1	1	3
2	2	5
3	3	7
4	4	9
5	5	11
6	6	13
7	7	15
8	8	17
9	9	200

```
1  %matplotlib inline
2  df.plot(kind='scatter',x='X',y='Y')
```

<AxesSubplot:xlabel='X', ylabel='Y'>

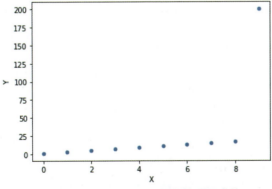

图 5.2.10　pandas 可视化检测异常值

三、任务实施（表 5.2.2）

表 5.2.2 检测和过滤异常值

任务内容	给定数据，检测和过滤其中的异常值	
实施步骤	步骤一：读取数据 epidemic_sample.csv，使用 describe 方法、any 方法和 np.sign 方法检测数据	
	步骤二：使用 pandas 可视化绘制散点图，判断离群点。	
验收标准	提供步骤一、步骤二的执行结果。	
任务评价	请根据任务的完成情况进行自评：	
	任务	得分（满分10）
	代码运行	_____（10 分）

子任务 2　虚拟变量

一、任务描述

本任务主要讲解虚拟变量的定义、作用、设置原则以及几种实现方法。具体要求见表 5.2.3。

表 5.2.3　虚拟变量

任务名称	虚拟变量	
任务要求	素质目标	1. 培养学生任务交付的职业综合能力 2. 培养学生严谨、细致的数据分析工程师职业素养 3. 激发学生自我学习热情
	知识目标	理解虚拟变量的使用
	能力目标	能够设置虚拟变量
任务内容	给定数据，完成虚拟变量的设置	
验收方式	完成任务实施工单内容及练习题	

二、知识要点

在数学建模和机器学习中，有时只能使用数值型的数据才能供算法使用，对于一些分类变量，则需要将其转换为虚拟变量。

1. 虚拟变量的定义作用

虚拟变量（Dummy Variables），用于反映无法定量度量的因素，譬如性别对收入的影响，是量化了的质变量，通常取值为 0 或 1。简单点说，如果有一个数据字段"性别"，里面只有两个元素"男""女"，那么转换成 1（男）、0（女）的量化方式，并将每个元素形成一列，便是虚拟变量。比如：

$$D = \begin{cases} 1 \text{ 男性} \\ 0 \text{ 女性} \end{cases} \quad D = \begin{cases} 1 \text{ 城镇户口} \\ 0 \text{ 农村户口} \end{cases}$$

2. 虚拟变量的设置原则

若定性因素有 m 个相互排斥的类型或属性，只能引入（m－1）个虚拟变量，一般情况下，虚拟变量取"0"值代表比较的基准。

3. 实现虚拟变量的几种方式

可以通过 pandas 中的 get_dummies 生成虚拟变量，如图 5.2.11 所示。

```
1  df = pd.DataFrame({'key':['b','b','a','c','a','b'],'value':range(6)})
2  df
```

	key	value
0	b	0
1	b	1
2	a	2
3	c	3
4	a	4
5	b	5

```
1  pd.get_dummies(df['key'])
```

	a	b	c
0	0	1	0
1	0	1	0
2	1	0	0
3	0	0	1
4	1	0	0
5	0	1	0

图 5.2.11　创建虚拟变量

上例中，df 的 key 取值有 a、b、c 三个，通过 get_dummies 函数可以衍生出一个值为 1 和 0 的矩阵或 DataFrame。

在某些情况下，要在生成的 DataFrame 的列上加入前缀，然后与其他数据合并，可以使用 prefix 参数来实现，如图 5.2.12 所示。

```
1  dummies = pd.get_dummies(df['key'],prefix='key')
2  df_dummies = df[['value']].join(dummies)
3  df_dummies
```

	value	key_a	key_b	key_c
0	0	0	1	0
1	1	0	1	0
2	2	1	0	0
3	3	0	0	1
4	4	1	0	0
5	5	0	1	0

图 5.2.12　get_dummies 函数中使用 prefix 参数

对于多类别的数据来说，需要通过 apply 函数实现虚拟变量，具体代码如图 5.2.13 和图 5.2.14 所示。

```
1  df2 = pd.DataFrame({'key':['b/c','b/a','a','c/a','a','b'],'value':range(6)})
2  df2
```

	key	value
0	b/c	0
1	b/a	1
2	a	2
3	c/a	3
4	a	4
5	b	5

图 5.2.13　多类别数据

```
1  dummies = df2['key'].apply(lambda x:pd.Series(x.split('/')).value_counts())
2  dummies
```

	c	b	a
0	1.0	1.0	NaN
1	NaN	1.0	1.0
2	NaN	NaN	1.0
3	1.0	NaN	1.0
4	NaN	NaN	1.0
5	NaN	1.0	NaN

```
1  dummies = dummies.fillna(0).astype(int)
2  dummies
```

	c	b	a
0	1	1	0
1	0	1	1
2	0	0	1
3	1	0	1
4	0	0	1
5	0	1	0

图 5.2.14　apply 创建虚拟变量

三、任务实施（表 5.2.4）

表 5.2.4　虚拟变量

任务内容	给定数据，使用 get_dummies 和 apply 创建虚拟变量
实施步骤	步骤一：读取数据 epidemic_sample.csv，使用 get_dummies 创建虚拟变量。 步骤二：使用 apply 创建虚拟变量。
验收标准	提供步骤一、步骤二的执行结果。
任务评价	请根据任务的完成情况进行自评： | 任务	得分（满分10）
代码运行	_____（10分）	

子任务 3　正则表达式

一、任务描述

在数据清洗过程中，经常涉及字符串的批量操作，Python 在字符串和文本操作上非常便利。项目四已经对简单的字符串操作进行了介绍，本任务主要讲解正则表达式。具体要求见表 5.2.5。

表 5.2.5　正则表达式

任务名称	正则表达式	
任务要求	素质目标	1. 培养学生任务交付的职业综合能力 2. 培养学生严谨、细致的数据分析工程师职业素养 3. 激发学生自我学习热情
	知识目标	掌握正则表达式操作字符串
	能力目标	能够使用正则表达式进行数据清洗
任务内容	给定数据，使用正则表达式清洗字符串类型的数据	
验收方式	完成任务实施工单内容及练习题	

二、知识要点

1. 正则表达式基础知识

正则表达式（Regular Expression，简写为 regex）提供了一种在文本中灵活查找或匹配字符串模式的方法。内建的 re 模块使 Python 语言拥有全部的正则表达式功能。下面举一个简单的示例：假设现在想要将包含多个空白字符（制表符、空格、换行符）的字符串拆分开，多个空白字符的正则表达式是 \s+，如图 5.2.15 所示。

```
1  import re
2  text = "foo   bar\t baz  \tqux"
3  re.split('\s+', text)
```
['foo', 'bar', 'baz', 'qux']

图 5.2.15　正则表达式匹配空白字符

调用 re.split('\s+',text)时，正则表达式首先会被编译，然后正则表达式的 split 方法在传入的文本上被调用，可以使用 re.compile 进行编译，定义成可复用的正则表达式对象，如图 5.2.16 所示。

```
1  regex = re.compile('\s+')
2  regex.split(text)
```
['foo', 'bar', 'baz', 'qux']

图 5.2.16　正则表达式使用 re.compile 进行编译

想要获得所有匹配正则表达式的模式列表，可以使用 findall 方法，如图 5.2.17 所示。

```
1  regex.findall(text)
```
['   ', '\t ', ' \t']

图 5.2.17　findall 获得匹配的模式列表

下面通过匹配邮件的示例，演示 findall、match 和 search 方法的使用，定义如图 5.2.18 所示字符串，其中包含多个电子邮箱，通过 re.compile 定义可以复用的正则表达式对象。

```
1  text = """XiaoMing xiaoming@163.com
2  XiaoHong xiaohong@126.com
3  LaoLi laoli@qq.com
4  LaoSong laosong@yeah.net"""
5  pattern = r'[A-Z0-9._%+-]+@[A-Z0-9.-]+\.[A-Z]{2,4}'
6  # re.IGNORECASE使正则表达式不区分大小写
7  regex = re.compile(pattern, flags=re.IGNORECASE)
```

图 5.2.18　正则表达式匹配电子邮箱 1

在 text 中使用 findall 会得到一个电子邮件地址列表，如图 5.2.19 所示。

```
1  regex.findall(text)
```
['xiaoming@163.com', 'xiaohong@126.com', 'laoli@qq.com', 'laosong@yeah.net']

图 5.2.19　正则表达式匹配电子邮箱 2

search 方法返回文本中第一个匹配到的电子邮箱地址，如图 5.2.20 所示。

```
1  m = regex.search(text)
2  m
```
<re.Match object; span=(9, 25), match='xiaoming@163.com'>

```
1  text[m.start():m.end()]
```
'xiaoming@163.com'

图 5.2.20　正则表达式匹配电子邮箱 3

search 方法匹配到的对象只能返回模式在字符串中的起始和结束的位置，因此需要使用 text[m.start():m.end()] 方法获取匹配到的电子邮箱的内容。

match 方法只在模式出现于字符串起始位置时进行匹配，如果没有匹配到，返回 None，如图 5.2.21 所示。

```
1  print(regex.match(text))
```
None

图 5.2.21　正则表达式匹配电子邮箱 4

假如在查找电子邮箱时，想将邮箱地址分为三个部分：用户名、域名和域名后缀，可以在正则表达式中用括号将模式括起来，如图 5.2.22 所示。

```
1  pattern = r'([A-Z0-9._%+-]+)@([A-Z0-9.-]+)\.([A-Z]{2,4})'
2  regex = re.compile(pattern, flags=re.IGNORECASE)
```

图 5.2.22　正则表达式匹配电子邮箱 5

使用这种匹配时，可以使用 groups 方法，返回模式组件的元组，如图 5.2.23 所示。

```
1  m = regex.match('xiaoming@163.com')
2  m.groups()
```
('xiaoming', '163', 'com')

图 5.2.23　正则表达式匹配电子邮箱 6

当模式可以分组时，findall 方法在匹配文本时会返回包含元组的列表，如图 5.2.24 所示。

```
1  regex.findall(text)
```
[('xiaoming', '163', 'com'),
 ('xiaohong', '126', 'com'),
 ('laoli', 'qq', 'com'),
 ('laosong', 'yeah', 'net')]

图 5.2.24　正则表达式匹配电子邮箱 7

表 5.2.6 总结了正则表达式常用方法。

表 5.2.6 正则表达式常用方法

方法	描述
findall	将字符串中所有的非重叠匹配模式以列表形式返回
match	在字符串起始位置匹配模式，也可以将模式组建匹配到分组中；如果模式匹配上了，返回第一个匹配对象，否则，返回 None
search	扫描字符串的匹配模式，如果扫描到了返回匹配对象，与 match 不同的是，search 方法的匹配可以是字符串的任意位置
split	根据模式，将字符串拆分为多个部分

2. pandas 中使用正则表达式

在 DataFrame 中，可以在字符串的矢量化操作中应用正则表达式，如图 5.2.25 所示。

```
1  df = pd.DataFrame({
2      'email':['123456@qq.com','112233@qq.com','123123@qq.com','123321@qq.com']
3  })
4  df
```

```
     email
0  123456@qq.com
1  112233@qq.com
2  123123@qq.com
3  123321@qq.com
```

```
1  df['email'].str.findall('(.*?)@')
```

```
0    [123456]
1    [112233]
2    [123123]
3    [123321]
Name: email, dtype: object
```

图 5.2.25　正则表达式在 DataFrame 中的应用 1

也可以在上述 df 基础上，增加一列 QQ 号，如图 5.2.26 所示。

```
1  df['QQ'] = df['email'].str.findall('(.*?)@').str.get(0)
2  df
```

	email	QQ
0	123456@qq.com	123456
1	112233@qq.com	112233
2	123123@qq.com	123123
3	123321@qq.com	123321

图 5.2.26　正则表达式在 DataFrame 中的应用 2

三、任务实施（表 5.2.7）

表 5.2.7　正则表达式

任务内容	给定数据，使用正则表达式清洗字符串类型的数据
实施步骤	步骤一：读取数据 epidemic_sample.csv，使用正则表达式清洗 provinceEnglishName 字段。 步骤二：使用正则表达式清洗 updateTime 字段，读取年月日。
验收标准	提供步骤一、步骤二的执行结果。
任务评价	请根据任务的完成情况进行自评： | 任务	得分（满分10）
代码运行	_____（10 分）	

子任务 4　基于疫情数据的数据清洗

一、任务描述

本任务将基于疫情数据进行数据清洗。具体要求见表 5.2.8。

表 5.2.8　基于疫情数据的数据清洗

任务名称	基于疫情数据的数据清洗	
任务要求	素质目标	1. 培养学生任务交付的职业综合能力 2. 培养学生严谨、细致的数据分析工程师职业素养 3. 激发学生自我学习热情
	知识目标	掌握在不同业务数据中灵活进行数据清洗的方法
	能力目标	能够针对不同业务数据完成数据清洗
任务内容	给定疫情数据，选择合适的方法进行数据清洗	
验收方式	完成任务实施工单内容及练习题	

二、知识要点

疫情样例数据是从某网站上使用网络爬虫爬取下来的数据，对该数据的数据清洗代码详见二维码。

步骤及代码

三、任务实施（表 5.2.9）

表 5.2.9 基于疫情数据的数据清洗

任务内容	读取"DXYArea.csv"中的数据，进行数据清洗，并将清洗后的结果保存到 clean.csv 文件中
实施步骤	步骤：参照子任务 4 中的知识要点，完成"DXYArea.csv"的数据清洗。
验收标准	提供步骤的执行结果。
任务评价	请根据任务的完成情况进行自评： | 任务 | 得分（满分10） | | --- | --- | | 代码运行 | _____（10分） |

【笔记】

练习题

1.（判断）describe( )方法会统计 DataFrame 中每一个 column 里的 count 数量、mean 平均值、std 标准差、std 标准差、max 最大值、百分位值。（　　）

2.（填空）pandas 中的_____方法可以生成虚拟变量。

3.（简答）简述 any 方法和 all 方法的区别。

4.（编程）基于疫情样例数据，完成数据清洗操作。

任务三　数据分析

较为复杂的数据分析还会涉及分层索引、联合与合并数据集、重塑和透视等方面的内容。本任务将针对上述内容进行介绍。

子任务 1　分层索引

一、任务描述

GroupBy 可以对数据进行分组，当分组指标为两个以上时，会产生分层索引。在项目三中已经对简单的分层索引进行了介绍，本任务将会更加详细地讲述分层索引。具体要求见表 5.3.1。

表 5.3.1　分层索引

任务名称	分层索引	
任务要求	素质目标	1. 培养学生任务交付的职业综合能力 2. 培养学生严谨、细致的数据分析工程师职业素养 3. 激发学生自我学习热情
	知识目标	掌握分层索引的重塑和排序
	能力目标	能够对分层索引进行重塑和排序
任务内容	操作分层索引完成重塑和排序	
验收方式	完成任务实施工单内容及练习题	

二、知识要点

分层索引时，pandas 的重要特性，即为可以在一个轴向上拥有多个（两个或两个以上）索引层级，也可以说分层索引提供了一种以更低维度的形式处理更高维度数据的方式。首先回顾分层索引的代码，如图 5.3.1 所示。

```
1  import numpy as np
2  import pandas as pd

1  data = pd.Series(np.random.randn(9),
2                   index=[['a','a','a','b','b','c','c','d','d'],
3                          [1,2,3,1,3,1,2,2,3]])
4  data
a  1    0.595602
   2    0.253794
   3    0.091712
b  1    0.284070
   3    0.747835
c  1   -0.428833
   2    0.882874
d  2    1.415040
   3   -0.063133
dtype: float64
```

图 5.3.1　Series 中的分层索引

可以通过分层索引对象选出数据的子集，如图 5.3.2 所示。

图 5.3.2　分层索引选取数据子集

也可以在内部层级中进行数据的选择，如图 5.3.3 所示。

图 5.3.3　内部层级选取数据子集

当使用 GroupBy 对数据进行分组时，如果分组指标有多个，会产生分层索引，如图 5.3.4 所示。

图 5.3.4　GroupBy 有多个分组指标时产生分层索引

产生分层索引后，可以根据具体业务进行进一步分析。分层索引在重塑数据和数据透视表等分组操作中具有重要作用。比如，可以使用 unstack 方法将数据进行重新排列，如图 5.3.5 所示。

上述例子中，内部层级中（即第 1 层）的索引被转换为列索引，将原来的具有分层索引的 Series 变成了 DataFrame 结构。unstack 的反操作是 stack，如图 5.3.6 所示。

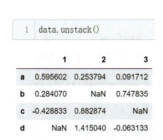

图 5.3.5　unstack 重排分层索引　　　　图 5.3.6　stack 的使用

在 DataFrame 中，每个轴都可以拥有分层索引，如图 5.3.7 所示。

图 5.3.7　DataFrame 中的分层索引

可以为分层索引的层级起一个名称，如图 5.3.8 所示。

如果想要重新排列轴上的层级顺序，或者按照特定层级的值对数据进行排序，可以使用 swaplevel 函数，它接收两个层级序号或层级名称，返回一个层级变更但数据不变的新对象，如图 5.3.9 所示。

图 5.3.8　为分层索引层级起名字　　　　图 5.3.9　swaplevel 改变层级顺序

如果想要对某一层级进行排序，可以使用 sort_index 函数，指定层级后，将按照字典序进行排列，如图 5.3.10 和图 5.3.11 所示。

下面的例子中，可以将 DataFrame 中的多列指定为分层索引，使用 set_index 函数，如图 5.3.12 和图 5.3.13 所示。

```
1  data.sort_index(level=1)
```

		state1	color		hue
		state2	Green	Blue	Green
key1	key2				
a	1		0	1	2
b	1		6	7	8
a	2		3	4	5
b	2		9	10	11

图 5.3.10　sort_index 指定层级排序 1

```
1  data.swaplevel(0,1).sort_index(level=0)
```

		state1	color		hue
		state2	Green	Blue	Green
key2	key1				
1	a		0	1	2
	b		6	7	8
2	a		3	4	5
	b		9	10	11

图 5.3.11　sort_index 指定层级排序 2

```
1  data = pd.DataFrame({'a':range(6),
2                       'b':range(6,0,-1),
3                       'c':['one','one','one','two','two','two'],
4                       'd':[0,1,2,0,1,2]})
5  data
```

	a	b	c	d
0	0	6	one	0
1	1	5	one	1
2	2	4	one	2
3	3	3	two	0
4	4	2	two	1
5	5	1	two	2

图 5.3.12　一个 DataFrame

```
1  data1 = data.set_index(['c','d'])
2  data1
```

		a	b
c	d		
one	0	0	6
	1	1	5
	2	2	4
two	0	3	3
	1	4	2
	2	5	1

图 5.3.13　set_index 设置分层索引

默认情况下，使用 set_index 设置索引后，将对应的列从 DataFrame 中移除，可以使用 drop = False 参数将列保留在 DataFrame 中，如图 5.3.14 所示。

reset_index 是 set_index 的反操作，分层索引的索引层级会被移动到列中，如图 5.3.15 所示。

```
1  data.set_index(['c','d'],drop=False)
```

		a	b	c	d
c	d				
one	0	0	6	one	0
	1	1	5	one	1
	2	2	4	one	2
two	0	3	3	two	0
	1	4	2	two	1
	2	5	1	two	2

图 5.3.14　drop = False 参数在 set_index 中的使用

```
1  data1.reset_index()
```

	c	d	a	b
0	one	0	0	6
1	one	1	1	5
2	one	2	2	4
3	two	0	3	3
4	two	1	4	2
5	two	2	5	1

图 5.3.15　reset_index 的使用

三、任务实施（表 5.3.2）

表 5.3.2　分层索引

任务内容	给定数据，完成分层索引相关操作
实施步骤	步骤一：读取数据 epidemic_sample.csv，自选两个字段进行分组，生成分层索引。 步骤二：在上面生成的分层索引的基础上，完成 stack、unstack、swaplevel、sort_value 的操作。
验收标准	提供步骤一、步骤二的执行结果。
任务评价	请根据任务的完成情况进行自评： | 任务 | 得分（满分 10）| | --- | --- | | 代码运行 | _____（10 分）|

子任务 2　联合与合并数据集

一、任务描述

有时在数据分析过程中，可能需要对多个数据集进行合并等操作，pandas 库中提供了多种方式可以将 Series、DataFrame 等数据集进行联合。本任务将讲解 pandas 中的数据联合与合并。具体要求见表 5.3.3。

表 5.3.3　联合与合并数据集

任务名称		联合与合并数据集
任务要求	素质目标	1. 培养学生任务交付的职业综合能力 2. 培养学生严谨、细致的数据分析工程师职业素养 3. 激发学生自我学习热情
	知识目标	掌握联合与合并数据集的方法
	能力目标	能够对多个给定数据集进行联合与合并
任务内容		给定数据集，完成数据的联合与合并操作
验收方式		完成任务实施工单内容及练习题

二、知识要点

1. merge 合并数据

Python 里的 merge 函数是数据分析工作中最常见的函数之一，类似于 MySQL 中的 join 函数，它的作用是可以根据一个或多个键将不同的 DatFrame 链接起来。该函数的典型应用场景是，针对同一个主键存在两张不同字段的表，根据主键整合到一张表里面。

动画：merge 合并

merge 的语法如下：

```
merge (left, right, how = 'inner', on = None, left_on = None, right_on = None, left_index = False, right_index = False, sort = False, suffixes = ('_x', '_y'), copy = True, indicator = False, validate = None)
```

参数介绍如下：
- left：参与合并的左侧 DataFrame；
- right：参与合并的右侧 DataFrame；
- how：连接方式，有 inner、left、right、outer，默认为 inner；
- on：指的是用于连接的列索引名称，必须存在于左、右两个 DataFrame 中，如果没有指定且其他参数也没有指定，则以两个 DataFrame 列名交集作为连接键；
- left_on：左侧 DataFrame 中用于连接键的列名，这个参数左、右列名不同但代表的含义相同时非常有用；
- right_on：右侧 DataFrame 中用于连接键的列名；
- left_index：使用左侧 DataFrame 中的行索引作为连接键；
- right_index：使用右侧 DataFrame 中的行索引作为连接键；
- sort：默认为 True，将合并的数据进行排序，设置为 False 可以提高性能；
- suffixes：字符串值组成的元组，用于指定当左、右 DataFrame 存在相同列名时在列名后面附加的后缀名称，默认为（'_x', '_y'）；

- copy：默认为 True，总是将数据复制到数据结构中，设置为 False 可以提高性能；
- indicator：显示合并数据中数据的来源情况。

当 how 取 inner 时为内连接，即主键相同的数据保留，如图 5.3.16 和图 5.3.17 所示。

图 5.3.16　数据情况

全连接即把两个数据集放在一起，没有的就是 NaN，如图 5.3.18 所示。

图 5.3.17　内连接　　　　　　　图 5.3.18　全连接

左连接即左边的数据集取全部，右边的数据集取部分，如图 5.3.19 所示。
右连接即右边的数据集取全部，左边的数据集取部分，如图 5.3.20 所示。

图 5.3.19　左连接　　　　　　　图 5.3.20　右连接

上述两个 DataFrame 都有相同的列 color，因此默认按照 color 列进行合并。如果两个 DataFrame 没有相同的列，也可以使用参数单独指定合并的列名，如图 5.3.21 所示。

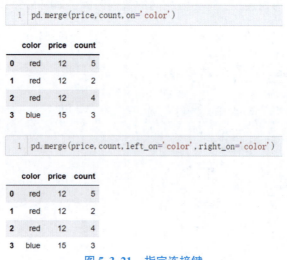

图 5.3.21　指定连接键

多对多连接会产生笛卡尔积，如图 5.3.22 和图 5.3.23 所示，左边的 DataFrame 有 2 个 red，右边的 DataFrame 有 3 个 red，通过 merge 操作后会产生 6 个 red。

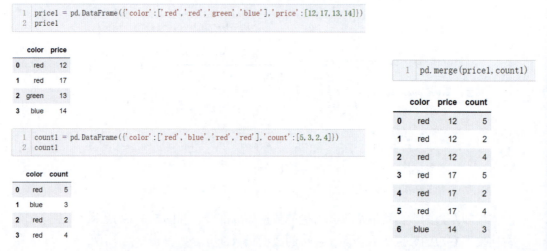

图 5.3.22　多对多数据情况　　　　　　　　图 5.3.23　多对多连接

合并操作还要考虑处理重叠列名的问题，可以手动解决重叠问题，也可以使用 merge 提供的 suffixes 参数对重叠列名增加后缀，如图 5.3.24 和图 5.3.25 所示。

在某些情况下，DataFrame 中用于合并的键是索引，这时可以指定 left_index = True 或 right_index = True（或者都传），表示索引需要用来作为合并的键，如图 5.3.26 和图 5.3.27 所示。

DataFrame 还有一个方便的 join 函数，用于按照索引合并数据，该方法也可以用于合并多个索引相同或相似但没有重叠列的 DataFrame 对象，如图 5.3.28 和图 5.3.29 所示。

```
1  left = pd.DataFrame({'key1':['foo','foo','bar'],
2                      'key2':['red','blue','red'],
3                      'lval':[1,2,3]})
4  left
```

	key1	key2	lval
0	foo	red	1
1	foo	blue	2
2	bar	red	3

```
1  right = pd.DataFrame({'key1':['foo','foo','bar','bar'],
2                       'key2':['red','red','red','two'],
3                       'rval':[4,5,6,7]})
4  right
```

	key1	key2	rval
0	foo	red	4
1	foo	red	5
2	bar	red	6
3	bar	two	7

图 5.3.24　两个 DataFrame 有相同列名

```
1  pd.merge(left,right,on='key1')
```

	key1	key2_x	lval	key2_y	rval
0	foo	red	1	red	4
1	foo	red	1	red	5
2	foo	blue	2	red	4
3	foo	blue	2	red	5
4	bar	red	3	red	6
5	bar	red	3	two	7

```
1  pd.merge(left,right,on='key1',suffixes=('_left','_right'))
```

	key1	key2_left	lval	key2_right	rval
0	foo	red	1	red	4
1	foo	red	1	red	5
2	foo	blue	2	red	4
3	foo	blue	2	red	5
4	bar	red	3	red	6
5	bar	red	3	two	7

图 5.3.25　不指定 suffixes 参数和指定 suffixes 参数

```
1  left = pd.DataFrame({'key':['a','b','a','a','c'],
2                      'value':range(5)})
3  left
```

	key	value
0	a	0
1	b	1
2	a	2
3	a	3
4	c	4

```
1  right = pd.DataFrame({'right_val':[4.3, 8]},index=['a','b'])
2  right
```

	right_val
a	4.3
b	8.0

图 5.3.26　数据情况

```
1  pd.merge(left,right,left_on='key',right_index=True)
```

	key	value	right_val
0	a	0	4.3
2	a	2	4.3
3	a	3	4.3
1	b	1	8.0

图 5.3.27　合并的键是索引

```
1  left2 = pd.DataFrame([[1,2],[3,4],[5,6]],
2                      index=['a','b','e'],
3                      columns=['red','green'])
4  left2
```

	red	green
a	1	2
b	3	4
e	5	6

```
1  right2 = pd.DataFrame([[7,8],[9,10],[11,12],[13,14]],
2                       index=['b','c','d','e'],
3                       columns=['blue','pink'])
4  right2
```

	blue	pink
b	7	8
c	9	10
d	11	12
e	13	14

图 5.3.28　数据情况

2. concat 连接数据

如果想要连接的数据集没有相同的键可以连接，就不能使用 merge 方法了，pandas 提供了 concat 方法实现这种数据连接，例如有 3 个不包含相同索引的 Series，调用 concat 方法会将 3 个 Series 的索引和值连接在一起，如图 5.3.30 所示。

默认情况下，concat 方法是沿着 axis=0 的轴向生效的，生成另一个 Series。如果指定 axis=1，会按照列的方向进行连接，返回的结果是一个 DataFrame，如图 5.3.31 所示。

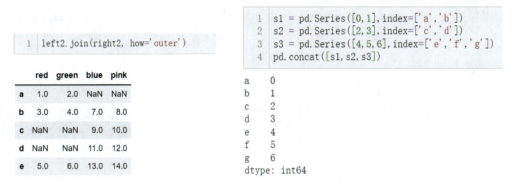

图 5.3.29　join 合并　　　　　图 5.3.30　concat 连接

上述案例中，没有重叠的索引，经过 concat 之后得到类似于外连接（outer）的结果，也可以传入 join = 'inner'，如图 5.3.32 所示。

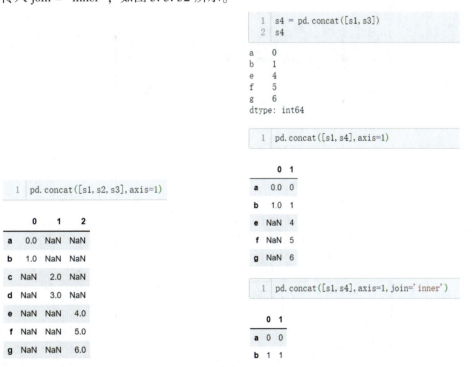

图 5.3.31　concat 连接指定 axis 参数　　　图 5.3.32　concat 指定内连接（join = inner）

使用 concat 时，可以指定 keys 参数创建一个多层索引，如图 5.3.33 所示。

沿着 axis=1 连接 Series 时，keys 将成为列索引，如图 5.3.34 所示。

```
1  result = pd.concat([s1,s2,s3],keys=['one','two','three'])
2  result
```

```
one    a    0
       b    1
two    c    2
       d    3
three  e    4
       f    5
       g    6
dtype: int64
```

```
1  result = pd.concat([s1,s2,s3],axis=1,keys=['one','two','three'])
2  result
```

	one	two	three
a	0.0	NaN	NaN
b	1.0	NaN	NaN
c	NaN	2.0	NaN
d	NaN	3.0	NaN
e	NaN	NaN	4.0
f	NaN	NaN	5.0
g	NaN	NaN	6.0

图 5.3.33　keys 指定多层索引　　　　图 5.3.34　指定 axis = 1 时 keys 成为列索引

三、任务实施（表 5.3.4）

表 5.3.4　联合与合并数据集

任务内容	给定数据集，完成数据的联合与合并操作	
实施步骤	步骤一：读取数据 sample1.csv 和 sample2.csv，按照相同键进行内连接、外连接、左连接、右连接操作。	
	步骤二：读取数据 sample3.csv 和 sample4.csv，使用 concat 进行连接。	
	思考：merge 和 concat 连接的异同。	
验收标准	1. 提供步骤一、步骤二的执行结果。 2. 提供步骤二中"思考"的文字性描述。	
任务评价	请根据任务的完成情况进行自评：	
	任务	得分（满分 10）
	代码运行	＿＿＿＿（7 分）
	思考问题	＿＿＿＿（3 分）

【笔记】

子任务 3　重塑和透视

一、任务描述

在数据分析的过程中，分析师常常希望通过多个维度多种方式来观察分析数据，重塑和透视是常用的手段。数据的重塑，简单来说，就是对原数据进行变形。为什么需要变形？因为当前数据的展示形式不是我们期望的维度，也可以说索引不符合我们的需求。对数据的重塑不是仅改变形状那么简单，在变形过程中，数据的内在意义不能变化，但数据的提示逻辑则发生了重大的改变。数据透视是最常用的数据汇总工具，Excel 中经常会做数据透视，它可以根据一个或者多个指定的维度来聚合数据。pandas 也提供了数据透视函数来实现这些功能。本任务主要讲解数据重塑和透视的方法。具体要求见表 5.3.5。

表 5.3.5　重塑和透视

任务名称	重塑和透视	
任务要求	素质目标	1. 培养学生任务交付的职业综合能力 2. 培养学生严谨、细致的数据分析工程师职业素养 3. 激发学生自我学习热情
	知识目标	掌握重塑和透视数据的方法
	能力目标	能够使用重塑和透视进行数据分析
任务内容	给定数据，完成数据重塑和透视	
验收方式	完成任务实施工单内容及练习题	

二、知识要点

1. 多层索引重塑

多层索引在 DataFrame 中提供了一种一致性方式用于重排列数据。stack 和 unstack 是两个基础操作。

stack（堆叠）：该操作会"旋转"或将列中的数据透视到行。

unstack（拆堆）：该操作会将行中的数据透视到列。

DataFrame 如图 5.3.35 所示。

```
1  data = pd.DataFrame(np.arange(6).reshape((3,2)),
2                      index=pd.Index(['red','blue','green'],name='color'),
3                      columns=pd.Index(['one','two'],name='number'))
4  data
```

number	one	two
color		
red	0	1
blue	2	3
green	4	5

图 5.3.35　数据情况

在该 DataFrame 上使用 stack 方法会将列透视到行，产生一个新的 Series，如图 5.3.36 所示。

从一个包含多层索引的 Series 中，可以使用 unstack 函数将数据重排列后放入一个 DataFrame 中，如图 5.3.37 所示。

图 5.3.36　stack 堆叠　　　　　　　图 5.3.37　unstack 拆堆

默认情况下，最内层是已拆堆的，也可以通过传入一个层级序号或名称来拆分一个不同的层级，如图 5.3.38 和图 5.3.39 所示。

图 5.3.38　unstack 传入层级序号　　　图 5.3.39　unstack 传入层级名称

2. pivot

pivot 的用途可以简单理解为：将一个 DataFrame 的记录数据整合成表格（类似于 Excel 中的数据透视表功能），而且是按照 pivot('index = xx','columns = xx','values = xx')来整合的。pivot 函数说明如下：

> DataFrame.pivot(index = None, columns = None, values = None)

功能：重塑数据（产生一个"pivot"表格）以列值为标准。使用来自索引/列的唯一的值（去除重复值）为轴形成 dataframe 结果。

参数：

index：string or object，optional

用于创建新框架索引的列名称。如果没有，则使用现有的索引。

columns：string or object

用于创建新框架列的列名称。

values：string or object，optional

用于填充新框架值的列名称。如果未指定，则将使用所有剩余列，结果将具有分层索引列。

返回：DataFrame

图 5.3.40 所示是进行数据重塑之前的数据集，数据集包含三个字段的内容，分别是 name、year、gdp。

	name	year	gdp
2044	广东	2017	89705.23000
2049	河南	2017	44552.83000
2054	江苏	2017	85869.76000
2060	山东	2017	72634.14913
2068	浙江	2017	51768.26000
2074	广东	2018	97277.77000
2079	河南	2018	48055.86000
2084	江苏	2018	92595.40000
2090	山东	2018	76469.70000
2094	四川	2018	40678.13000
2098	浙江	2018	56197.20000

图 5.3.40　数据情况

采用 pivot 函数对数据集进行重塑（图 5.3.41）：

```
#对数据进行重塑
df = df.pivot(index = 'name',columns = 'year',values = 'gdp')
df = df.reset_index ()
df.fillna (1.0, inplace = True)
df
```

year	name	2017	2018
0	四川	1.00000	40678.13
1	山东	72634.14913	76469.70
2	广东	89705.23000	97277.77
3	江苏	85869.76000	92595.40
4	河南	44552.83000	48055.86
5	浙江	51768.26000	56197.20

图 5.3.41　pivot 函数使用

pivot 的转换关系图如图 5.3.42 所示。

3. melt

melt 函数和 pivot 函数有些类似，是一个逆过程。图 5.3.43 所示是原始数据，使用 melt 函数转换一下，如图 5.3.44 所示。

这个 melt 函数是针对列来说的，所以这个 id_vars 参数表示作为固定列（标注符），这里指定为 A，所以 A 列保持不变，而 B 列和 C 列都被拆到了行中。

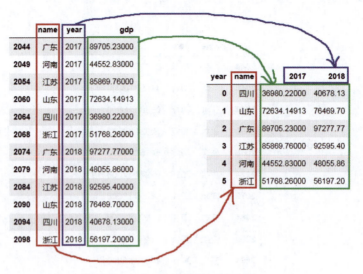

图 5.3.42　pivot 转换关系示意图

```
import pandas as pd
df = pd.DataFrame({'A':{0:'a',1:'b',2:'c'},
                   'B':{0:1, 1:3, 2:5},
                   'C':{0:2, 1:4, 2:6}})
df
```

	A	B	C
0	a	1	2
1	b	3	4
2	c	5	6

图 5.3.43　数据情况

```
pd.melt(df, id_vars=['A'])
```

	A	variable	value
0	a	B	1
1	b	B	3
2	c	B	5
3	a	C	2
4	b	C	4
5	c	C	6

图 5.3.44　melt 函数使用

三、任务实施（表 5.3.6）

表 5.3.6 重塑和透视

任务内容	给定数据，完成数据重塑和透视
实施步骤	步骤一：读取 sample.csv，完成数据重塑。 步骤二：选择任意两列作为 pivot 的 index 和 columns 参数，完成数据透视。
验收标准	提供步骤一、步骤二的执行结果。
任务评价	请根据任务的完成情况进行自评： | 任务 | 得分（满分 10） | |---|---| | 代码运行 | _____（10 分） |

子任务 4 基于疫情数据的数据分析

一、任务描述

本任务将在数据清洗后的疫情数据基础上进行数据分析。具体要求见表 5.3.7。

表 5.3.7 基于疫情数据的数据分析

任务名称	基于疫情数据的数据分析	
任务要求	素质目标	1. 培养学生任务交付的职业综合能力 2. 培养学生严谨、细致的数据分析工程师职业素养 3. 激发学生自我学习热情
	知识目标	使用 pandas 库分析疫情数据
	能力目标	能够使用 pandas 库分析疫情数据
任务内容	使用 pandas 库分析疫情数据	
验收方式	完成任务实施工单内容及练习题	

二、知识要点

疫情数据分析主要包括统计疫情数据情况、新增数据情况等，具体代码详见二码。

步骤及代码

三、任务实施（表 5.3.8）

表 5.3.8　基于疫情数据的数据分析

任务内容	基于疫情数据的数据分析
	步骤：在数据清洗好的疫情数据基础上进行操作，参照子任务 4 中的知识要点，完成三个你感兴趣的方向的数据分析，比如疫情累计数据、治愈数据等，为后续数据可视化做准备。
验收标准	提供步骤的执行结果。
任务评价	请根据任务的完成情况进行自评： | 任务	得分（满分 10）
代码运行	＿＿＿＿（10 分）	

练习题

1．（单选）使用 merge 实现外连接，how 应该传入（　　）。
　　A．inner　　　　　B．outer　　　　　C．left　　　　　D．right

2．（判断）如果想要重新排列轴上的层级顺序，或者按照特定层级的值对数据进行排序，可以使用 swaplevel 函数。（　　）

任务四 数据可视化

除了使用 Matplotlib 可以实现数据可视化之外,seaborn 和 pyecharts 也可以实现。seaborn 其实是在 Matplotlib 的基础上进行了更高级的 API 封装,从而使绘图更容易、更美观。pyecharts 是一个用于生成 Echarts 图表的类库,使用 pyecharts 绘制的图表美观且具有交互性。本任务主要介绍如何使用 seaborn 绘制分布图、分类图、回归图与网格,以及使用 pyecharts 绘制柱状图、线形图等基本图表。

子任务1 在 seaborn 下定义样式并绘制分布图

一、任务描述

本任务主要介绍 seaborn 中设定好的 5 种主题样式,并介绍怎样自定义样式,讲解如何通过 seaborn 绘制分布图。具体要求见表 5.4.1。

表 5.4.1 在 seaborn 下定义样式并绘制分布图

任务名称	在 seaborn 下定义样式并绘制分布图	
任务要求	素质目标	1. 培养学生任务交付的职业综合能力 2. 培养学生严谨、细致的数据分析工程师职业素养 3. 激发学生自我学习热情
	知识目标	掌握自定义样式的方法 掌握如何使用 seaborn 绘制分布图
	能力目标	能够利用 seaborn 绘制分布图并定义样式
任务内容	1. 在 seaborn 下完成样式的定义 2. 在 seaborn 下完成分布图的绘制	
验收方式	完成任务实施工单内容及练习题	

二、知识要点

1. seaborn 样式

seaborn 中有预先设计好的 5 种主题样式:darkgrid、dark、whitegrid、white 和 ticks,默认使用 darkgrid 主题样式。首先使用 Matplotlib 库进行绘图,如图 5.4.1 所示。

通过 set_style 方法可以进行主题样式的设置,这里使用 darkgrid 主题,与 Matplotlib 的默认样式进行对比,如图 5.4.2 所示。可以看出图中增加了灰白色的背景和网格线。而使用 dark 主题就不会有网格线,如图 5.4.3 所示。

在 seaborn 中,set 方法更为常用,因为其可以同时设置主题、调色板等多个样式。style 参数为主题设置;palette 参数用于设置调色板,当设置不同的调色板时,使用的图表颜色也不同;color_codes 参数设置颜色代码,设置过后,可以使用 r、g 来设置颜色,如图 5.4.4 所示。

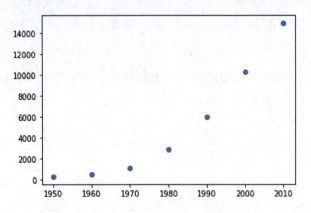

图 5.4.1　Matplotlib 默认样式

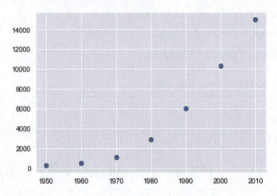

图 5.4.2　darkgrid 主题

2. 坐标轴移除

在 seaborn 主题中，white 和 ticks 主题都会存在 4 个坐标轴。在 Matplotlib 中是无法去掉多余的顶部和右侧坐标轴的，而在 seaborn 中却可以使用 despine 方法轻松地去除，如图 5.4.5 所示。

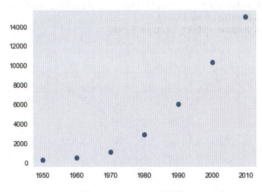

图 5.4.3 dark 主题

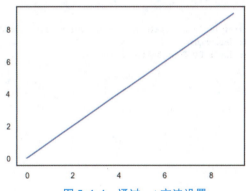

图 5.4.4 通过 set 方法设置

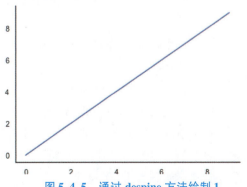

图 5.4.5 通过 despine 方法绘制 1

使用 despine 方法可以对坐标轴进行更有趣的变化，使用 offset 参数可以偏移坐标轴，使用 trim 参数可修剪刻度，如图 5.4.6 所示。

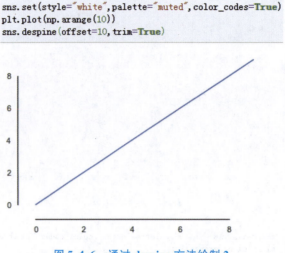

图 5.4.6　通过 despine 方法绘制 2

当然，也可以指定移除哪些坐标轴，如图 5.4.7 所示。

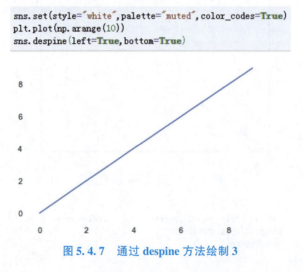

图 5.4.7　通过 despine 方法绘制 3

3. 单变量分布图

在接下来的 seaborn 可视化中，使用 seaborn 中的示例数据集，首先将其读入 DataFrame 中，如图 5.4.8 所示。

对于单变量分布图的绘制，在 seaborn 中使用 distplot 函数。默认情况下会绘制一个直方图，并嵌套一个与之对应的密度图。这里绘制 total_bill 的分布图，如图 5.4.9 所示。

利用 distplot 方法绘制的直方图与 Matplotlib 是类似的。在 distplot 的参数中，可以选择不绘制密度图。这里使用 rug 参数绘制毛毯图，其可以为每个观测值绘制小细线（边际毛毯），也可以单独用 rugplot 进行绘制，如图 5.4.10 所示。

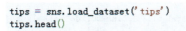

图 5.4.8 示例数据集

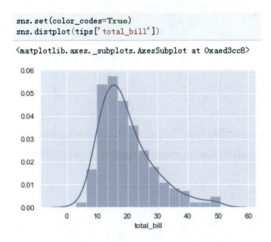

图 5.4.9 通过 distplot 方法绘制 1

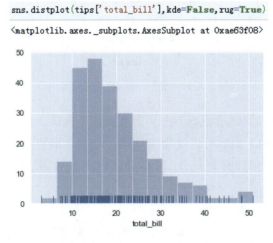

图 5.4.10 通过 distplot 方法绘制 2

在 Matplotlib 中，可以通过 bins 参数来设置分段。在 distplot 方法中也是同样的设置方法，如图 5.4.11 所示。

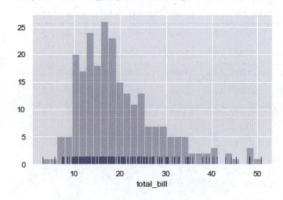

图 5.4.11　通过 distplot 方法绘制 3

如果设置 hist 为 False，就可以去掉直方图而绘制密度图，如图 5.4.12 所示。

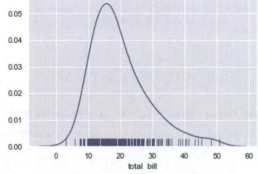

图 5.4.12　通过 distplot 方法绘制 4

通过 distplot 函数可以同时绘制直方图、密度图和毛毯图，但这些分布图都有对应的具体绘制函数。其中，kdeplot 函数可以绘制密度图，rugplot 函数用于绘制毛毯图。下面通过 Matplotlib 的 subplots 函数创建两个子图，然后分别用 distplot 函数绘制对应的分布图表，如图 5.4.13 所示。

4．多变量分布图

在 Matplotlib 中，为了绘制两个变量的分布关系，常使用散点图的方法。在 seaborn 中，使用 jointplot 函数绘制一个多面板图，不仅可以显示两个变量的关系，还可以显示每个单变量的分布情况。下面绘制 tip 和 total_bill 的分布图，如图 5.4.14 所示。这里除了有散点图外，还有两个变量的直方图。

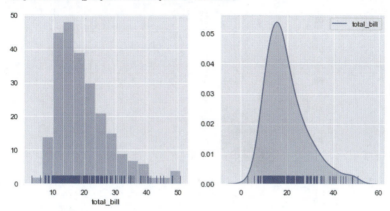

图 5.4.13　各类分布图

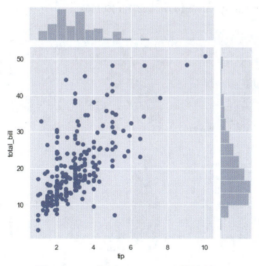

图 5.4.14　通过 jointplot 函数绘制 1

在 jointplot 函数中,改变 kind 参数为 kde(密度图),单变量的分布就会用密度图来代替,而散点图会被等高线图代替,如图 5.4.15 所示。

在数据集中,如果要体现多变量的分布情况,就需要成对的二元分布图。在 seaborn 中,可以使用 pairplot 函数来完成二元分布图,该函数会创建一个轴矩阵,以此显示 DataFrame 中每两列的关系,在对角上为单变量的分布情况。pairplot 函数只对数值类型的列有效。图 5.4.16 所示为前述示例数据集的多变量分布情况图。

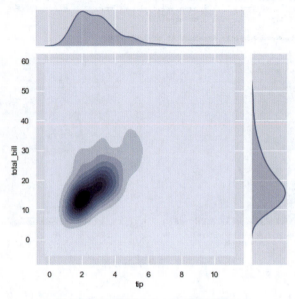

图 5.4.15　通过 jointplot 函数绘制 2

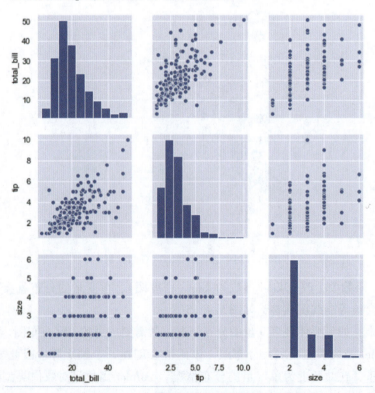

图 5.4.16　示例数据集多变量分布图

三、任务实施（表 5.4.2）

表 5.4.2　在 seaborn 下定义样式并绘制分布图

任务内容	1. 在 seaborn 下完成样式的定义 2. 在 seaborn 下完成分布图的绘制
实施步骤	步骤一：定义主题样式。 在 Python3 文件中引入 NumPy 包、pandas 包、Matplotlib 库、seaborn 库，创建数据： years = [1950, 1960, 1970, 1980, 1990, 2000, 2010] gdp = [300.2, 543.3, 1075.9, 2862.5, 5979.6, 10289.7, 14958.3] X 轴显示 years，Y 轴显示 gdp，绘制散点图，并定义主题样式。 思考：对示例数据进行可视化时，可以从哪些方面着手进行不同的主题样式的定义？ 步骤二：读取 iris.csv 文件，使用 distplot 函数绘制 Sepal.Length 字段的单变量分布图。 步骤三：读取 iris.csv 文件，使用 jointplot 函数绘制 Sepal.Length、Sepal.Width 字段的多变量分布图。
验收标准	1. 提供步骤一至步骤三的执行结果。 2. 提供步骤一中"思考"的文字性描述。
任务评价	请根据任务的完成情况进行自评： | 任务 | 得分（满分10）| | --- | --- | | 代码运行 | _____（7分）| | 思考问题 | _____（3分）|

【笔记】

子任务 2　在 pyecharts 中绘制基础图表

一、任务描述

本节将讲解如何通过 pip 工具安装 pyecharts 库，并介绍绘制散点图、折线图和柱状图的方法。具体要求见表 5.4.3。

表 5.4.3　在 pyecharts 中绘制基础图表

任务名称		在 pyecharts 中绘制基础图表
任务要求	素质目标	1. 培养学生任务交付的职业综合能力 2. 培养学生严谨、细致的数据分析工程师职业素养 3. 激发学生自我学习热情
	知识目标	掌握使用 pyecharts 库绘制散点图、折线图和柱状图的方法
	能力目标	1. 完成 pyecharts 库的安装 2. 能够熟练使用 pyecharts 库绘制散点图、折线图和柱状图
任务内容		熟练使用 pyecharts 库绘制散点图、折线图和柱状图
验收方式		完成任务实施工单内容及练习题

二、知识要点

1. pyecharts 安装

pyecharts 库使用 PIP 工具安装即可。

安装 pyecharts 命令：pip install pyecharts。安装过程及安装结果如图 5.4.17 所示。

动画：什么是 pyecharts 可视化

图 5.4.17　安装 pyecharts

2. 散点图

pyecharts 库可绘制多种图形。利用 Scatter 方法可绘制散点图。首先定义 Scatter 类对象，再设置 X、Y 轴及全局配置（set_global_opts）。绘制的散点图如图 5.4.18 所示。

```
from pyecharts import options as opts
from pyecharts.charts import Scatter
x = ['a','b','c','d','e','f']
y = [80,65,70,32,68,89,77]
c = Scatter()
c.add_xaxis(x)
c.add_yaxis("Flag",y)
c.set_global_opts(title_opts=opts.TitleOpts(title="Scatter示例"))
c.render_notebook()
```

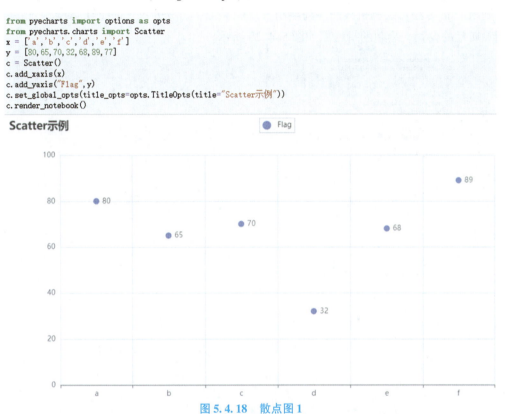

图 5.4.18　散点图 1

在全局配置中，利用 VisualMapOpts 可以通过图形点大小映射数值，如图 5.4.19 所示。

```
x = ['a','b','c','d','e','f']
y = [80,65,70,32,68,89,77]
c = Scatter()
c.add_xaxis(x)
c.add_yaxis("Flag",y)
c.set_global_opts(
    title_opts=opts.TitleOpts(title="Scatter示例"),
    visualmap_opts=opts.VisualMapOpts(type_="size",max_=150,min_=20)
)
c.render_notebook()
```

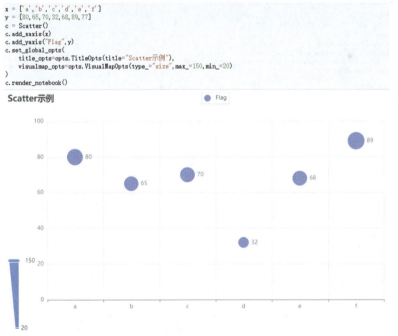

图 5.4.19　散点图 2

3. 折线图

利用 Line 方法可绘制折线图。与绘制散点图类似，首先定义 Line 类的对象，然后再进行相关属性的设置。绘制的折线图如图 5.4.20 所示。

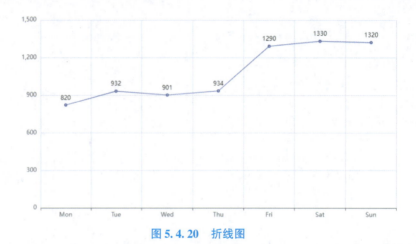

图 5.4.20　折线图

图 5.4.21 给出了通过设置 add_yaxis 中的 is_step 参数为 True 绘制阶梯图的代码。

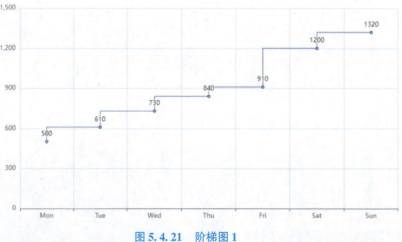

图 5.4.21　阶梯图 1

图 5.4.22 给出了通过 add_yaxis 中的 AreaStyleOpts 设置绘制面积图的代码。其中，opacity 参数设置透明度，color 设置填充颜色。

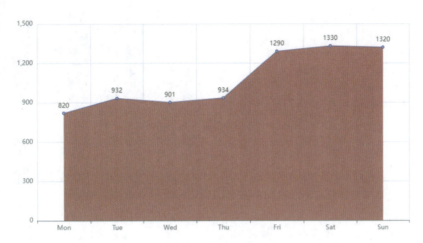

图 5.4.22　阶梯图 2

4. 柱状图

利用 Bar 方法可以绘制柱状图，绘制的柱状图如图 5.4.23 所示。

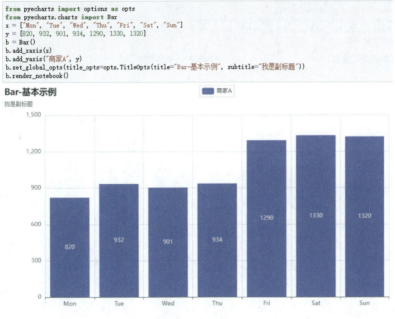

图 5.4.23　柱状图

使用多个 add_yaxis 方法可以绘制并列柱状图，如图 5.4.24 所示。

```
x = ["Mon", "Tue", "Wed", "Thu", "Fri", "Sat", "Sun"]
y = [820, 932, 901, 934, 1290, 1330, 1320]
b = Bar()
b.add_xaxis(x)
b.add_yaxis("商家A", y)
b.add_yaxis("商家B", [840, 920, 950, 700, 1100, 1230, 1420])
b.set_global_opts(title_opts=opts.TitleOpts(title="Bar-并列柱状图"))
b.render_notebook()
```

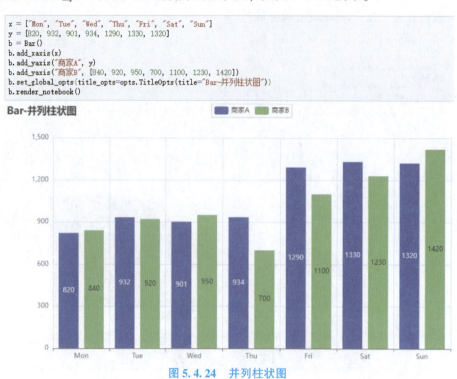

图 5.4.24　并列柱状图

通过设置 add_yaxis 的 stack 参数为相同的值可以绘制堆叠柱状图，如图 5.4.25 所示。

```
x = ["Mon", "Tue", "Wed", "Thu", "Fri", "Sat", "Sun"]
y = [820, 932, 901, 934, 1290, 1330, 1320]
b = Bar()
b.add_xaxis(x)
b.add_yaxis("商家A", y, stack="stack1")
b.add_yaxis("商家B", y, stack="stack1")
b.set_series_opts(label_opts=opts.LabelOpts(is_show=False))
b.set_global_opts(title_opts=opts.TitleOpts(title="Bar-堆叠数据（全部）"))
b.render_notebook()
```

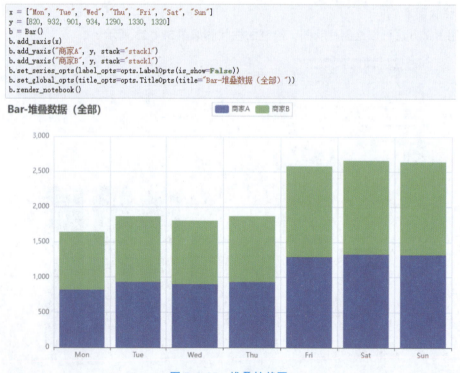

图 5.4.25　堆叠柱状图

通过调用 Bar() 的 reversal_axis() 方法交换坐标轴可以绘制水平柱状图，如图 5.4.26 所示。

```python
x = ['Mon','Tue','Wed','Thu','Fri','Sat','Sun']
y = [820, 932, 901, 934, 1290, 1330, 1320]
b = Bar()
b.add_xaxis(x)
b.add_yaxis("商家A", y)
b.add_yaxis("商家B", y)
b.reversal_axis()
b.set_series_opts(label_opts=opts.LabelOpts(position="right"))  # 设置y值的显示位置
b.set_global_opts(title_opts=opts.TitleOpts(title="Bar-翻转XY轴"))
b.render_notebook()
```

图 5.4.26　水平柱状图

在 add_yaxis 中设置 markpoint_opts 可以标记点，在 set_series_opts 中设置 markline_opts 可以标记线，如图 5.4.27 所示。

```python
x = ["Mon", "Tue", "Wed", "Thu", "Fri", "Sat", "Sun"]
y = [820, 932, 901, 934, 1290, 1330, 1320]
b = Bar()
b.add_xaxis(x)
b.add_yaxis(
    "商家A",
    y,
    markpoint_opts=opts.MarkPointOpts(
        data=[opts.MarkPointItem(name="自定义标记点", coord=[x[2], y[2]], value=y[2])]
    ),  # 标记点
)
b.add_yaxis("商家B", [840, 920, 950, 700, 1100, 1230, 1420])
b.set_series_opts(
    label_opts=opts.LabelOpts(is_show=False),
    markline_opts=opts.MarkLineOpts(
        data=[opts.MarkLineItem(y=500, name="yAxis=500")]
    ),  # 标记线
)
b.set_global_opts(title_opts=opts.TitleOpts(title="Bar-并列柱状图"))
b.render_notebook()
```

图 5.4.27　标记点和线

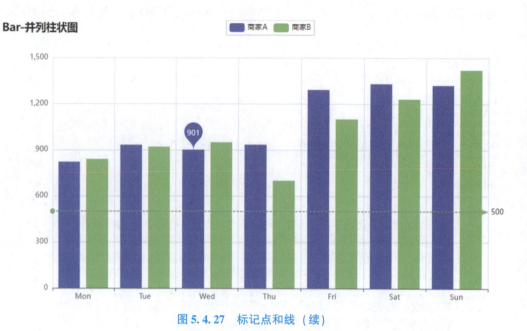

图 5.4.27　标记点和线（续）

在 add_yaxis 中设置 category_gap 参数为 0，可绘制直方图，如图 5.4.28 所示。

```
x = ['Mon','Tue','Wed','Thu','Fri','Sat','Sun']
y = [820, 932, 901, 934, 1290, 1330, 1320]
b = Bar()
b.add_xaxis(x)
b.add_yaxis("商家A", y, category_gap=0, color="#C67570")
b.set_global_opts(title_opts=opts.TitleOpts(title="Bar-基本示例", subtitle="我是副标题"))
b.render_notebook()
```

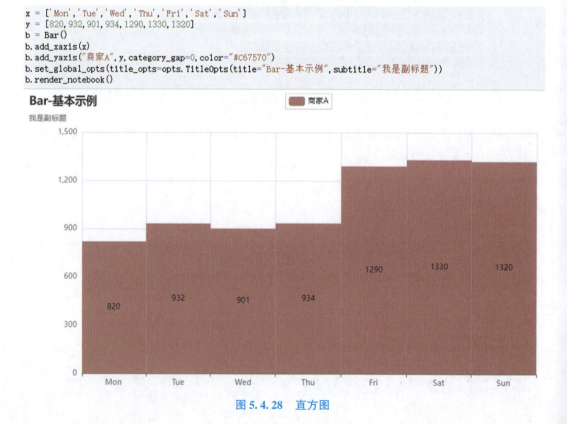

图 5.4.28　直方图

三、任务实施（表 5.4.4）

表 5.4.4　熟练使用 pyecharts 库绘制散点图、折线图和柱状图

任务内容	熟练使用 pyecharts 库绘制散点图、折线图和柱状图	
实施步骤	步骤一：引入如下代码。 from pyecharts.faker import Faker 将 Faker.choose( ) 作为 X 轴数据、Faker.values( ) 作为 Y 轴数据，使用 Scatter 绘制散点图。	
	步骤二：使用步骤一中的数据，用 Line 绘制折线图。	
	步骤三：使用 Bar，运用下面的数据集绘制柱状图。 data = [23,85,72,43,52] labels = ['A','B','C','D','E']	
验收标准	提供步骤一至步骤三的执行结果。	
任务评价	请根据任务的完成情况进行自评：	
	任务	得分（满分 10）
	代码运行	＿＿＿＿（10 分）

子任务 3　在 pyecharts 中绘制其他图表

一、任务描述

本任务讲解如何利用 pyecharts 库绘制其他图表：通过设置绘图参数，来绘制不同类别的饼图（如圆环图和玫瑰图）和箱线图。具体要求见表 5.4.5。

表 5.4.5 在 pyecharts 中绘制其他图表

任务名称	在 pyecharts 中绘制其他图表	
任务要求	素质目标	1. 培养学生任务交付的职业综合能力 2. 培养学生严谨、细致的数据分析工程师职业素养 3. 激发学生自我学习热情
	知识目标	理解饼图和箱图的绘制
	能力目标	能够使用 pyecharts 绘制饼图和箱图
任务内容	使用 pyecharts 绘制饼图和箱图	
验收方式	完成任务实施工单内容及练习题	

二、知识要点

1. 饼图

饼图用于表现不同类别的占比情况。利用 Pie 可绘制饼图，下面使用 Faker 的数据绘制饼图，如图 5.4.29 所示。

```
from pyecharts import options as opts
from pyecharts.charts import Pie
from pyecharts.faker import Faker
p = Pie()
p.add("",[list(z) for z in zip(Faker.choose(), Faker.values())])
p.set_global_opts(title_opts=opts.TitleOpts(title="Pie-基本示例"))
p.set_series_opts(label_opts=opts.LabelOpts(formatter="{b}:{c}"))
p.render_notebook()
```

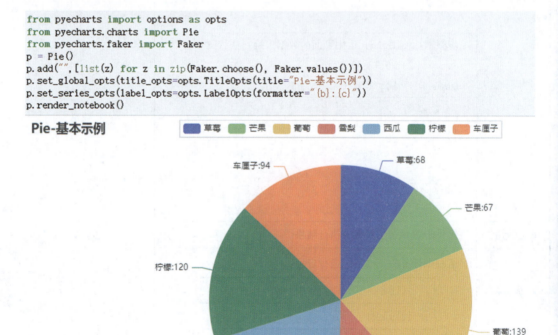

图 5.4.29 饼图

设置 radius 参数为 ["40%", "75%"]，这样就有了内半径值，就可以绘制环形图了，效果如图 5.4.30 所示。

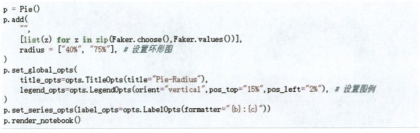

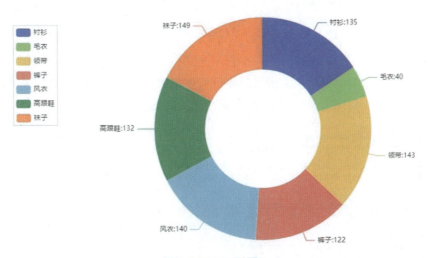

图 5.4.30　环形图

通过设置 center 参数可以绘制多个饼图，这样就可以比较两种玫瑰图的区别了。由图 5.4.31 可以看出，通过设置 rosetype = "radius" 参数绘制的玫瑰图的圆心角不同，以此来显示其数据的百分比，玫瑰图的半径显示数据的数值大小；通过设置 rosetype = "area" 参数绘制的玫瑰图的圆心角相同，仅通过半径大小来显示数据的区别。

图 5.4.31　玫瑰图

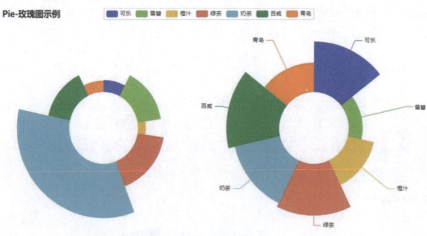

图 5.4.31　玫瑰图（续）

2. 箱线图

箱线图可显示一组数据的最大值、最小值、中位数、下四分位数及上四分位数，可以体现数据的分布规律。利用 BoxPlot 类可绘制箱线图，如图 5.4.32 所示。

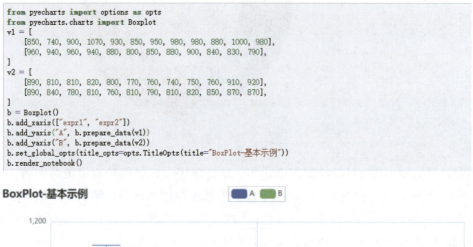

```python
from pyecharts import options as opts
from pyecharts.charts import Boxplot
v1 = [
    [850, 740, 900, 1070, 930, 850, 950, 980, 980, 880, 1000, 980],
    [960, 940, 960, 940, 880, 800, 850, 880, 900, 840, 830, 790],
]
v2 = [
    [890, 810, 810, 820, 800, 770, 760, 740, 750, 760, 910, 920],
    [890, 840, 780, 810, 760, 810, 790, 810, 820, 850, 870, 870],
]
b = Boxplot()
b.add_xaxis(["expr1", "expr2"])
b.add_yaxis("A", b.prepare_data(v1))
b.add_yaxis("B", b.prepare_data(v2))
b.set_global_opts(title_opts=opts.TitleOpts(title="BoxPlot-基本示例"))
b.render_notebook()
```

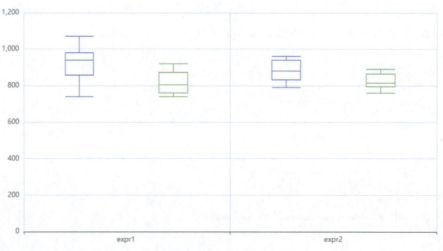

图 5.4.32　箱线图

三、任务实施（表 5.4.6）

表 5.4.6 使用 pyecharts 绘制饼图和箱线图

任务内容	使用 pyecharts 绘制饼图和箱线图
实施步骤	步骤一：运用下面的数据集绘制饼图。 data = [45,76,35,47,56] labels = ['电脑','手机','冰箱','彩电','洗衣机'] 步骤二：使用如下数据绘制箱线图。 v1 = [　　[850, 740, 900, 1070, 930, 850, 950, 980, 980, 880, 1000, 980], 　　[960, 940, 960, 940, 880, 800, 850, 880, 900, 840, 830, 790], 　　] v2 = [　　[890, 810, 810, 820, 800, 770, 760, 740, 750, 760, 910, 920], 　　[890, 840, 780, 810, 760, 810, 790, 810, 820, 850, 870, 870], 　　]
验收标准	提供步骤一、步骤二的执行结果。
任务评价	请根据任务的完成情况进行自评： | 任务	得分（满分 10）
代码运行	_____（10 分）	

子任务 4　基于疫情数据的数据可视化

一、任务描述

本任务将在数据分析后的疫情数据基础上进行数据可视化。具体要求见表 5.4.7。

表 5.4.7　基于疫情数据的数据可视化

任务名称		基于疫情数据的数据可视化
任务要求	素质目标	1. 培养学生任务交付的职业综合能力 2. 培养学生严谨、细致的数据分析工程师职业素养 3. 激发学生自我学习热情
	知识目标	掌握灵活使用 pyecharts 进行数据可视化
	能力目标	能够使用 pyecharts 实现疫情数据可视化
任务内容		使用 pyecharts 实现疫情数据可视化
验收方式		完成任务实施工单内容及练习题

二、知识要点

疫情数据的可视化主要使用 pyecharts 实现，具体代码详见二维码。

三、任务实施（表 5.4.8）

步骤及代码

表 5.4.8　基于疫情数据的数据可视化

任务内容	基于疫情数据的数据可视化
实施步骤	步骤：在分析好的疫情数据基础上进行操作，参照子任务 6 中的知识要点，完成 3 个你感兴趣的方向的数据可视化，比如疫情累计数据排名、新增数据趋势等。
验收标准	提供步骤的执行结果。
任务评价	请根据任务的完成情况进行自评： | 任务	得分（满分 10）
代码运行	_____（10 分）	

【笔记】

拓展任务 1
绘制 seaborn 分类图

拓展任务 2
绘制 seaborn 回归图与网格

任务五 综合应用

本任务将基于疫情数据的分析结果进行综合分析报告撰写,最后借助 SPSSPRO 数据分析平台生成的分析步骤、详细结论等提示,形成最终的疫情数据综合分析文档。

一、任务描述

本任务将撰写基于疫情数据的综合分析报告。具体要求见表 5.5.1。

表 5.5.1 综合应用

任务名称	综合应用	
任务要求	素质目标	1. 培养学生任务交付的职业综合能力 2. 培养学生严谨、细致的数据分析工程师职业素养 3. 激发学生自我学习热情
	知识目标	掌握综合分析报告的撰写思路
	能力目标	能够根据数据分析结果编写综合分析文档
任务内容	编写疫情数据综合分析文档	
验收方式	完成任务实施工单内容及练习题	

二、知识要点

项目四中已经对综合分析报告的撰写框架进行了详细介绍,本任务将会更加细致地对数据分析报告的撰写进行说明。

1. 要明确数据报告的受众对象,要有易读性

从报告对象的角度组织内容、结构,以及报告里各个模块的侧重点。

比如,受众对象是公司领导层的决策者,报告侧重点就在于关键指标是否达到目标预期,若未到达,为什么?需要进一步地拆解、细化数据指标来简要说明问题出在哪里,未来如何改进。或是若到达预期,做了哪些动作?并总结团队下一步的改进计划。

2. 要有一个好的分析框架,并清晰地界定问题

好的数据报告一定是有层次,有框架,并且能让阅读者一目了然。

值得注意的是,如果问题都界定不清楚,那么这份数据分析报告基本也就失去了"价值"(在界定问题的时候往往也需要一定的数据进行参考,而且对数据进行分析与解读过程中,可能对问题的界定还会有改变)。

3. 要有明确的判断标准和结论,明确数据指标

没有标准就无法判断好坏,没有明确结论的分析也可以说失去了报告的意义。需要对业务有深刻的理解,并根据过往的经验来制定。

4. 要尽量图表化,异常数据、重要数据、发现的亮点一定要重点标注

用图表有助于人们更形象、更直观地看清楚问题和结论,当然,图表也不要太多,过多的

图表同样会让人无所适从。而一些重点的数据，用颜色、大小等来区分，让传达变得更加明显。

值得注意的是，要明确图表使用原则、场景。比如，饼图、环形图、百分比堆积柱形图等通常用来展现数据的分类和占比情况，而环形图的可读性更高；柱形图、条形图、雷达图通常用来比较类别间的大小、高低；折线图、面积图通常用来对比关系，表示随时间变化的情况、趋势情况；散点图、气泡图通常用来进行相关性对比。一般红色代表增长，绿色代表下降等。

5. 分析结论不要太多，要精

针对一个分析，只要得出一个最重要的结论即可。做分析就是为了发现问题，因此，结论越简单易懂，就越能够得到有效的信息；反之，如果结论太多、太复杂，反而会影响分析结果。

6. 要有可行性的建议和解决方案，正视问题，敢于指出，并随时跟进

作为决策者，需要看到真正的问题，才能在决策时作参考。切记不要"假大空"，无法落地。值得注意的是，报告做出来后，一定要和受众对象进行沟通，收集反馈，快速调整。

以上几点是实际工作中容易忽视的。其实，一份优秀的数据分析报告，有很多细节需要注意，需要在实际操作中逐步完善、熟悉了解。

三、任务实施（表5.5.2）

表 5.5.2 基于疫情数据的综合分析报告撰写

任务内容	基于疫情数据的综合分析报告撰写	
实施步骤	步骤一：上网收集综合分析报告撰写参考及素材。	
	步骤二：根据疫情数据分析结果，撰写自己的综合分析报告。	
验收标准	完成疫情数据综合分析报告的撰写。	
任务评价	请根据任务的完成情况进行自评：	
	任务	得分（满分10）
	任务完成情况	_____ （10分）

【笔记】

项目五　Python 大数据分析高阶综合应用

项目学习成果评价

项目六

"1+X"数据应用开发与服务（Python）专项集训

项目导入

党的二十大报告指出："办好人民满意的教育。统筹职业教育、高等教育、继续教育协同创新，推进职普融通、产教融合、科教融汇，优化职业教育类型定位。"认真执行学历证书与职业技能等级证书相结合的"1＋X"证书等级制度是落实二十大精神的重要改革部署。

Python数据分析"1＋X"证书紧跟时代步伐，顺应实践发展，该证书的考核是以大数据为背景，以Python语法为基础，以数据分析工具库为手段，以机器学习为核心，积极探究数据中的关系。通过由点及面、由面到体，全方位、多角度地对Python数据分析中的相关知识进行应用，夯实学生的知识体系；通过专项实训扎实学生的理论基础，加深学生对数据分析的理解，强化学生对Python数据分析知识的熟练度，为今后的工作打下良好的基础。

项目要求

使用机器学习中的相关方法，对泰坦尼克数据集（titanic.csv）进行数据预处理，并设计、训练、评估模型，从而实现对未知人员是否获救进行预测。

项目学习目标

1. 素质目标
   - ◆ 通过动手编写代码，培养学生的自信心。
   - ◆ 通过小组讨论解决学习过程中存在的问题，培养学生服务意识和团队合作意识。
   - ◆ 通过组内讨论，挑选出最优的故障解决方案，从而培养学生精益求精的工作态度。

2. 知识目标
   - ◆ 熟练Python的基础语法。
   - ◆ 理解机器学习的任务和流程。
   - ◆ 掌握机器学习中数据的预处理方法。
   - ◆ 掌握机器学习中模型训练、评估和预测的方法。

3. 能力目标
   - ◆ 在积极解决实际问题的过程中，积极引导学生通过网络资源或者小组讨论等方式寻找解决问题的方法，并在组内讨论出最优方案进行汇报，培养学生对于工作精益求精的态度，提高学生的探究能力、语言表达能力。

◆ 通过学习机器学习来处理常见的分类和回归问题，为企业决策提供数据支撑。
◆ 通过小组互助的学习形式，有利于增强组内成员的社会服务意识，提高小组的团队协作能力。

知识框架

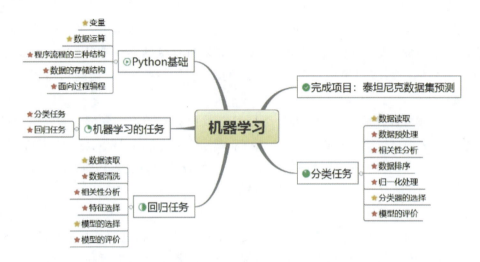

任务一　Python 基础语法的集训

子任务1　变量与数据类型

一、任务描述

变量是贯穿整个程序设计周期的重要概念，它是计算机编程入门的基础。充分理解变量、变量名、变量值等内容，熟识并能灵活应用变量是各类比赛考查的基本能力。

本任务主要介绍变量与数据类型，具体内容见表6.1.1。

表6.1.1　变量与数据类型

任务名称	变量与数据类型	
任务要求	素质目标	1. 培养学生的社会服务意识 2. 培养学生认真、严谨的职业素养 3. 培养学生团队协作意识
	知识目标	变量命名、数据类型
	能力目标	能够使用标注符的命名规则来为变量命名
任务内容	1. 合法标注符的辨析 2. 不同类型数据的使用	
验收方式	完成任务实施工单内容及练习题	

二、知识要点

1. 变量的命名

变量，即变化的量，如果将变量比作一个容器，那么它内部的内容会随着放入物品的变化而变化，放入变量中的物品即计算机要处理的数据，因此，变量能够存放不同类型的数据，变量所指的变化的量为其中数据的变化。因此，数据的优势是：可以让变量代替数值进行间接运算，如果在运算的过程中发现起始的数据有错误，就可以利用变量来修改该数据，避免了原始数据直接参与运算。如果自身数据存在错误，需要对该值参与运算的全过程逐一修改出错数据的问题，而利用变量直接修改数据则只需要修改一次即可。

不同的变量可以存放同一个数据，为了区分数据对应的不同变量，需要给变量起名字。变量的命名遵循标注符的命名规则。Python 中标注符的命名需要满足以下规则：①不能使用 Python 语言中的关键字，因为关键字已经被系统用于实现指定功能；②名字当中的每个字符必须是数字、字母（a～z、A～Z）或者下划线（_）；③名字的首字母不能为数字；④所起的名字尽量做到见名知意。

合法标注符的判断方法：在变量名不是关键字的前提下，标注符是否合法需要进行两轮判断。第一轮：判断名字当中的每个字符是否是三种命名标注符的一种；第二轮：判断名字的第一个字符是否不为数字，当上述两轮操作都满足命名规则时，这个名字为合法的标注符。

2. 数据类型

变量中能存放计算机运算过程中的数据，计算机能够代替人类进行复杂的运算。所以，计算机的主要功能就是计算，为此，变量中要存放计算机参与运算的数值类型和非数值类型，数值类型可以直接进行数学领域的复杂运算，对于非数值类型，有不同于数值类型的运算规则。

所以，从计算机运算的角度出发，Python 中的数据分为数值类型和非数值类型。

（1）数值类型

常用的数值类型根据数据有没有小数点，可以分成整数类型和浮点数类型。整数就是没有小数点的数据，其对应的种类用关键字 int 表示；浮点数就是有小数点的数据，其对应的种类用关键字 float 表示。

（2）非数值类型

常用的非数值类型分为字符串类型和布尔类型。字符串类型的数据是由一对引号（单引号或双引号均可）和引号中的内容整体构成，用关键字 str 来表示字符串的类型；布尔类型来表达逻辑判断中的是与否，用关键字 Boolean 来表示；Boolean 类型数据的取值只有两个：True 和 False，其中，True 表示逻辑真，False 表示逻辑假。

三、任务实施（表 6.1.2）

表 6.1.2　变量与数据类型

任务内容	完成合法标注符的判断 完成使用变量输出数值类型和非数值类型
实施步骤	复习：从下列命名中找出合法的变量名，对于不合法的变量名，请说出不合法的原因。 class、my_age、name1、2age、n2ame、na～ta 合法的标注符： 不合法的标注符及原因： 复习：自定义两个变量，分别存放数值类型中整型和浮点数类型，使用输出语句输出变量中的值。 复习：自定义两个变量，分别存放非数值类型中字符串类型数据和布尔类型数据，使用输出语句输出变量中的值。

【笔记】

子任务 2　数据运算

一、任务描述

数据运算是进行数据处理的核心，不同数据所对应的运算性质也是各类比赛中的高频考点。本任务主要讲解不同类型的数据所对应的运算性质。具体内容见表 6.1.3。

表 6.1.3　任务描述：数据的运算

任务名称	数据的运算	
任务要求	素质目标	1. 培养学生的社会服务意识 2. 培养学生认真、严谨的职业素养 3. 培养学生团队协作意识

续表

	知识目标	掌握使用赋值、算术、复合、比较、逻辑运算
	能力目标	能够熟练使用运算符进行编程
任务内容	完成多种运算符的操作	
验收方式	完成任务实施工单内容及练习题	

二、知识要点

不同类型的数据决定了它能够进行哪些运算与操作，例如，对于整数类型的数据1、2、3、…，这些数据能够进行"加、减、乘、除"等运算；而布尔类型就不支持上述相应操作，因此，数据类型决定了它自身能够进行哪些操作。数据与运算是紧密联系的，如果脱离了数据类型来研究运算性质，这样的运算是没有意义的。

1. 赋值语句

数学中进行数值判断的"="（等于号）在计算机中被用作赋值符；计算机中的赋值号的功能是将赋值号右侧的值放入左侧的变量中，常用来为变量设置值。而计算机中的等于号则是"=="，从外形来看，类似于数学中两个"="。

案例1如下：

```
a1 = 2
b1 = 4
#显示变量a1和b1中的值
print(a1)
#使用赋值号右侧表达式的值,为左侧变量进行赋值
a1 = a1 + b1
Print(a1)
```

2. 算术运算符

算术运算符即是数学中常用的"加、减、乘、除、取余"等运算，基本都是针对数值类型的数据。加法的符号为"+"，减法的符号为"-"，乘法的符号为"*"，除法的运算符"\"，取余数的符号%，见表6.1.4。

表6.1.4 算术运算符

运算符	描述	实例
+	加操作：使两个操作数相加，获取操作数的和	a=10，b=2，a+b的结果为12
-	减操作：使两个操作数相减，获取操作数的差	a=10，b=2，a-b的结果为8
*	乘操作：使两个操作数相乘，获取操作数的积	a=10，b=2，a*b的结果为20
/	除操作：使两个操作数相除，获取操作数的商	a=10，b=2，a/b的结果为5
%	取余操作：使两个操作数相除，获取操作数的余数	a=11，b=2，a%b的结果为1

案例2如下：

```
a2 = 20
b2 = 4
# 加法运算
print(a2 + b2)
# 减法运算
print(a2 - b2)
# 乘法运算
print(a2 * b2)
# 除法运算
print(a2 / b2)
# 取余运算
print(a2 % b2)
```

3. 复合赋值运算符

复合赋值运算符是将算术运算符与赋值运算符进行结合而形成的一种运算符。复合赋值运算符中，赋值运算符在算术运算符之后，如 += 、 -+ 、 *= 、 \= 等复合赋值运算符，见表6.1.5。

表6.1.5 复合赋值运算符

运算符	描述	实例
+=	加法复合运算符	c += a 等价于 c = c + a
-=	减法复合运算符	c -= a 等价于 c = c - a
*=	乘法复合运算符	c *= a 等价于 c = c * a
/=	除法复合运算符	c /= a 等价于 c = c/a
%=	取余复合运算符	c %= a 等价于 c = c % a
//=	取整除赋值运算符	c //= a 等价于 c = c//a

案例3如下：

```
a3 = 20
b3 = 4
# 加法复合运算符
print(a3 += b3)
# 减法复合运算符
print(a3 -= b3)
# 乘法复合运算符
print(a3 *= b3)
# 除法复合运算符
print(a3 /= b3)
# 取余复合运算符
print(a3 %= b3)
# 整除复合运算符
Print(a3 //= b3)
```

4. 比较运算符

比较运算符主要用来判断两个操作数之间的大小关系，其返回的结果只能是 True 或 False。常用的比较运算符有"＞""＜""=="等。比较运算符的种类见表6.1.6。

表 6.1.6　比较运算符

运算符	描述	实例
==	判断运算符两侧的操作数的值是否相等，如果是，返回 True；否则，返回 False	a=10，b=10，a==b 的结果为 True
!＝	判断运算符两侧的操作数的值是否不相等，如果是，返回 True；否则，返回 False	a=10，b=10，a!=b 的结果为 False
＞	判断运算符左侧的值是否大于右侧的值，如果是，返回 True；否则，返回 False	a=10，b=2，a＞b 的结果为 True
＜	判断运算符左侧的值是否小于右侧的值，如果是，返回 True；否则，返回 False	a=10，b=2，a＜b 的结果为 False
＞=	判断运算符左侧的值是否大于或等于右侧的值，如果是，返回 True；否则，返回 False	a=11，b=11，a＞=b 的结果为 True
＜=	判断运算符左侧的值是否小于或等于右侧的值，如果是，返回 True；否则，返回 False	a=11，b=11，a＜=b 的结果为 True

案例4 如下：

```
a4 = 20
b4 = 4
c4 = 20
# 比较 a4 和 c4 的值是否相等
print(a4 == c4)
# 比较 a4 和 b4 的值是否不相等
print(a4 != b4)
# 比较 a4 的值是否大于 b4 的值
print(a4 > b4)
# 比较 a4 的值是否小于 b4 的值
print(a4 < b4)
# 比较 a4 的值是否大于等于 c4 的值
print(a4 >= c4)
# 比较 a4 的值是否小于等于 b4 的值
print(a4 <= b4)
```

5. 逻辑运算符

在进行"与""或""非"等逻辑运算操作时,需要用到逻辑运算符 and、or、not,见表 6.1.7。

表 6.1.7 逻辑运算符

运算符	描述	实例
and	a and b,如果 a 为真并且 b 为真,返回 True;如果 a 或 b 中的任意一个不为真,返回 False	a = 10 > 2,b = 2,a and b 的 True
or	a or b,如果 a 为真或者 b 为真,返回 True;如果 a 为假并且 b 为假,返回 False	a = 0,b = 10 < 2,a or b 的结果为 False
not	not a,如果 a 的值为 True,则返回 False;否则,返回 True	a = 10,not a 的结果为 False

案例 5:

```
a5 = 10 > 2
b5 = 10 < 2
c5 = 0
# and 运算
print(a5 and b5)
# or 运算
print(a5 or c5)
# not 运算
print( not c5)
```

6. 运算符的优先级

进行运算时,有时会涉及多种运算符,有括号的要优先计算结果,而在多种运算符之间进行计算时,应遵循运算符的优先级规则,见表 6.1.8。

表 6.1.8 运算符优先级

运算符	描述
**	指数
~	按位翻转
*、/、%、//	乘、除、取余、取整
+、-	加法、减法
==、!=	等于、不等于
=、%=、+=、-= 等	复合赋值运算符
or、and	逻辑运算符

案例6：

```
a6 = 5 % 2
b6 = 5 % 2 and 5 // 2
c6 = 3
print( a6 and b6)


d = (a6 + 2) // c6 + 2 and 1
print(d)
```

三、任务实施（表6.1.9）

表6.1.9　任务工单

		【笔记】
任务内容	完成赋值运算符的操作 完成算术运算符的操作 完成复合赋值运算符的操作 完成比较运算符的操作 完成逻辑运算符的操作	
实施步骤	复习：使用赋值运算符对"hello world"进行操作。	
	补齐实现代码：	
	复习：使用算术运算符对"hello world"进行操作。	
	补齐实现代码：	
	复习：使用复合运算符对"hello world"进行操作。	
	补齐实现代码：	
	复习：使用比较运算符对"hello world"进行操作。	
	补齐实现代码：	
	复习：使用逻辑运算符对"hello world"进行操作。	

四、课后讨论

总结不同数据类型,分别能够进行哪些运算?

子任务3 数据存储

一、任务描述

数据存储是编程语言研究的基本问题,数据在前期存储时采用的不同结构,决定了后期在对数据进行增加、删除、修改、查找、遍历等操作的效率。数据存储结构和常用操作是各类比赛中的高频考点。

本任务主要讲解对列表的操作与使用。具体内容见表6.1.10。

表6.1.10 数据结构

任务名称	数据的运算	
任务要求	素质目标	1. 培养学生的社会服务意识 2. 培养学生认真、严谨的职业素养 3. 培养学生团队协作意识
	知识目标	掌握使用赋值、算数、复合、比较、逻辑运算
	能力目标	能够熟练使用运算符进行编程
任务内容	完成列表元素的增、删、改、查操作	
验收方式	完成任务实施工单内容及练习题	

二、知识要点

单个数据可以存放于变量中,如果给同一个变量分两次进行赋值,则后一次的赋值会覆盖前一次变量中的值,为了能够一次存放多个数值并操作多个数据,Python中提供了列表和字典结构。

如果数据是按照固定的顺序进行存储的,这种固定的顺序通常为线性的,如数字0,1,2,3,…,满足自身递增的规律。这样,在进行数据的存取时,就可以按照值所对应的下标对数据进行"按位取值",从而对得到的数据进行修改、删除等操作。Python中下标为数字的存储多值元素的存储结构为列表。默认情况下,列表的下标从0开始。列表使用方括号([ ])进行标注,其中元素使用逗号进行分隔,每个元素的默认下标是从0开始顺次递增。

```
alist = [32,"b","x","hello world"]
print(alist)
```

运行结果:

[32, 'b', 'x', 'hello world']

> **注意：**
> 列表中的每个值都有一个整数下标，如元素32对应的下标为0；"hello world"对应的下标为3；列表中允许存在重复值，列表中元素可以是同类型的数据，也可以是不同类型的数据。

列表中元素数据的增、删、改、查操作：对于存在的列表，查询是其他操作的基础，只有定位到要操作的数据，才能对其执行后续操作。列表中元素的查询遵循"按位取值"的原则，即按照值在列表中存放的位置进行取值。

```python
#创建空的列表变量alist
alist = []

#添加元素的append方法
alist.append(32)
print(alist)
alist.append("b")
print(alist)
alist.append("hello world")
print(alist)
```

运行结果：
```
[32]
[32, 'b']
[32, 'b', 'hello world']
```

```python
#按位插入元素,使用insert()方法。该位置之后的元素顺次后延
alist.insert(2,"x")
print(alist)
```

运行结果：
```
[32, 'b', 'x', 'hello world']
```

```python
#查询列表下标为3的元素
print(alist[3])
```

运行结果：
```
hello world
```

```python
#查询列表下标为2的元素,并将其中的元素值改为"y"
alist[2] = 'y'
print(alist)
```

运行结果：
```
[32, 'b', 'y', 'hello world']
```

```
#查询列表下标为3的元素,并删除其中的元素
del alist[3]
print(alist)
```

运行结果:
```
[32, 'b', 'x']
```

```
#对列表中的元素进行遍历,即取出列表当中的每一个元素,不能重复,也不能遗漏
#第一种方式:直接使用for循环顺次找出其中的每个值,并输出
for value in alist:
    print(value)
```

运行结果:
```
32
b
x
```

```
#第二种方式:间接取值,使用while循环根据每个值的位置取出其中的值,并输出
num = 0
while(num < len(alist)):
    print(alist[num])
    num = num + 1
```

运行结果:
```
32
b
x
```

其中,len( )函数用来查看序列当中元素的个数。

三、任务实施(表6.1.11)

表6.1.11 数据结构

任务内容	完成对列表中的数据进行增、删、改、查及遍历的操作	【笔记】
实施步骤	使用列表的append方法,创建列表a = [1, 3, 5, 7]。	
	补齐实现代码:	
	在列表a中下标为2的位置上插入数值4。	
	补齐实现代码:	

续表

实施步骤	删除列表 a 中最后一个元素。
	补齐实现代码:
	对增、删、改、查之后的列表进行遍历操作,读出列表中的每个值。
	补齐实现代码:

四、课后任务

自定义列表,对其进行增、删、改、查及遍历操作。

子任务 4 选择语句

一、任务描述

选择语句是编程语言中控制程序运行的重要结构,同时也是在 Python 程序设计及比赛中的高频考点。具体内容见表 6.1.12。

表 6.1.12 选择语句

任务名称	选择语句	
任务要求	素质目标	1. 培养学生的社会服务意识 2. 培养学生认真、严谨的职业素养 3. 培养学生团队协作意识
	知识目标	掌握使用 if…else 以及 if…else 嵌套
	能力目标	能够使用选择语句设计石头剪刀布游戏
任务内容	完成选择语句在二选一、多选一场景中的使用	
验收方式	完成任务实施工单内容及练习题	

二、知识要点

正常情况下，程序按照顺序的执行方式，一次一步顺次往下执行；在实际生活中，有时需要让程序在满足一定条件下，选择性地执行代码或者在满足一定条件下重复性地执行代码，此时就需要用到控制语句对程序的执行流程进行控制。

判断语句也称为选择语句，它是在当程序下一步的执行存在多种情况，而程序只能从多种情况中挑选满足条件的一种情况时执行，从而实现了多选一的方式对程序进行控制。

1. 二选一的情况

语法：

```
if(判断条件1):
    代码块1
else:
    代码块2
```

其中，if 后要跟条件1，如果满足条件，执行代码块1；else 后不跟条件，但是它代表的是条件为：不满足条件1的所有情况，执行代码块2。

```
#案例一:判断字符串存放的是否为"hello",如果是,输出:"字符串中存放的是'hello'";否则,输出:"不是'hello'"
name = "hello"
if(name == "hello"):
    print("字符串中存放的是'hello'")
else:
    print("不是'hello'")
#案例二:判断输入的数是否大于50,如果是,输出:"该数大于50";否则,输出:"该数不大于50"
num = 80
if(num > 50):
    print("该数大于50")
else:
    print("该数不大于50")
```

注意：

条件可以是由数值或非数值类型构成的多种运算符表达式；只要条件表达式对应的非0或者为 True，则执行。

2. 多选一的情况

语法：

```
if(判断条件1):
    代码块1
```

```
elif(判断条件2):
    代码块2
elif(判断条件3):
    代码块3
else:
    代码块4
```

其中，if 后要跟一个条件1，如果满足条件，执行代码块1；elif 后面跟第二种情况，如果满足条件，执行代码块2，如果后续还有多种情况，每一种对用 elif 进行引导，满足条件时执行对应的代码块，最终，else 后面不跟条件，但是它代表的是条件为：上述多种情况都不满足时的情况，执行代码块4。

```
#案例一:将60~100之间的分数段划分为四个等级:
①当输入成绩小于60时,输出:不及格;②当输入成绩在60~80时,输出:良好;
③当输入成绩在80~100时,输出:优秀;④当输入成绩大于100时,输出:大于100
num = 78
if(num<60):
    print("不及格")
elif(60<=num<80):
    print("良好")
elif(80<=num<100):
    print("优秀")
else:
    print("大于100")
#方法二:利用if…else嵌套逐层进行分解
num=80
if(num>=60):
    if(num>80):
        if(num>100):
            print("大于100")
        else:
            print("优秀")
    else:
        print("良好")
else:
    print("不及格")
```

注意:

多选一的选择语句可以使用 if…else 语句进行嵌套，每一次将问题看作二分类问题，逐层深入，直到包含所有情况的位置。

三、任务实施（表 6.1.13）

表 6.1.13　数据的运算符

任务内容	在多选一情况的实现方法中选择一个，来设计石头剪刀布的游戏
实施步骤	步骤一：用户一战胜用户二对应的所有情况。 补齐实现代码： 步骤二：用户二战胜用户一对应的所有情况。 补齐实现代码： 步骤三：用户一与用户二平局的所有情况。 补齐实现代码：

【笔记】

四、课后讨论

1. 总结不同数据类型，设计多选一的选择语句的方法。

2. 在多选一的选择语句中，如何将 if⋯else 嵌套与 if⋯elif⋯else 进行多选一的相互转换？

子任务 5 循环语句

一、任务描述

循环语句是除了顺序执行、选择执行之后的另一种控制程序运行的方式。循环语句可以实现在满足一定条件下，重复执行代码块；利用这一特性可以对列表字符串等数据序列按照一定顺序进行遍历操作。对数据存储结构的遍历操作是各类比赛中的高频考点。

本任务主要讲解循环语句的语法和应用。具体内容见表 6.1.14。

表 6.1.14 循环语句的语法和应用

任务名称		循环语句的语法和应用
任务要求	素质目标	1. 培养学生的社会服务意识 2. 培养学生认真、严谨的职业素养 3. 培养学生团队协作意识
	知识目标	掌握循环语句的语法
	能力目标	掌握循环语句的使用方法
任务内容		能够使用循环语句设计 9×9 乘法表
验收方式		完成任务实施工单内容及练习题

二、知识要点

程序不但可以在多种情况中选择满足条件的一种情况进行多选一执行，还可以在满足一定的条件下重复执行相应代码块。重复执行代码块的这种程序控制语句称为循环语句。Python 中常用的循环语句有两种：一种是 while 循环，另一种是 for 循环。

1. while 循环结构的语句及应用

语法：

```
while(判断条件1):
    代码块1
```

其中，while 后要跟条件 1，如果满足条件，就执行对应的代码块 1。

```
#案例一:输出100次hello world
#定义一个计数器
counter = 0
while(counter < 100):
    counter += 1
    print("hello world")
```

```
#案例二:从1数到100
counter = 0
while(counter < 100):
    counter += 1
    print(counter)
```

2. for 循环结构的语句及应用

语法:

```
for 变量 in 序列:
    代码块1
```

其中，for 和 in 是关键字，序列可以为字符串、列表、字典等数据结构。

```
#案例一:输出100次hello world
#定义一个计数器
for name in range(0,100):
    print("hello world")
#案例二:从1数到100
for name in range(1,101):
    print(name)
```

> 注意:
> for 循环每次是从序列中取出一个元素，直到取出其中所有元素为止。

3. 循环语句中的 break 与 continue 关键字的使用

```
# continue 跳出当前循环
# 案例一:使用循环语句,实现输出:0,1,2,3,7,8,9
for i in range(0,10):
    if i >= 4 and i <= 6:
        continue
    else:
        print(i)
# break 跳出当前整个循环
#案例二:使用循环语句,实现输出:0,1,2,3,4,5,6,7
for i in range(0,11):
    if i > 7:
        break
    else:
        print(i)
```

4. 循环结构的嵌套

```
# 案例一：输出如下所示的数对：
    (1, 1)  (1, 2)  (1, 3)  (1, 4)  (1, 5)
    (2, 1)  (2, 2)  (2, 3)  (2, 4)  (2, 5)
    (3, 1)  (3, 2)  (3, 3)  (3, 4)  (3, 5)
    (4, 1)  (4, 2)  (4, 3)  (4, 4)  (4, 5)
    (5, 1)  (5, 2)  (5, 3)  (5, 4)  (5, 5)
#方法一:for 循环实现
for i in range(1,6):
    for j in range(1,6):
        print((i,j),end = '\t')
    print()

#方法二:while 循环实现
i = 1
while(i<6):
    j = 1
    while(j<6):
        print((i,j),end = "\t")
        j += 1;
    print()
    i += 1;
#案例二：编写程序实现如下所示的9*9乘法表
1*1=1
1*2=2   2*2=4
1*3=3   2*3=6   3*3=9
1*4=4   2*4=8   3*4=12  4*4=16
1*5=5   2*5=10  3*5=15  4*5=20  5*5=25
1*6=6   2*6=12  3*6=18  4*6=24  5*6=30  6*6=36
1*7=7   2*7=14  3*7=21  4*7=28  5*7=35  6*7=42  7*7=49
1*8=8   2*8=16  3*8=24  4*8=32  5*8=40  6*8=48  7*8=56  8*8=64
1*9=9   2*9=18  3*9=27  4*9=36  5*9=45  6*9=54  7*9=63  8*9=72  9*9=81
for i in range(1,10):
    for j in range(1,10):
        if i >= j:
            print('{} * {} = {}'.format(j,i,j*i),end = '\t')
    print()
```

三、任务实施（表 6.1.15）

表 6.1.15 数据的运算符

任务内容	使用 while 循环实现 9×9 乘法表								
实施步骤	步骤一：产生 9×9 的数对，如下所示。								
	(1, 1)	(1, 2)	(1, 3)	(1, 4)	(1, 5)	(1, 6)	(1, 7)	(1, 8)	(1, 9)
	(2, 1)	(2, 2)	(2, 3)	(2, 4)	(2, 5)	(2, 6)	(2, 7)	(2, 8)	(2, 9)
	(3, 1)	(3, 2)	(3, 3)	(3, 4)	(3, 5)	(3, 6)	(3, 7)	(3, 8)	(3, 9)
	(4, 1)	(4, 2)	(4, 3)	(4, 4)	(4, 5)	(4, 6)	(4, 7)	(4, 8)	(4, 9)
	(5, 1)	(5, 2)	(5, 3)	(5, 4)	(5, 5)	(5, 6)	(5, 7)	(5, 8)	(5, 9)
	(6, 1)	(6, 2)	(6, 3)	(6, 4)	(6, 5)	(6, 6)	(6, 7)	(6, 8)	(6, 9)
	(7, 1)	(7, 2)	(7, 3)	(7, 4)	(7, 5)	(7, 6)	(7, 7)	(7, 8)	(7, 9)
	(8, 1)	(8, 2)	(8, 3)	(8, 4)	(8, 5)	(8, 6)	(8, 7)	(8, 8)	(8, 9)
	(9, 1)	(9, 2)	(9, 3)	(9, 4)	(9, 5)	(9, 6)	(9, 7)	(9, 8)	(9, 9)

【笔记】

续表

实施步骤	实现代码：

	步骤二：修改输出代码，实现以下效果。
	
	1*1=1　2*1=2　3*1=3　4*1=4　5*1=5　6*1=6　7*1=7　8*1=8　9*1=9
	1*2=2　2*2=4　3*2=6　4*2=8　5*2=10　6*2=12　7*2=14　8*2=16　9*2=18
	1*3=3　2*3=6　3*3=9　4*3=12　5*3=15　6*3=18　7*3=21　8*3=24　9*3=27
	1*4=4　2*4=8　3*4=12　4*4=16　5*4=20　6*4=24　7*4=28　8*4=32　9*4=36
	1*5=5　2*5=10　3*5=15　4*5=20　5*5=25　6*5=30　7*5=35　8*5=40　9*5=45
	1*6=6　2*6=12　3*6=18　4*6=24　5*6=30　6*6=36　7*6=42　8*6=48　9*6=54
	1*7=7　2*7=14　3*7=21　4*7=28　5*7=35　6*7=42　7*7=49　8*7=56　9*7=63
	1*8=8　2*8=16　3*8=24　4*8=32　5*8=40　6*8=48　7*8=56　8*8=64　9*8=72
	1*9=9　2*9=18　3*9=27　4*9=36　5*9=45　6*9=54　7*9=63　8*9=72　9*9=81
	
	补齐实现代码：
	
	步骤三：调整代码，取显示效果中下三角的部分，形成9×9乘法表。
	
	1*1=1
	1*2=2　2*2=4
	1*3=3　2*3=6　3*3=9
	1*4=4　2*4=8　3*4=12　4*4=16
	1*5=5　2*5=10　3*5=15　4*5=20　5*5=25
	1*6=6　2*6=12　3*6=18　4*6=24　5*6=30　6*6=36
	1*7=7　2*7=14　3*7=21　4*7=28　5*7=35　6*7=42　7*7=49
	1*8=8　2*8=16　3*8=24　4*8=32　5*8=40　6*8=48　7*8=56　8*8=64
	1*9=9　2*9=18　3*9=27　4*9=36　5*9=45　6*9=54　7*9=63　8*9=72　9*9=81
	
	补齐实现代码：
	
	``python
	i = 0
	while (i<9):
	    i += 1
	    j = 1
	    while (j<10):
	        if (i>=j):
	            print("{} * {} = {}".format(j,i,i*j),end = "\t")
	        j += 1;
	    print ()
	``

四、课后讨论

总结while循环和for循环的异同。

子任务6　面向过程编程

一、任务描述

函数是对某项功能对应的具体实现步骤的封装，而实现步骤涉及数据运算、数据的存储结构、程序的控制结构等相关内容，因此，函数的设计是各类比赛中的高频考点。

本任务主要讲解函数的应用，并对启动中的故障进行诊断。具体内容见表6.1.16。

表 6.1.16　函数的应用

任务名称		函数的应用
任务要求	素质目标	1. 培养学生的社会服务意识 2. 培养学生认真、严谨的职业素养 3. 培养学生团队协作意识
	知识目标	掌握函数的种类
	能力目标	能够使用函数解决代码重复问题
任务内容		完成自定义功能的函数设计
验收方式		完成任务实施工单内容及练习题

二、知识要点

函数是对重复代码的代替，它能够将重复执行的步骤封装起来，每次使用定义函数进行调用即可执行函数内含的代码，从而实现使用调用函数即可等价执行重复代码，减少代码的书写，提高代码的利用率。例如，在生活中要查询话费，语音导航会与不同用户重复相同的内容：话费查询请按1，余额查询请按2，……，人工服务请按0；在程序中，为了避免重复书写同一代码块，可以定义函数，将重复内容放入函数体中，在使用时，通过调用函数即可实现执行重复的内容。

Python的函数根据有无参数或返回值分为4种：无参数无返回值的函数；有参数无返回值的函数；无参数有返回值的函数；有参数有返回值的函数。

> **注意：**
> Python中的函数一定要先定义再调用，同时，定义代码要在调用代码之前。

1. 无参数无返回值的函数

当不同用户要使用完全相同的功能，并且功能中包括的实现步骤较多时，为了避免为每个用户都重写一遍实现步骤，可以将这些重复的步骤定义函数进行封装，后续每次使用时，直接使用定义好的函数即可使用内部封装的实现步骤。定义无参数无返回值函数时，其结构如下：

```
#定义函数的语法
def  函数名():
     函数体
```

其中，def 是关键字，用来定义函数，只限于在定义阶段使用。每个函数都要有具体的名字，函数名的命名遵循标注符的命名规则，在定义函数名的行末要有冒号结尾；在函数体中，是实现该功能所对应的代码。

案例1：针对不同用户设计相同的查询话费导航页面。

```python
#定义查询导航函数
def meau():
    print("----****欢迎致电****----")
    print("话费及积分查询请按1")
    print("密码服务请按2")
    print("流量查询请按3")
    print("归属地查询请按4")
    print("----语音提示已结束-----")

#先定义再使用
print(meau())
print(meau())
```

输出结果：

```
----****欢迎致电****----
话费及积分查询请按1
密码服务请按2
流量查询请按3
归属地查询请按4
----语音提示已结束-----
----****欢迎致电****----
话费及积分查询请按1
密码服务请按2
流量查询请按3
归属地查询请按4
----语音提示已结束-----
```

对于定义好的无参数无返回值函数，只有在调用时才能将函数体中的实现步骤逐一执行；而对于无参数无返回值函数的调用，直接使用函数名和圆括号即可。

2. 有参数无返回值的函数

当不同用户使用的功能类似，只有局部存在不同时，可以使用有参数无返回值的函数进行封装，用参数传入局部要修改的部分，从而实现为不同的用户提供类似的功能。

定义有参数无返回值的函数，其结构如下：

```python
#定义函数的语法
def 函数名(参数1,参数2,…,参数n):
    函数体
```

在函数名的括号中需要传入参数，此时的参数1、参数2等只起到占位的作用，后续在调用的时候要用实际使用的参数来代替，行末要有冒号结尾；函数体整体缩进4个空格；在函数体中，是实现该功能的步骤所对应的代码实现。

案例2：针对不同用户，根据其调用时传入的名字调整欢迎界面。

```
#定义查询导航函数
def meau(name):
    print("----****欢迎 || 致电****----".format(name)) #加入实际传入的名字
    print("话费及积分查询请按1")
    print("密码服务请按2")
    print("流量查询请按3")
    print("归属地查询请按4")
    print("----语音提示已结束-----")

meau("刘阳")
print()
meau("高雅")
```

输出结果：

----****欢迎 刘阳 致电****----
话费及积分查询请按1
密码服务请按2
流量查询请按3
归属地查询请按4
----语音提示已结束-----

----****欢迎 高雅 致电****----
话费及积分查询请按1
密码服务请按2
流量查询请按3
归属地查询请按4
----语音提示已结束-----

对于定义好的有参数无返回值函数，可以通过动态调整参数，实现对功能进行局部调整，最终，对于不同用户而言，功能是类似的。

3. 无参数有返回值的函数

如果执行某个函数要求实现的功能是返回固定的内容，此时需要用到无参数有返回值函数。定义无参数有返回值的函数的语法如下：

```
#定义函数的语法
def 函数名():
    函数体
    return
```

在函数体的最后一行，需要返回的内容要加在关键字 return 后面。return 关键字引导的返回值的位置是固定的,只能在函数体的最后一行,表示函数体的结束。

案例3:功能导航页面设计。

```python
#定义查询导航函数
def meau():
    print("----****欢迎致电****----")
    print("话费及积分查询请按1")
    print("密码服务请按2")
    print("流量查询请按3")
    print("归属地查询请按4")
    print("----语音提示已结束-----")
    return "hello world"


print(meau())
print()
print(meau())
```

输出结果:

```
----****欢迎致电****----
话费及积分查询请按1
密码服务请按2
流量查询请按3
归属地查询请按4
----语音提示已结束-----
hello world

----****欢迎致电****----
话费及积分查询请按1
密码服务请按2
流量查询请按3
归属地查询请按4
----语音提示已结束-----
hello world
```

定义的函数带有 return 的返回值语句,在调用该函数时,不但执行定义函数中函数体的每一个实现步骤,而且,当执行到最后一行的 return 语句时,会将 return 之后的返回值内容返回到调用的整体上,如上述案例中的调用函数 meau() 等价于字符串"hello world",最后将"hello world"通过输出语句输出。

4. 有参数有返回值的函数

当不同用户使用的功能类似,只有局部存在不同,并且执行的结果要返回固定的内容时,需要用到有参数有返回值函数。定义有参数有返回值的函数的语法如下:

```python
#定义函数的语法
def  函数名(参数1,参数2,…,参数 n):
    函数体
    return 表达式
```

案例4：设计用户的专属导航页面。

```python
#定义查询导航函数
def meau(name):
    print("----****欢迎{}致电****----".format(name))
    print("话费及积分查询请按1")
    print("密码服务请按2")
    print("流量查询请按3")
    print("归属地查询请按4")
    print("----语音提示已结束-----")
    return "{}的服务已结束".format(name)
#调用函数
print(meau("刘阳"))
print()
print(meau("高雅"))
```

输出结果：

对于有参数有返回值类型的函数，不但能够调整整体功能的局部，而且能够及时根据数据处理的结果调整返回值的状态进行因人而异的输出，实现动态调整输出结果。

三、任务实施（表6.1.17）

表6.1.17　任务工单

任务内容	设计一个名为addNum的函数，它能够实现将输入的两个整数转换为字符串，并返回由这两个字符串首尾相连形成的一个新的字符串

【笔记】

续表

实施步骤	步骤一：实现将整数转换为字符串。	
	补齐实现代码：	
	步骤二：将两个字符串进行首尾相连。	
	补齐实现代码：	
	步骤三：对步骤一、步骤二使用定义函数的规则进行封装，形成函数 addNum 的函数体。	
	补齐实现代码：	
	步骤四：在设计好的 addNum 的函数体中添加 return 语句，返回两个字符串首尾相连的结果。	
	补齐实现代码：	

四、课后讨论

设计一个有参数有返回值的函数，通过参数传入不同的手势并进行判断，最后利用函数体中的 return 语句返回比较大的结果，实现设计一个石头剪刀布游戏的目的。

任务二　机器学习基础

子任务1　机器学习的主要任务

一、任务描述

在计算机领域，人工智能技术引领了新一次的技术革命，机器学习方法作为人工智能的入门基础，在教学过程中要积极进行推广和应用，通过机器学习提高学生对人工智能的认识，掌握人工智能技术。

在机器学习中，学习任务分为有监督学习和无监督学习。有监督学习也被称为"有老师的学习"，常见的有监督学习有分类任务、回归任务；无监督学习也被称为"没有老师的学习"，常见的无监督学习有聚类任务。有监督学习在学习的过程中要有明确的标签，而无监督则没有。具体要求见表6.2.1。

表 6.2.1　机器学习的任务

任务名称		机器学习的任务
任务要求	素质目标	1. 培养学生任务交付的职业综合能力 2. 培养学生严谨、细致的职业素养 3. 激发学生自我学习热情
	知识目标	掌握学习任务的种类
	能力目标	能够区分不同的学习任务
任务内容		1. 分类学习任务的定义和分类器的种类 2. 回归学习任务的定义和回归模型的种类
验收方式		完成任务实施工单内容及练习题

二、知识要点

学习任务中有无标签是区分有监督学习和无监督学习的重要特征。常用的监督学习任务分为分类任务和回归任务。

1. 分类任务

分类任务是有监督学习的一种，在分类任务中，有监督学习的标签为数据自身的种类，数据的类别数多于一种，这些种类是离散可数的，通常用整数表示。例如，在猫狗分类任务中，如果一张图片是猫，用数字0标记；如果是狗，就用数字1标记。在训练过程中，猫的训练数据是猫的图片，猫的训练标签是数字0；狗的训练数据是狗的图片，狗的训练标签是数字1。在整个训练过程中，训练数据和训练标签是已知的，使用训练集训练分类器，分类器会将图像数据与类别标签建立映射关系；当输入猫的图片时，训练好的分类器就能预测其为种类0；输入狗的图片时，训练好的分类器就能预测其为种类1，从而实现分类。

分类模型的目标是使训练数据集中每个数据的种类尽可能多地预测为真实的种类。为了描述分类模型接近目标的程度，常用交叉熵损失函数作为分类模型的目标。

分类任务中的模型分为判别式模型和生成式模型。

（1）判别式模型

判别式模型能反映训练数据本身的特性，它寻找不同类别间尽可能犯错最少的位置作为决策边界，反映不同类数据之间的差异，其预测的准确度更高。

判别式模型具有以下特点：对条件概率建模，学习不同类别之间的最优边界；捕捉不同类别特征的差异信息；学习成本较低，需要的计算资源较少；训练时样本数量较少时，也能获得较好的学习效果；对未知数据进行预测时，拥有较好性能。

判别式模型包括逻辑回归模型、支持向量机 SVC 模型、线性判别分析模型等。

逻辑回归模型是判别式模型中的一种，虽然模型名称中有"回归"字样，但逻辑回归模型是一种分类模型。同时，逻辑回归模型也是神经网络的基础。逻辑回归模型的表达式为 $f(x)=g(w_1x_1+w_2x_2\cdots+w_px_p+b)$。其中，$x_1$，$x_2$，$\cdots$，$x_p$ 为输入的特征列；p 为特征列的列数（特征的个数）；w_1，w_2，$\cdots$，w_p，b 为模型中待求解的参数；当只有单个特征时，线性回归模型判别式 $g(x)$ 函数为 sigmoid 函数，其表达是 $g(x)=1/(1+e^{w_1x_1+b})$，函数的图像如图 6.2.1 所示。

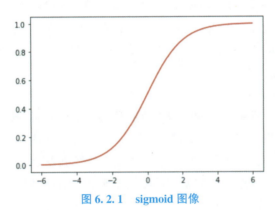

图 6.2.1　sigmoid 图像

在 sigmoid 函数中，当横坐标为 0 时，$g(0)=0.5$；因此，$g(x)$ 可以起到激活函数的作用，将一个连续的数值量通过设置阈值转换成离散的概率。

（2）生成式模型

生成式模型会对 x 和 y 的联合分布 $p(x,y)$ 建模，通过贝叶斯公式来求得 $p(y_i|x)$，选取使得 $p(y_i|x)$ 最大的 y_i 作为数据的标签，可以从统计的角度表示分布的情况，能够反映同类数据本身的相似度，而不是划分不同类的决策边界。

生成式模型的收敛速度更快，当样本容量增加时，学习到的模型可以更快地收敛到真实模型。生成式模型具有以下特点：对联合概率建模，可以学习到所有分类数据的分布，能够更好地反映数据本身特性；学习成本较高，需要更多的计算资源，需要的样本数更多，样本较少时，学习效果较差；当存在隐变量时，依旧可以用生成式模型，而判别式模型就不能使用了；推断时性能较差，一定条件下能转换成判别式。

生成式模型包括朴素贝叶斯模型、隐藏马尔可夫模型、高斯混合模型等。

判别式模型和生成式模型都是使后验概率最大化，不同点在于：判别式是直接对后验概率建模，而生成式模型通过贝叶斯定理使问题转化为求联合概率。

对于一个分类问题，给定样本特征 x，样本属于类别 y 的概率的贝叶斯计算公式如下：

$$P(y|x) = \frac{P(x|y)P(y)}{P(x)} \tag{6.2.1}$$

在式（6.2.1）中，假设样本特征 x 的维度为 N，c 代表 y 可能的分类，其维度为 c_1，c_2，…，c_k；若提供一个 x 向量，计算 x 向量所对应的 y 是类别 k 的计算公式：

$$P(y=c_k|x) = \frac{P(x|y=c_k)*P(y=c_k)}{P(x)} \tag{6.2.2}$$

2. 回归任务

回归任务是有监督学习的一种，在回归任务中，有监督学习的标签为一个数据值，并且这个数是连续的数值，通常用浮点数表示。例如，房价预测中，影响房价的因素有地理位置、房屋面积，此时，学习的标签为某个位置、某个面积对应的房屋单价；在训练的过程中，每一条数据中某个位置、某个面积及其对应的房屋单价都是已知的数据，将这些待训练的数据输入回归模型中进行训练，建立位置、面积与对应单价之间的映射关系；将某个未知的位置和面积输入训练好的回归模型进行计算，输出相应的房屋单价，从而完成回归任务。

回归模型的目标是使样本中所有点的预测值和真实值之间的距离总和最小。常用的回归模型有线性回归模型、KNN 回归模型、SVR 回归模型、LinearRegression 回归模型等。

3. 分类与回归模型的区别与联系

（1）相同点

分类和回归任务中，训练得到的模型函数通常为一个超平面。

（2）不同点

在模型的训练过程中，对于分类问题，不同类型的数据点要尽可能多地分布在分类模型超平面的两侧，而在回归问题中，数据点尽可能多地落在回归模型超平面上。

三、任务实施（表 6.2.2）

表 6.2.2　绘制 sigmoid 函数对应的曲线

任务内容	绘制 sigmoid 函数对应的曲线	【笔记】
实施步骤	1. 获取横坐标的取值。 2. 根据每个横坐标值计算其对应的纵坐标。 3. 绘制标题、图例等来完善图像的绘制。	

练习题

1. (判断题) K 近邻算法 (KNN) 不仅可以用来执行机器学习分类任务,也可以用于缺失值填补。(   )

2. (判断题) 线性回归模型训练的目标,就是要针对训练数据,使得模型的预测结果与其真实结果之间的误差最小。(   )

子任务 2　数据集的预处理

一、任务描述

在获取的原始数据中存在"脏数据",为此,需要对数据进行缺失、重复、异常等方面的检测与处理,对处理后的干净数据结合实际情况进行相关性分析、归一化等操作,从而为后续模型的训练做任务描述。任务描述见表 6.2.3。

表 6.2.3　数据集的预处理

任务名称	数据集的预处理	
任务要求	素质目标	1. 培养学生的社会服务意识 2. 培养学生认真、严谨的职业素养 3. 培养学生团队协作意识
	知识目标	掌握表格数据的预处理方法
	能力目标	能够对表格数据进行预处理操作
任务内容	完成表格数据的读取 完成数据缺失、数据重复和数据异常的检测与处理 完成数据的相关性分析、归一化的操作	
验收方式	完成任务实施工单内容及练习题	

二、知识要点

titanic.csv (泰坦尼克号) 数据集常被用来验证分类模型的性能,通过 pandas 库读取数据并使用 head() 方法来查看该数据集的前 5 行数据,如图 6.2.2 所示。

```
import pandas as pd

data = pd.read_csv('titanic.csv')
data.head()
```

	PassengerId	Survived	Pclass	Name	Sex	Age	SibSp	Parch	Ticket	Fare	Cabin	Embarked
0	1	0	3	Braund, Mr. Owen Harris	male	22.0	1	0	A/5 21171	7.2500	NaN	S
1	2	1	1	Cumings, Mrs. John Bradley (Florence Briggs Th...	female	38.0	1	0	PC 17599	71.2833	C85	C
2	3	1	3	Heikkinen, Miss. Laina	female	26.0	0	0	STON/O2. 3101282	7.9250	NaN	S
3	4	1	1	Futrelle, Mrs. Jacques Heath (Lily May Peel)	female	35.0	1	0	113803	53.1000	C123	S
4	5	0	3	Allen, Mr. William Henry	male	35.0	0	0	373450	8.0500	NaN	S

图 6.2.2　数据集的前 5 行数据

该数据集中英文列名对应的含义见表 6.2.4。

表 6.2.4　英文列名含义

列名	列名的含义	备注
PassengerId	乘客的身份证号	
Survived	是否获救	0 表示否，1 表示是
Pclass	客舱等级	1 表示头等舱，2 表示二等舱，3 表示三等舱
Name	乘客姓名	
Sex	性别	female 女性，male 男性
Age	年龄	
SibSp	兄弟姐妹或配偶在船上的数量	
Parch	双亲或子女在船上的数量	
Ticket	船票编号	
Fare	船票价格	
Cabin	客舱号	
Embarked	登船港口	C 为 Cherbourg（瑟堡），Q 为 Queenstown（皇后镇），S 为 Southampton（南安普敦）

其中，PassengerID、Ticket、Cabin 对最终该乘客是否获救影响较小，因此，将上述这几列舍弃。

去除无关列后的数据如图 6.2.3 所示。使用 drop()方法将要删除的列名以列的形式进行传入，设置 axis = 1 表示按照列的方向去查找要删除的列名，设置参数 inplace = True 表示产生的新数据对原数据进行覆盖，最后，使用 head()方法检查去除后的前 5 行数据。

```
data.drop(['PassengerId','Ticket','Cabin'],axis=1,inplace=True)
data.head()
```

	Survived	Pclass	Name	Sex	Age	SibSp	Parch	Fare	Embarked
0	0	3	Braund, Mr. Owen Harris	male	22.0	1	0	7.2500	S
1	1	1	Cumings, Mrs. John Bradley (Florence Briggs Th...	female	38.0	1	0	71.2833	C
2	1	3	Heikkinen, Miss. Laina	female	26.0	0	0	7.9250	S
3	1	1	Futrelle, Mrs. Jacques Heath (Lily May Peel)	female	35.0	1	0	53.1000	S
4	0	3	Allen, Mr. William Henry	male	35.0	0	0	8.0500	S

图 6.2.3　去除无关列后的数据

1. 缺失值的处理

（1）检测缺失值

如图 6.2.4 所示，通过 info()方法来查看每一列数据的缺失情况。

```
data.info()
<class 'pandas.core.frame.DataFrame'>
RangeIndex: 891 entries, 0 to 890
Data columns (total 9 columns):
 #   Column    Non-Null Count  Dtype
---  ------    --------------  -----
 0   Survived  891 non-null    int64
 1   Pclass    891 non-null    int64
 2   Name      891 non-null    object
 3   Sex       891 non-null    object
 4   Age       714 non-null    float64
 5   SibSp     891 non-null    int64
 6   Parch     891 non-null    int64
 7   Fare      891 non-null    float64
 8   Embarked  889 non-null    object
dtypes: float64(2), int64(4), object(3)
memory usage: 62.8+ KB
```

图 6.2.4　每一列数据的缺失情况

从输出结果中可以看出，当前数据有 0～890 行一共 891 行数据，其中，"Age""Embarked"列的行数不足 891 行，所以这几列数据存在缺失。

（2）缺失值的填充

确定了缺失列后，使用 fillna（ ）对缺失值进行填充操作。如图 6.2.5 所示，首先对"Age"列中缺失的数据进行填充。"Age"列中数据为浮点数类型，可以取其统计特征中的平均值或中位数进行填充。在代码中使用 data［'Age'］列取出"Age"所在列，然后调用 fillna（ ）方法传入"Age"列的平均值 data［'Age'］.mean（ ），设置参数 inplace = True 实现将产生的新数据对原数据进行覆盖。

```
data['Age'].fillna(data['Age'].mean(),inplace=True)

data.info()
<class 'pandas.core.frame.DataFrame'>
RangeIndex: 891 entries, 0 to 890
Data columns (total 9 columns):
 #   Column    Non-Null Count  Dtype
---  ------    --------------  -----
 0   Survived  891 non-null    int64
 1   Pclass    891 non-null    int64
 2   Name      891 non-null    object
 3   Sex       891 non-null    object
 4   Age       891 non-null    float64
 5   SibSp     891 non-null    int64
 6   Parch     891 non-null    int64
 7   Fare      891 non-null    float64
 8   Embarked  889 non-null    object
dtypes: float64(2), int64(4), object(3)
memory usage: 62.8+ KB
```

图 6.2.5　"Age"列中缺失数据的填充

对"Embarked"列中缺失数据进行补充，因为"Embarked"列中数据为字符串类型，可以采用出现频次最高的值为缺失位置进行补充。如图 6.2.6 所示，首先，对于列数据，使用统计词频的方法 value_counts 对该列数据进行统计，从结果中选择词频最高的"S"作为填充值。

```
data['Embarked'].value_counts()
S    644
C    168
Q     77
Name: Embarked, dtype: int64
```

图 6.2.6 "Embarked" 列中数据的分布

然后，如图 6.2.7 所示，使用 fillna( ) 函数对"Embarked"列中的缺失数据进行填充，设置参数 inplace = True 实现将产生的新数据对原数据进行覆盖。经过处理，通过 info( ) 函数显示每列数据的摘要信息，输出显示，所有列均为 891 行，表明缺失数据的填充已完成。

```
data['Embarked'].fillna('S',inplace=True)
data.info()

<class 'pandas.core.frame.DataFrame'>
RangeIndex: 891 entries, 0 to 890
Data columns (total 9 columns):
 #   Column    Non-Null Count  Dtype
---  ------    --------------  -----
 0   Survived  891 non-null    int64
 1   Pclass    891 non-null    int64
 2   Name      891 non-null    object
 3   Sex       891 non-null    object
 4   Age       891 non-null    float64
 5   SibSp     891 non-null    int64
 6   Parch     891 non-null    int64
 7   Fare      891 non-null    float64
 8   Embarked  891 non-null    object
dtypes: float64(2), int64(4), object(3)
memory usage: 62.8+ KB
```

图 6.2.7 "Embarked" 列缺失数据的填充

2. 重复值的处理

（1）检测重复值

如图 6.2.8 所示，通过 duplicated( ) 方法来查看当前行数据与之前的每一行数据是否有重复，使用 sum( ) 函数统计结果中有重复行的总数。

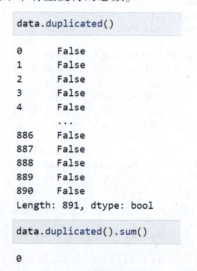

图 6.2.8 检测重复值

（2）重复值的处理

对重复值的处理，通常是只保留其第一次出现的位置或最后一次出现的位置。如图 6.2.9 所示，使用 drop_duplicates( ) 删除重复值，函数中参数 keep 有三个可选参数，分别是 "first" "last" "False"，默认为 "first"，表示只保留第一次出现的重复项，"last" 表示只保留最后一次出现的重复项，"False" 则表示重复值一个都不保留，删除所有重复项。本数据集重复的行数据为 0，因此，不需要做重复值处理。

```
data.drop_duplicates(keep="last")
```

图 6.2.9　删除重复值

3. 异常值的处理

对于数值类数据，可以通过查看离群点的方式进行判断。具体思路如下：将图 6.2.10 所示的原始数据按照从小到大的顺序进行排列，并按形成的位置分为四份，分界点分别为位置 3、5、7（图 6.2.11）；位置 3 对应的值 26 记作第一个四分位数 Q1，位置 5 对应的值 45 记作第二个四分位数 Q2，即为中位数；位置 7 对应的值 57 记作第三个四分位数 Q3；规定第三个四分位数和第一个四分位数的差值为四分位差 IQR，异常值为低于（Q1-1.5IQR）或高于（Q3+1.5IQR）的值。

[26, 45, 67, 94, 23, 45, 24, 36, 57]

图 6.2.10　原始数据

图 6.2.11　排序后的数据

首先，根据上述异常点的定义，如图 6.2.12 所示，设计函数 process_unusual( ) 返回异常值对应的行号，调用该函数判断数值类型 "SibSp" 列内是否存在异常值，并统计异常值的数量。

```python
def process_unusual(x):
    Q1 = x.quantile(0.25)
    Q3 = x.quantile(0.75)
    IQR = Q3 - Q1
    a1 = Q1 -1.5*IQR
    a2 = Q3 +1.5*IQR
    return (x < a1) | (x >a2 )

process_unusual(data['SibSp']).sum()
```

图 6.2.12　process_unusual( ) 函数

对检测到的异常值可以用平均值、中位数进行修改，或者直接删除异常值对应的行。

如图 6.2.13 所示，使用中位数对"SibSp"列中的异常数据进行修改。如第 1 行代码所示，在自定义函数 process_unusual 中传入"SibSp"数据列，从而将满足条件的行号存放在变量 hang 中。在第 2 行代码中使用 data[hang]['SibSp']，从而根据行号找出"SibSp"列中异常数据所在的位置，然后，通过 data['SibSp'].median()求出"SibSp"列中的中位数，并用该中位数对异常值进行填充。（注：查找行、列数据还可以采用 loc[ ]和 iloc[ ]方式。）

```
1  hang = process_unusual(data['SibSp'])
2  data[hang]['SibSp']  = data['SibSp'].median()
```

图 6.2.13　用中位数修改异常值

4. 特征编码

对于非数值类型的数据，需要通过编码的方式进行数值化处理。常用的编码方式有自然数编码和独热编码。

（1）自然数编码

自然数编码根据该列数据的种类数 N，分别为每一类指定从 0 至 N−1 的一个数字，从而将该列中的非数值型数据进行数值化转换。

以"Embarked"列中的数据为例，如图 6.2.14 所示。首先，读取 data['Embarked']列数据，使用 unique()方法查看该列数据值的种类，从输出结果中可以看出有三类，分别为"S""C""Q"。接下来，将读出的该列数据传入 pandas 中的 Categorical()中，调用 codes 属性来对"S""C""Q"这三类数据进行编码，即"S"对应 0，"C"对应 1，"Q"对应 2，生成一列新数据 x。最后，将该列重新编码的列数据 x 对原来列数据使用赋值语句进行覆盖，从而完成对"Embarked"列数据进行自然数编码。

```
data['Embarked'].unique()

array(['S', 'C', 'Q'], dtype=object)

x = pd.Categorical(data['Embarked']).codes
data['Embarked'] = x
data['Embarked']

0      2
1      0
2      2
3      2
4      2
      ..
886    2
887    2
888    2
889    0
890    1
Name: Embarked, Length: 891, dtype: int8
```

图 6.2.14　自然数编码

自然数编码还可以使用 sklearn 库中的方法，如 sklearn.preprocessing.LabelEncoder 和 sklearn.preprocessing.OrdinalEncoder 等。

(2) 独热编码

独热编码根据该列数据的种类数 N，每一类都为一个长度为 N 的向量；在形成 N 维向量时，第几类对应着向量中第几个位置上的值为 1，其他位置上的值均为 0。例如，使用独热编码的方式对"军人""团员""学生"进行编码，其中，"军人"是第 1 类，"团员"是第 2 类，"学生"是第 3 类。在形成的"团员"编码中，第 2 个位置上的数字为 1，其他位置上的数字为 0，因此，团员的独热编码为 [0, 1, 0]。同理，军人的独热编码为 [1, 0, 0]，学生的独热编码为 [0, 0, 1]。使用独热编码的方式有利于后续模型进行相似度的计算。

如图 6.2.15 所示，在 pandas 中调用 get_dummies( ) 方法，将要编码的"Embarked"列数据传入函数中，即可对该列数据中的每一类进行独热编码。其中，"C"类对应的编码为 [1, 0, 0]，"Q"对应的编码为 [0, 1, 0]，"S"对应的编码为 [0, 0, 1]。独热编码还可以使用 sklearn 库中的方法，如 sklearn. preprocessing. OneHotEncoder。

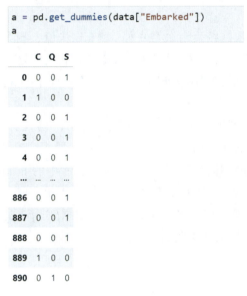

图 6.2.15 独热编码

5. 数据的归一化处理

为了避免模型在训练过程中对某一列数据中较大的值过于依赖，从而保证每列数据都能保持在同一个数量级上，需要将处理后的特征列数据进行归一化处理，使每一个特征列中的值均在 0 ~ 1 之间。以"Age"列为例，如图 6.2.16 所示。

```
age_max = data['Age'].max()
age_min = data["Age"].min()
age = (data["Age"]-data['Age'].min())/(age_max-age_min)
age
```

```
0    0.271174
1    0.472229
2    0.321438
3    0.434531
4    0.434531
```

图 6.2.16 数据的归一化处理

实现思路：用"Age"列中的最大值减去最小值，求出区间的宽度，然后用"Age"列中的每个数都减去最小值，计算出当前值的实际宽度，最后用实际宽度除以区间的宽度即求出实际宽度的百分比，从而将"Age"中的每个值映射到 0~1 的区间内，并用新生成的"age"中的数据对原"Age"列中的数据进行修改。

$$x' = \frac{x - \min(x)}{\max(x) - \min(x)} \tag{6.2.3}$$

$$x' = \frac{x - \mu}{\sigma} \tag{6.2.4}$$

上述计算方法也称为最大最小归一化处理，计算公式见式（6.2.3）。在 sklearn 库中可以调用 sklearn.preprocessing.MinMaxScaler 函数实现将该列数据约束到 0~1，如果进行数据的标准归一化处理，如计算式（6.2.4），可以使用 sklearn.preprocessing.StandardScaler 函数。

6. 特征列的选择

当前数据经过了最初根据经验删除无关列、填充缺失值、删除重复值、修改异常值，最后对保留数据进行归一化处理，还要对保留列数据进行相关性处理。如果相关性高，说明这两列数据彼此可以替代，保留其中一列即可，从而减少对计算资源的消耗，提高模型的稳定性。

如图 6.2.17 所示，对处理后的数据列使用 data.corr() 方法即可查看整个表中不同列之间的相关性、斜对角线上的列数据之间的相关性。由于数据完全重复，因此相关系数为 1。为了便于找出相关性较高的不同列，可以使用 seaborn 库中的 heatmap() 来对相关性的表格采用热力图的方式进行展示。如图 6.2.18 所示，其中，"Parch"和"Fare"的相关性也较高，即船舱等级越高，船票价格越高，因此，可以根据实际情况选择其中一列进行保留；"Parch"和"SibSp"列的相关性也较高，保留其中一列即可。

`data.corr()`

	Age	SibSp	Parch	Fare	S	C	Q	female	male
Age	1.000000	-0.232625	-0.179191	0.091566	0.032024	-0.013855	-0.019336	-0.084153	0.084153
SibSp	-0.232625	1.000000	0.414838	0.159651	-0.059528	-0.026354	0.068734	0.114631	-0.114631
Parch	-0.179191	0.414838	1.000000	0.216225	-0.011069	-0.081228	0.060814	0.245489	-0.245489
Fare	0.091566	0.159651	0.216225	1.000000	0.269335	-0.117216	-0.162184	0.182333	-0.182333
S	0.032024	-0.059528	-0.011069	0.269335	1.000000	-0.148258	-0.782742	0.082853	-0.082853
C	-0.013855	-0.026354	-0.081228	-0.117216	-0.148258	1.000000	-0.499421	0.074115	-0.074115
Q	-0.019336	0.068734	0.060814	-0.162184	-0.782742	-0.499421	1.000000	-0.119224	0.119224
female	-0.084153	0.114631	0.245489	0.182333	0.082853	0.074115	-0.119224	1.000000	-1.000000
male	0.084153	-0.114631	-0.245489	-0.182333	-0.082853	-0.074115	0.119224	-1.000000	1.000000

图 6.2.17　相关性分析

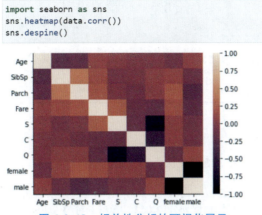

图 6.2.18　相关性分析的可视化展示

如果经过处理后保留的数据列仍然比较多，此时可以使用 PCA、LDA 算法实现降维，也可以使用过滤法（Filter）进行特征选择，通过计算每个特征与结果之间的相关性，选择相关性较大的一批特征。

三、任务实施（表 6.2.5）

表 6.2.5　任务工单

任务内容	对数据中的"Fare"列进行异常处理	【笔记】
实施步骤	步骤一：编写函数实现异常数据查找。 补齐实现代码：	
	步骤二：找出存在异常数据所在的行。 复习：loc 与 iloc 方式的区别。	
	步骤三：使用中位数对异常数据进行修改。 补齐实现代码：	

练习题

使用独热编码的方式，对冰墩墩、雪容融这两个吉祥物进行编码。

子任务 3 　模型的设置

一、任务描述

本任务主要讲解不同任务中模型的设置、训练和评价。具体内容见表 6.2.6。

表 6.2.6 　模型的设置

任务名称	模型的设置	
任务要求	素质目标	1. 培养学生的社会服务意识 2. 培养学生认真、严谨的职业素养 3. 培养学生团队协作意识
	知识目标	掌握数据划分的方法、模型的种类
	能力目标	能够根据不同的学习任务选择合适的模型
任务内容	1. 完成数据集的划分 2. 完成模型的选择	
验收方式	完成任务实施工单内容及练习题	

二、知识要点

1. 数据集的划分

经过对多列数据进行处理，保留下来的数据列将作为最终的特征列。如图 6.2.19 所示，将预测数据列"Survived"位置调整到整个表格的最后一列。

```
a2 = data['Survived']
del data['Survived']
data.join(a2)
```

图 6.2.19 　"Survived"列的调整

接下来，需要将处理后的 891 行 9 列数据划分为训练集和测试集，按照行的方向进行切分，用代码对数据进行切分的过程如图 6.2.20 所示。

图 6.2.20 　数据切分

对原始数据集进行切分，如图 6.2.20 所示，假设将后 100 行数据作为测试集 test，对应的行号即为 791 至 890；剩余的 0 至 791 行的数据作为训练集 train，使用代码进行数据集分隔，形成训练集 train 和测试集 test，如图 6.2.21 所示。

```
train = data.iloc[:-100,:]
test = data.iloc[-100:,:]
```

图 6.2.21　获取训练集 train 和测试集 test

如图 6.2.22 所示，在训练集 train 中，"Survived"列（最后 1 列）作为训练标签，训练集中的前 8 列构成训练数据；在测试集 test 中，"Survived"列（最后 1 列）作为测试标签，测试集中的前 8 列构成测试数据。

```
x , y = train.iloc[:,:-1] , train.iloc[:,-1]
x_test ,y_test = test.iloc[:,:-1] ,test.iloc[:,-1]
print("训练集中：训练数据为：{},训练标签为{}".format(x.shape,y.shape))
print("测试集中：测试数据为：{},测试标签为{}".format(x_test.shape,y_test.shape))
```

训练集中：训练数据为：(791, 8),训练标签为(791,)
测试集中：测试数据为：(100, 8),测试标签为(100,)

图 6.2.22　数据和标签的划分

最终，输出训练集中的训练标签和训练数据的容量，以及测试集中测试标签和测试数据的容量来验证数据切分的正确性。

2. 分类任务模型

（1）K 最近邻分类模型

KNN（K-Nearest Neighbor）法也称 K 最近邻法算法，解决分类问题的模型为 KNeighborsClassifier，它是一种采用投票机制的算法。该算法的思想如下：给定带有标记的训练集，当有未知的数据 x 需要预测其对应的标签时，首先需要计算预测数据 x 与训练集中每个数据的距离，选择其中距离最小的前 K 个训练数据，将前 K 个样本对应的标签出现次数最多的标签作为待测样本 x 的标签，从而实现为未知数据分类的目的。KNeighborsClassifier 模型在 sklearn 库中已经被实现，使用代码导出 KNeighborsClassifier 模型的过程如图 6.2.23 所示。

```
1  from sklearn.neighbors import KNeighborsClassifier
2  print(KNeighborsClassifier)
```
<class 'sklearn.neighbors._classification.KNeighborsClassifier'>

```
1  k1 = KNeighborsClassifier()
2  k1.get_params()
```
{'algorithm': 'auto',
 'leaf_size': 30,
 'metric': 'minkowski',
 'metric_params': None,
 'n_jobs': None,
 'n_neighbors': 5,
 'p': 2,
 'weights': 'uniform'}

图 6.2.23　KNeighborsClassifier 模型

实例化 KNeighborsClassifier 对象 k1，通过 get_params( ) 方法查看其中参数的默认值。常用的参数及作用如下：

①n_neighbors：KNN 算法中 k 的值，默认值为 5。作用：kneighbors 查询距离最小的前 k 个训练数据。

②weights：可选参数，参数值可以是 uniform、distance，默认为 uniform，也可以是用户自己定义的函数。uniform 表示所有的邻近点的权重都是相等的。distance 是不均等的权重，距离近的点比距离远的点的影响大。

③leaf_size：默认是 30，这个是构造的 kd 树和 ball 树的大小。这个值的设置会影响树构建的速度和搜索速度，同样，也影响着存储树所需的内存大小。需要根据问题的性质选择最优的大小。

④n_jobs：并行处理设置。默认为 1，表示搜索邻近点并行工作数；如果为 –1，那么 CPU 的所有核都用于并行工作。

（2） SVM 分类器

支持向量机（Support Vector Machine，SVM）解决分类问题的模型为 SVC 模型，该模型是特征空间上间隔最大的线性分类器，其学习策略便是间隔最大化，形成一个求解凸二次规划的问题；然后通过等价转换将该问题变为正则化合页损失函数的最小化问题，找出分类的决策边界。因此，SVC 分类器是判别式模型中的一种。

SVC 分类器在处理数据时，在低维空间内无法完成分类时，会通过核函数将数据映射到高维空间，使数据变为线性可分的。SVC 分类器在 sklearn 库中已经被实现，使用代码导出 SVC 分类器的过程如图 6.2.24 所示。

```
from sklearn.svm import SVC

s1 = SVC()
s1.get_params()

{'C': 1.0,
 'break_ties': False,
 'cache_size': 200,
 'class_weight': None,
 'coef0': 0.0,
 'decision_function_shape': 'ovr',
 'degree': 3,
 'gamma': 'scale',
 'kernel': 'rbf',
 'max_iter': -1,
 'probability': False,
 'random_state': None,
 'shrinking': True,
 'tol': 0.001,
 'verbose': False}
```

图 6.2.24　SVC 分类器

实例化 SVC 分类器对象 s1，通过 get_params( ) 方法查看其中参数的默认值。常用的参数及作用如下：

①C：惩罚参数，默认值为 1.0。C 值越大，即对分类的惩罚越大。SVC 分类器在训练

数据上分类的准确率会提升，但是容易导致分类器过度学习训练集中已知的数据，对未知数据预测能力较差，从而使得 SVM 分类器的泛化能力较弱；同理，C 值越小，SVC 分类器在训练集上的准确率会降低，但是对未知数据的泛化能力会增强。

②kernel：表示核函数，可选值为"linear""poly""rbf"、"sigmoid"等。其中，"poly"表示多项式核函数，"rbf"表示高斯核函数，"sigmoid"表示 sigmoid 核函数。默认值为"rbf"。

③degree：多项式 poly 核函数的维度默认是 3，选择其他核函数时会被忽略。

④gamma："poly""rbf""sigmoid"核函数的参数默认是"auto"。

⑤coef0：核函数的常数项用来设置"poly"和"sigmoid"核函数。

(3) 贝叶斯分类模型

利用如式（6.2.5）所示的贝叶斯计算公式计算后验概率 p(y|x)，选择具有最大后验概率的类作为该对象所属的类别。贝叶斯分类器具有以下特点：①数据可以是离散数据，也可以是连续数据；②对数据缺失、噪声等情形不敏感；③若属性相关性小，则分类效果好。

$$P(y|x) = \frac{P(x|y)P(y)}{P(x)} \qquad (6.2.5)$$

贝叶斯分类器可以分为多项式贝叶斯分类器（MultinomialNB）、高斯贝叶斯分类器（GaussianNB）、伯努利贝叶斯分类器（BernoulliNB）。

上述三种贝叶斯分类器在 sklearn 库中已经被实现，使用代码导出 MultinomialNB 分类器的过程如图 6.2.25 所示。

```
from sklearn.naive_bayes import MultinomialNB

m1 = MultinomialNB()
m1.get_params()
```

{'alpha': 1.0, 'class_prior': None, 'fit_prior': True}

图 6.2.25　MultinomialNB 分类器

实例化 MultinomialNB 对象 m1，通过 get_params() 方法查看其中参数的默认值。常用的参数及作用如下：

①alpha：指定朴素贝叶斯估计公式中的 λ 值。

②class_prior = None：可以传入数组指定每个分类的先验概率，None 代表从数据集中学习先验概率。

③fit_prior = True：是否学习 $P(y=c_k)$，不学习则以均匀分布替代。

3. 回归任务模型

(1) K 最近邻回归算法

K 最近邻回归算法解决回归问题的模型为 KNeighborsRegressor，其基本思想如下：给定带有标记的训练集，当有未知的数据 x 需要预测其对应的标签时，首先需要计算预测数据 x 与训练集中每个数据的距离，选择其中距离最小的前 K 个训练数据，将这 K 个样本的标签值的算术平均值或者加权平均值作为待测样本 x 的标签值，从而实现预测未知数据的值。KNeighborsRegressor 回归算法在 sklearn 库中已经被实现，使用代码导出 KNeighborsRegressor 回归算法的过程如图 6.2.26 所示。

```
from sklearn.neighbors import KNeighborsRegressor
print(KNeighborsRegressor)
```
`<class 'sklearn.neighbors._regression.KNeighborsRegressor'>`

图 6.2.26　KNeighborsRegressor 回归算法

（2）SVM 回归模型

SVM 解决回归问题的模型为 SVR 模型。其基本原理：将预测值与真实值之间的平均距离作为损失函数，使回归超曲面穿过尽可能多的数据点，通过优化损失函数使整个模型达到最优。

使用代码导出 SVM 回归算法的过程如图 6.2.27 所示。

```
1  from sklearn.svm import SVR
2  print(SVR)
```
`<class 'sklearn.svm._classes.SVR'>`

图 6.2.27　SVM 回归算法

三、任务实施（表 6.2.7）

表 6.2.7　数据集的划分与模型的导出

任务内容	数据集的划分与模型的导出
实施步骤	1. 按照 8∶2 的方式对数据集进行划分。 补齐实现代码： 2. 导出 SVM 的分类模型。 补齐实现代码： 3. 导出 KNN 的回归模型。 补齐实现代码：

【笔记】

练习题

简述分类与回归的区别。

子任务4　模型的评价

一、任务描述

本任务主要讲解不同学习任务对应的评价指标，从而利用测试数据对训练好的模型进行评测，检测模型的稳定性。具体内容见表6.2.8。

表6.2.8　模型的评价

任务名称	模型的评价	
任务要求	素质目标	1. 培养学生的社会服务意识 2. 培养学生认真、严谨的职业素养 3. 培养学生团队协作意识
	知识目标	掌握不同任务的评价方法
	能力目标	能够对二分类、多分类、回归等情况进行评价
任务内容	完成分类任务中准确率、精确率、召回率等函数的调用 完成回归任务中 MSE、MAE、R^2 等函数的调用	
验收方式	完成任务实施工单内容及练习题	

二、知识要点

1. 分类任务中的评价标准

（1）二分类问题

对于一个二分类问题，样本分为正（Positive）、负（Negative）两类，模型的预测值与真实值之间存在表6.2.9所列的情况。

表6.2.9　二分类预测

预测值＼真实值	P	N
P	TP	FP
N	FN	TN

如果模型预测的值为正，真实值为正，此时模型预测正确（True），记作 TP。
如果模型预测的值为负，真实值为正，此时模型预测错误（False），记作 FN。
如果模型预测的值为正，真实值为负，此时模型预测错误（False），记作 FP。
如果模型预测的值为负，真实值为负，此时模型预测正确（True），记作 TN。
如图6.2.28所示，假设要预测的10个样本的真实标签值为变量 y_true，而模型预测10个样本的标记为 y_predict，其中，数字1表示样本的标记为正，数字0表示样本的标记为负。

```
y_true   = [1,1,0,1,0,1,1,1,1,0]
y_predict = [1,0,1,0,1,0,1,1,1,0]
```

图 6.2.28　真实值与预测值

- 准确率

准确率（Accuarcy）是指在总样本中，模型将样本类别预测正确的比例。预测正确包括 TP 和 TN 两种情形，准确率的计算见式（6.2.6）。

$$\text{Accuarcy} = (TP + TN)/(TP + FP + FN + TN) \tag{6.2.6}$$

sklearn 中的 accuracy_score() 函数能够根据真实值与预测值自动计算模型的准确率，代码如图 6.2.29 所示。

```
from sklearn import metrics
acc = metrics.accuracy_score(y_true,y_predict)
acc

0.5
```

图 6.2.29　准确率函数的实现

在 accuracy_score 中输入样本对应的真实标记 y_true 和预测标记 y_predict，两个列表中元素的数量要保持一致，输出准确率为 0.5。

- 精确率

精确率（Precision）是指在模型预测为正的样本中，真实值也为正的比例。精确率越高，误报越小。精确率的计算见式（6.2.7）。

$$\text{Precision} = TP/(TP + FP) \tag{6.2.7}$$

sklearn 中的 precision_score() 函数能够根据真实值与预测值自动计算模型的精确率，在 precision_score 中输入样本对应的真实标记 y_true 和预测标记 y_predict，代码如图 6.2.30 所示。

```
precision = metrics.precision_score(y_true,y_predict)
precision

0.6666666666666666
```

图 6.2.30　精确率函数的实现

通过计算，模型的精确率为 0.666 7。

- 召回率

召回率（Recall）是指在真实值为正的样本中，预测值也为正的比例。召回率越高，漏报越少。召回率的计算见式（6.2.8）。

$$\text{Recall} = TP/(TP + FN) \tag{6.2.8}$$

sklearn 中的 recall_score() 函数能够根据真实值与预测值自动计算模型的召回率，在 recall_score() 中输入样本对应的真实标记 y_true 和预测标记 y_predict，代码如图 6.2.31 所示。

```
recall= metrics.recall_score(y_true,y_predict)
recall

0.5714285714285714
```

图 6.2.31　召回率函数的实现

通过计算，模型的召回率为 0.571 43。

- F_1 – score

F_1 – score 是精确率和召回率的调和平均数，F_1 – score 的计算见式（6.2.9）。

$$F_1 - score = 2 * Precision * Recall / (Precision + Recall) \quad (6.2.9)$$

如果只考虑精确率或召回率，会导致模型预测性能变差，F_1 – score 是对该情形进行的优化。sklearn 中 f1_score( ) 函数能够根据真实值与预测值自动计算模型的精确率，在 f1_score( ) 中输入样本对应的真实标记 y_true 和预测标记 y_predict，代码如图 6.2.32 所示。

```
f1 = metrics.f1_score(y_true,y_predict)
f1
```

0.6153846153846153

图 6.2.32　F_1 – score 函数的实现

通过计算，模型的召回率为 0.615 4。

（2）多分类问题

如图 6.2.33 所示，假设要预测的 10 个样本的真实标签值包括 4 个类别（0、1、2、3），其中，x1 表示预测的种类值，x2 表示真实的种类值。

```
1 x1 = [1,3,2,0,2,3,1,2,3,1,0,2]
2 x2 = [1,2,2,1,2,3,3,0,3,1,2,0]
```

图 6.2.33　多分类中真实值与预测值

对预测结果中多种类别的精确率、召回率、F_1 – score 等值的计算如图 6.2.34 所示。

```
1 from sklearn.metrics import classification_report
2 x = classification_report(x1,x2)
3 print(x)
```

```
              precision    recall  f1-score   support

           0       0.00      0.00      0.00         2
           1       0.67      0.67      0.67         3
           2       0.50      0.50      0.50         4
           3       0.67      0.67      0.67         3

    accuracy                           0.50        12
   macro avg       0.46      0.46      0.46        12
weighted avg       0.50      0.50      0.50        12
```

图 6.2.34　多分类中的评价指标

如图 6.2.34 中第 1 行代码所示，从 sklearn 库的子库 metrics 中，导出多分类任务的评价函数 classification_report( )；第 2 行代码所示，在 classification_report( ) 中传入预测标签和真实标签，从而实现计算这 4 类中每一类的精确率、召回率、F_1 – score 值，最终，准确率表示所有类别的平均准确率。

2. 回归任务中的评价标准

如图 6.2.35 所示，回归任务的评价指标关注预测值 $\hat{y}_i$ 和真实值 y_i 之间的差别，常用距离来衡量二者之间的差距。假设要预测的 10 个样本的真实标签值为变量 y_true，而模型预测 10 个样本的标签值为 y_pre。

```
y_true = [0.1,0.5,0.8,0.2,0.3,0.6,0.4,0.1,0.3,0.3]
y_pre  = [0.1,0.5,0.7,0.4,0.8,0.6,0.3,0.4,0.2,0.7]
```

图 6.2.35　回归中真实值与预测值

（1）均方误差

均方误差（Mean Square Error，MSE）表示预测值与真实值之差的平方的均值。MSE 的计算见式（6.2.10）。

$$\text{MSE}(y, \hat{y}_i) = \frac{1}{n} \sum_{i=1}^{n} \| y_i - \hat{y}_i \|_2^2 \qquad (6.2.10)$$

sklearn.metrics 模块中的 mean_squared_error() 函数能够根据真实值与预测值自动计算模型的 MSE，代码如图 6.2.36 所示。

```
from sklearn.metrics import mean_squared_error as mse
mse(y_true,y_pre,squared=False)
```
0.23874672772626646

图 6.2.36　MSE 函数的实现

其中，参数 squared = False 表示对 MSE 值开根号。

（2）平均绝对误差

平均绝对误差（Mean Absolute Error，MAE）表示预测值和真实值之差的绝对值的均值。MAE 的计算见式（6.2.11）。

$$\text{MAE}(y, \hat{y}_i) = \frac{1}{n} \sum_{i=1}^{n} | y_i - \hat{y}_i | \qquad (6.2.11)$$

sklearn.metrics 模块中的 mean_absolute_error() 函数能够根据真实值与预测值自动计算模型的 MAE，代码如图 6.2.37 所示。

```
from sklearn.metrics import mean_absolute_error as mae
mae(y_true,y_pre)
```
0.17

图 6.2.37　MAE 函数的实现

（3）平均绝对百分比误差

平均绝对百分比误差（Mean Absolute Percentage Error，MAPE）表示绝对误差与真实误差的百分比。MAPE 的计算见式（6.2.12）。

$$\text{MAPE}(y, \hat{y}) = \frac{1}{n} \sum_{i=1}^{n} \frac{\| y_i - \hat{y}_i \|}{\| y_i \|} \qquad (6.2.12)$$

sklearn.metrics 模块中的 mean_absolute_percentage_error() 函数能够根据真实值与预测值自动计算模型的 MAPE，代码如图 6.2.38 所示。

```
from sklearn.metrics import mean_absolute_percentage_error as mape
mape(y_true,y_pre)
```
0.7708333333333333

图 6.2.38　MAPE 函数的实现

(4) 均分误差对数

均分误差对数（Mean Squared Log Error，MSLE）表示对数平方差的均值，MSLE 的计算见式（6.2.13）。

$$\text{MSLE}(y,\hat{y}) = \frac{1}{n}\sum_{i=0}^{n}(\log(1+y_i) - \log(1+\hat{y}_i))^2 \qquad (6.2.13)$$

sklearn.metrics 模块中的 mean_squared_log_error() 函数能够根据真实值与预测值自动计算模型的 MSLE，代码如图 6.2.39 所示。

```
from sklearn.metrics import mean_squared_log_error as msle
msle(y_true,y_pre)
```
0.027495278580881043

图 6.2.39　MSLE 函数的实现

（5）R^2（R Squared）

R^2 也叫拟合度，反映的是自变量对因变量的变动解释程度，其值越接近 1，说明模型的性能越好，R^2 的计算见式（6.2.14）。

$$R^2(y,\hat{y}) = 1 - \frac{\sum_{i=0}^{n}(y_i - \hat{y}_i)^2}{\sum_{i=0}^{n}(y_i - \bar{y})^2} \qquad (6.2.14)$$

sklearn.metrics 模块中的 r2_score() 函数能够根据真实值与预测值自动计算模型的 R^2，代码如图 6.2.40 所示。

```
from sklearn.metrics import r2_score
r2_score(y_true,y_pre)
```
-0.28378378378378377

图 6.2.40　R^2 函数的实现

上述用来衡量预测值与真实值之间误差的评价指标，如果考虑真实值和预测值的绝对误差，则选用 MAE；如果考虑真实值和预测值的差的平方，则选用 MSE；如果希望模型能找到解释预测值 y 变动的因素，则选用 R^2。当模型拟合数据的预测低于输出值的平均值时，R^2 就会出现负分数。

3. 过拟合、欠拟合

回归任务和分类任务中，为了让模型获得较好的泛化能力，使用训练好的模型对测试集分别采用分类和回归的评价指标进行测试，通过测试误差来评价。

① 欠拟合：指的是在训练集中预测值与真实值之间的误差较大，在测试集中预测值与真实值之间的误差也较大，导致模型的预测不准确。

处理方法：可以通过增加特征列的数目、选用更高复杂度的模型来重新训练模型，从而减小预测值与真实值的误差，提高模型的准确性。

② 过拟合：指的是在训练集中预测值与真实值之间的误差较小，在测试集中预测值与真实值之间的误差却较大，导致模型预测性能不稳定。

处理方法：可以通过减少特征列的数目、降低模型复杂度、对模型中的参数进行正则化处理来重新训练模型，从而减小预测值与真实值的误差，提高模型的稳定性。

4. 模型的选取

为了挑选出在训练集和测试集上表现优异的模型，通常采用 k 折交叉验证的方式来对模型进行选择，具体实现步骤如下：

①在训练集中将数据分为 k 份，进行 k 次训练。

②第 i 次（1 < i < k）训练时，选择训练集中的第 i 份数据作为验证集，剩下的 k − 1 份作为训练，得到第 k 个分类模型。

③评估 k 个模型的效果，挑选出性能最好的训练模型。

④使用训练好的模型对测试集中未知数据进行预测，来检查模型的稳定性。

三、任务实施（表 6.2.10）

表 6.2.10 评价标准的计算

任务内容	评价标准的计算
实施步骤	a = [1, 2, 4, 6, 2, 4, 7, 1, 3] b = [1, 2, 3, 5, 4, 1, 7, 2, 3] 使用代码计算预测值 a 与真实值 b 之间的准确率、精确率、召回率、$F_1-score$。 补齐实现代码： a = [1, 2, 4, 6, 2, 4, 7, 1, 3] b = [1, 2, 3, 5, 4, 1, 7, 2, 3] 使用代码计算预测值 a 与真实值 b 之间的 MSE、MAE、R^2。 补齐实现代码：

练习题

逻辑回归的性能指标有（　　）。

A. 准确率　　　　B. 召回率　　　　C. 精确率　　　　D. R^2

任务三　回归任务——波士顿房价预测

子任务1　数据集的预处理

一、任务描述

国家安全是民族复兴的根基，而数据安全是国家安全的重要组成部分，作为计算机从业人员，要牢固树立数据安全屏障，不通过非法手段获取数据、不泄露重要数据，维护国家信息安全。在 Python 数据分析中，数据集通常采用公开数据集，对于自制的数据集，通常要对其中的敏感数据做脱敏操作，防止被不法人员传播和利用。

本任务主要讲解数据集的预处理操作。具体要求见表6.3.1。

表6.3.1　数据集的预处理

任务名称	数据集的预处理	
任务要求	素质目标	1. 培养学生的社会服务意识 2. 培养学生认真、严谨的职业素养 3. 培养学生团队协作意识
	知识目标	掌握数据集的分析方法和数据预处理方法
	能力目标	能够对表格数据进行数据预处理操作
任务内容	完成表格数据的读取 完成回归任务中数据缺失、数据重复和数据异常的检测与处理	
验收方式	完成任务实施工单内容及练习题	

二、知识要点

1. 数据集分析

波士顿房价数据集（boston_house_prices.csv）是机器学习中一个常用的数据集，常用来验证回归算法的性能。其中，"MEDV"为标签列，数据在 boston_house_prices.csv 中的具体解释见表6.3.2。

表6.3.2　英文列名含义

列名	列名的含义	备注
CRIM	城镇人均犯罪率	
ZN	住宅地超过25 000平方英尺的比例	
INDUS	城镇非零售商用土地的比例	
CHAS	查理斯河空变量	如果边界是河流，值为1，否则为0

续表

列名	列名的含义	备注
NOX	一氧化碳浓度	
RM	住宅平均房间数	
AGE	1940 年之前建成的自用房屋比例	
DIS	到波士顿五个中心区域的加权距离	
RAD	辐射性公路的接近指数	
TAX	每 10 000 美元的全值财产产税率	
PTRATIO	城镇师生比例	
B	城镇中黑人的比例	
LSTAT	人口中地位低下者的比例	
MEDV	自住房的平均房价（以千美元计）	该类数据为标签列

注：本表提供的 Boston_house_prices.csv 数据集是对原始的数据集进行了人工处理。

2. 数据缺失值

使用文本编辑器打开 boston_house_princes.csv 文件，如图 6.3.1 所示，文件的第一行内容不是列名，列名出现在第二行。

```
boston_house_prices.csv
1  506,13,,,,,,,,,,,,
2  "CRIM","ZN","INDUS","CHAS","NOX","RM","AGE","DIS","RAD","TAX","PTRATIO","B","LSTAT","MEDV"
3  0.00632,18,2.31,0,0.538,6.575,65.2,4.09,1,296,15.3,396.9,4.98,24
```

图 6.3.1　文本编辑器中的内容

因此，使用 pandas 库读取文件内容时，需要跳过第一行，将第二行的真实列名作为表头。如图 6.3.2 所示，在使用 pd.read_csv()方法读入数据时，设置参数 skiprows = [0] 来跳过指定行号对应的这一行数据。

图 6.3.2　跳过指定行读数据

（1）缺失值的检测

接下来需要查看每一列的缺失情况。

如图 6.3.3 所示，使用 data.info()获取整个数据集的摘要，查看每一列数据的分布情况。在输出的结果中，"508 entries"标明每一列都有 508 行，其中，"INDUS""NOX"

"TAX"列中非空的行数均少于508行，因此，这三列中数据有缺失。

```
data.info()
<class 'pandas.core.frame.DataFrame'>
RangeIndex: 508 entries, 0 to 507
Data columns (total 14 columns):
 #   Column   Non-Null Count  Dtype
---  ------   --------------  -----
 0   CRIM     508 non-null    float64
 1   ZN       508 non-null    float64
 2   INDUS    507 non-null    float64
 3   CHAS     508 non-null    int64
 4   NOX      506 non-null    float64
 5   RM       508 non-null    float64
 6   AGE      508 non-null    float64
 7   DIS      508 non-null    float64
 8   RAD      508 non-null    int64
 9   TAX      507 non-null    float64
 10  PTRATIO  508 non-null    float64
 11  B        508 non-null    float64
 12  LSTAT    508 non-null    float64
 13  MEDV     508 non-null    float64
dtypes: float64(12), int64(2)
memory usage: 55.7 KB
```

图 6.3.3　跳过指定行读数据

（2）缺失值的处理

对于缺失值的处理：①使用 dropna( ) 方法删除缺失值所在行，②使用 fillna( ) 对缺失的位置进行填充，从而保留该行数据。本数据集的样本容量小，因此，选择使用填充的方式来保留该行数据。

首先，定位"INDUS"列中缺失值所在的行号，将 data['INDUS'].isnull( ) 作为条件置于 data 的索引中，即可找出缺失值对应的行号为 20，如图 6.3.4 所示。

```
print(data[data['INDUS'].isnull()])
data.loc[19:22,:]
       CRIM    ZN  INDUS  CHAS    NOX    RM   AGE     DIS  RAD    TAX  PTRATIO  \
20  1.25179   0.0    NaN     0  0.538  5.57  98.1  3.7979    4  307.0     21.0

         B  LSTAT  MEDV
20  376.57  21.02  13.6
```

图 6.3.4　"INDUS"列中缺失值的检测

然后，如图 6.3.5 所示，根据行号通过 data.loc[19:22,:] 来查看第 20 行前后位置（即第 19～22 行）在"INDUS"上的数据，此时，缺失数据的前后都为同一个数据。

```
data.loc[19:22,:]
       CRIM   ZN  INDUS  CHAS    NOX     RM   AGE     DIS  RAD    TAX  PTRATIO       B  LSTAT  MEDV
19  0.72580  0.0   8.14     0  0.538  5.727  69.5  3.7965    4  307.0     21.0  390.95  11.28  18.2
20  1.25179  0.0    NaN     0  0.538  5.570  98.1  3.7979    4  307.0     21.0  376.57  21.02  13.6
21  0.85204  0.0   8.14     0  0.538  5.965  89.2  4.0123    4  307.0     21.0  392.53  13.83  19.6
22  1.23247  0.0   8.14     0  0.538  6.142  91.7  3.9769    4  307.0     21.0  396.90  18.72  15.2
```

图 6.3.5　查看数据

因此，可以选用缺失值的后一个值进行填充。如图 6.3.6 所示，调用 fillna( ) 函数来进行数据的填充，其中，参数 method 取值为 'ffill'、'bfill'，分别表示使用前一个数填充或后一个数填充，参数 inplace = True 表示填充后的数据覆盖原数据，最终，第 20 行 "INDUS" 列的数据变为 8.14。

```
data['INDUS'].fillna(method='bfill',inplace=True)
data.loc[20,:]

CRIM         1.25179
ZN           0.00000
INDUS        8.14000
CHAS         0.00000
NOX          0.53800
RM           5.57000
AGE         98.10000
DIS          3.79790
RAD          4.00000
TAX        307.00000
PTRATIO     21.00000
B          376.57000
LSTAT       21.02000
MEDV        13.60000
Name: 20, dtype: float64
```

图 6.3.6 "INDUS" 列中缺失值的填充

对 "NOX" "TAX" 列中的缺失值进行同样的处理，代码如图 6.3.7 所示。

```
data['NOX'].fillna(method='bfill',inplace=True)
data['TAX'].fillna(method='bfill',inplace=True)
```

图 6.3.7 "NOX" "TAX" 列中缺失值的填充

3. 数据重复值

（1）重复值的检测

数据的重复主要指的是行数据与之前的某些行数据重复。行数据的重复需要判断某一行数据与之前行有重复。

如图 6.3.8 所示，直接在表格数据对象 data 中调用 duplicated( ).sum( ) 统计相同行的数量，输出结果为 2 表明在整个表格中有 2 行内容与之前行有重复。

```
data.duplicated().sum()

2
```

图 6.3.8 重复值的检测

如图 6.3.9 所示，将 data.duplicated( ) 作为条件置于 data.loc 中的行索引的位置上即可筛选出重复值所在行的内容。从结果可以看出，行号为 123 的行数据与之前的某些行有重复，行号为 169 的行数据与之前的某些行有重复。

```
data.loc[data.duplicated(),:]
```

	CRIM	ZN	INDUS	CHAS	NOX	RM	AGE	DIS	RAD	TAX	PTRATIO	B	LSTAT	MEDV
123	0.21161	0.0	8.56	0	0.520	6.137	87.4	2.7147	5	384.0	20.9	394.47	13.44	19.3
169	2.77974	0.0	19.58	0	0.871	4.903	97.8	1.3459	5	403.0	14.7	396.90	29.29	11.8

图 6.3.9 显示重复行内容

（2）重复数据的处理

重复值的常用处理方式是删除多次出现的行，只保留其中一次内容。

如图 6.3.10 所示，在表格数据中去除重复行使用 drop_duplicates() 函数。在该函数中，参数 keep 值为 'first'，表示保留重复值当中第一次出现的值；keep 值为 'last'，表示保留重复值当中最后一次出现的值。如果要使去除重复行的结果在原数据上生效，需要将函数中的 inplace 参数设置为 True。

```
data.drop_duplicates(keep='first',inplace=True)
data.loc[121:124,:]
```

	CRIM	ZN	INDUS	CHAS	NOX	RM	AGE	DIS	RAD	TAX	PTRATIO	B	LSTAT	MEDV
121	0.07165	0.0	25.65	0	0.581	6.004	84.1	2.1974	2	188.0	19.1	377.67	14.27	20.3
122	0.09299	0.0	25.65	0	0.581	5.961	92.9	2.0869	2	188.0	19.1	378.09	17.93	20.5
124	0.15038	0.0	25.65	0	0.581	5.856	97.0	1.9444	2	188.0	19.1	370.31	25.41	17.3

图 6.3.10　删除重复行内容

输出第 121～124 行内容，从结果中可以发现，因为 keep = first 保留第一次出现的重复值，所以重复内容对应的行号 123 被消除了，因此，需要将剩下的行号重新设置。

删除两个重复数据后，此时行数变为 506 行，如图 6.3.11 所示，用列表生成器生成一个从 1 到 506 的列表；对 data.index 属性对应的行号按照列表中从 1 到 506 的顺序重新设置。

```
data.index = [i for i in range(1,len(data)+1)]
data.index

Int64Index([  1,   2,   3,   4,   5,   6,   7,   8,   9,  10,
            ...
            497, 498, 499, 500, 501, 502, 503, 504, 505, 506],
           dtype='int64', length=506)
```

图 6.3.11　生成行号

4. 数据异常

（1）异常数据的检测

当前的列数据为数值类型，可以通过计算离群点方式来判断。

如图 6.3.12 所示，定义计算离群点函数 outer(x)，参数 x 表示传入的列数据，在代码第 2 行取出该列的第 1 个四分位数 Q1，在代码第 3 行取出该列的第 3 个四分位数 Q3，四分位差 IQR 是指第三个四分位数和第一个四分位数的差，异常值为低于（Q1 - 1.5IQR）或高于（Q3 + 1.5IQR）的值，如第 5、6 行代码所示，最后，返回该列中满足条件的元素所在的行。

```
1  def outer(x):
2      Q1 = x.quantile(0.25)
3      Q3 = x.quantile(0.75)
4      IQR = Q3 - Q1
5      v1 = Q1 - 1.5*IQR
6      v2 = Q3 + 1.5*IQR
7      return (x<v1)|(x>v2)
```

图 6.3.12　outer() 函数的定义

接下来，对特征列"RM"进行异常检测，如图6.3.13所示。首先，调用outer()函数将"RM"列数传入函数中形成条件rule1，然后，将rule1置于data.loc[,]中的行索引位置，从而筛选出"RM"列中异常值所在行，其中，异常数据部分如框中所示。

```
1  rule1 = outer(data["RM"])
2  data.loc[rule1,:]
```

	CRIM	ZN	INDUS	CHAS	NOX	RM	AGE	DIS	RAD	TAX	PTRATIO	B	LSTAT	MEDV
98	0.12083	0.0	2.89	0	0.4450	8.069	76.0	3.4952	2	276.0	18.0	396.90	4.21	38.7
99	0.08187	0.0	2.89	0	0.4450	7.820	36.9	3.4952	2	276.0	18.0	393.53	3.57	43.8
163	1.83377	0.0	19.58	1	0.6050	7.802	98.2	2.0407	5	403.0	14.7	389.61	1.92	50.0

图6.3.13 "RM"列的异常检测

（2）异常数据的处理

对于存在的异常值，可以对其进行修改，保留该行或者删除。本数据集样本较少，因此，选择修改异常的保留数据。

接下来，对特征列"RM"进行异常处理。如图6.3.14所示，在查询到"RM"列中异常值所在行的基础上增加列名"RM"，即可定位到异常数据；然后使用"RM"列中的中位数进行填充；最后对"RM"列中异常值修改后的结果进行展示，发现均已修改为"RM"列的中位数。

```
1  data.loc[rule1,"RM"] = data['RM'].median()
2  data.loc[rule1,:]
```

	CRIM	ZN	INDUS	CHAS	NOX	RM	AGE	DIS	RAD	TAX	PTRATIO	B	LSTAT	MEDV
98	0.12083	0.0	2.89	0	0.4450	6.2085	76.0	3.4952	2	276.0	18.0	396.90	4.21	38.7
99	0.08187	0.0	2.89	0	0.4450	6.2085	36.9	3.4952	2	276.0	18.0	393.53	3.57	43.8
163	1.83377	0.0	19.58	1	0.6050	6.2085	98.2	2.0407	5	403.0	14.7	389.61	1.92	50.0

图6.3.14 "RM"列的异常处理

三、任务实施（表6.3.3）

表6.3.3 异常值处理

任务内容	异常值处理
实施步骤	步骤一：从表格中的剩余列中选一列进行异常值的查找。 实现代码： 步骤二：对选定列中的异常值进行处理。 实现代码：

【笔记】

练习题

1. （单选题）重复值删除常用下列选项中的（　　）。
   A. info(　)　　　B. dorp(　)　　　C. fillna(　)　　　D. drop_duplicates(　)
2. （多选题）查看缺失值可以使用下列选项中的（　　）。
   A. info(　)　　　B. dorpna(　)　　　C. isnull(　)　　　D. drop_duplicates(　)

子任务2　相关性分析和归一化

一、任务描述

本任务主要对数据清洗后的干净数据进行相关性分析、特征选择和归一化等操作。具体要求见表6.3.4。

表6.3.4　数据的相关性分析和归一化处理

任务名称	数据的相关性分析和归一化处理	
任务要求	素质目标	1. 培养学生任务交付的职业综合能力 2. 培养学生严谨、细致的数据分析工程师职业素养 3. 激发学生自我学习热情
	知识目标	掌握相关性分析的可视化展示和归一化处理的方法
	能力目标	能够熟练对数据进行相关性分析和归一化处理
任务内容	1. 相关性分析的计算和可视化展示 2. 回归任务中数据的筛选 3. 数据归一化处理	
验收方式	完成任务实施工单内容及练习题	

二、知识要点

1. 相关性分析

数据集中除了标签列数据外，其他每一列数据都代表一种特征，当前，数据集中特征列数目较多，需要剔除一些影响因素较小的列，将表现力较强的特征列保留下来。

方式一：绘图法

逐列取出特征列与标签列"MEDV"绘制散点图，通过散点图的分布判断与标签列"MEDV"相关性高的特征列。

如图6.3.15中1、2行代码所示，导入绘图工具matplotlib.pyplot来绘制子图，通过参数figsize设置子图大小；如代码4~9行所示，首先，取出标签列"MEDV"作为横坐标；其次，使用for循环依次根据列名取出其他列数据，并将绘制的散点图分布到不同的子图上，每张子图中的纵坐标显示特征列的名称；最后，如第10行代码所示，将绘制的所有子图显示出来。

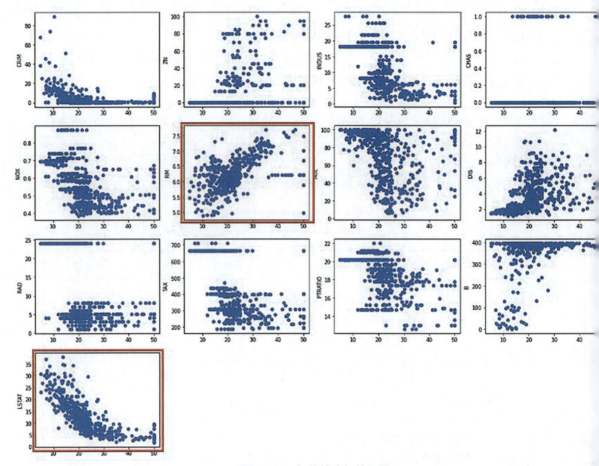

图 6.3.15 相关性分析效果图

通过输出结果可以看出，不同的子图表示该特征列与标签列"MEDV"的相关程度，其中，框中所示"MR""LSTAT"分别与"MEDV"列呈线性分布，表明这两列与标签列"MEDV"的相关性高。

方式二：计算法

可以通过 corr 函数来计算变量之间的相关性系数，从而判断变量之间的相关程度。

如图 6.3.16 所示，在表格数据对象 data 中，corr( ) 方法可以计算每一列数据与剩余其他列的相关程度。其中，数据为正数表示正相关，数据为负数表示负相关，相关性的数值在 -1~1 的范围内。数值的绝对值越大，表示相关的程度越高。因此，通过查看特征"MEDV"列对应的数据可以发现，与"MEDV"相关性较高的分别是："LSTAT"列相关性为 -0.73，"PTRATIO"列相关性为 -0.507，"RM"列相关性为 0.498，"INDUS"列相关性为 -0.483 7。

为了更好地显示相关性处理后的结果，可以通过热力图的方式来对 data.corr( ) 进行可视化展示。

如图 6.3.17 所示，使用 seaborn 中的 heatmap( ) 函数来显示 data.corr( ) 相关性分析的数据，相关性的数值对应的颜色如图中右侧色带所示。

	CRIM	ZN	INDUS	CHAS	NOX	RM	AGE	DIS	RAD	TAX	PTRATIO	B	LSTAT	MEDV
CRIM	1.000000	-0.200469	0.406583	-0.055892	0.420972	-0.130818	0.352734	-0.379670	0.625505	0.582764	0.289946	-0.385064	0.455621	-0.388305
ZN	-0.200469	1.000000	-0.533828	-0.042697	-0.516604	0.337284	-0.569537	0.664408	-0.311948	-0.314563	-0.391679	0.175520	-0.412995	0.360445
INDUS	0.406583	-0.533828	1.000000	0.062938	0.763651	-0.369818	0.644779	-0.708027	0.595129	0.720760	0.383248	-0.356977	0.603800	-0.483725
CHAS	-0.055892	-0.042697	0.062938	1.000000	0.091203	0.030564	0.086518	-0.099176	-0.007368	-0.035587	-0.121515	0.048788	-0.053929	0.175260
NOX	0.420972	-0.516604	0.763651	0.091203	1.000000	-0.304564	0.731470	-0.769230	0.611441	0.668023	0.188933	-0.380051	0.590879	-0.427321
RM	-0.130818	0.337284	-0.369818	0.030564	-0.304564	1.000000	-0.258775	0.231437	-0.124041	-0.206822	-0.256491	0.059567	-0.536292	0.498374
AGE	0.352734	-0.569537	0.644779	0.086518	0.731470	-0.258775	1.000000	-0.747881	0.456022	0.506456	0.261515	-0.273534	0.602339	-0.376955
DIS	-0.379670	0.664408	-0.708027	-0.099176	-0.769230	0.231437	-0.747881	1.000000	-0.494588	-0.534432	-0.232471	0.291512	-0.496996	0.249929
RAD	0.625505	-0.311948	0.595129	-0.007368	0.611441	-0.124041	0.456022	-0.494588	1.000000	0.910228	0.464741	-0.444413	0.488676	-0.381626
TAX	0.582764	-0.314563	0.720760	-0.035587	0.668023	-0.206822	0.506456	-0.534432	0.910228	1.000000	0.460853	-0.441808	0.543993	-0.468536
PTRATIO	0.289946	-0.391679	0.383248	-0.121515	0.188933	-0.256491	0.261515	-0.232471	0.464741	0.460853	1.000000	-0.177383	0.374044	-0.507787
B	-0.385064	0.175520	-0.356977	0.048788	-0.380051	0.059567	-0.273534	0.291512	-0.444413	-0.441808	-0.177383	1.000000	-0.366087	0.333461
LSTAT	0.455621	-0.412995	0.603800	-0.053929	0.590879	-0.536292	0.602339	-0.496996	0.488676	0.543993	0.374044	-0.366087	1.000000	-0.737663
MEDV	-0.388305	0.360445	-0.483725	0.175260	-0.427321	0.498374	-0.376955	0.249929	-0.381626	-0.468536	-0.507787	0.333461	-0.737663	1.000000

图 6.3.16 相关性计算

```
1  import seaborn as sns
2  sns.heatmap(data.corr())
3  sns.despine()
```

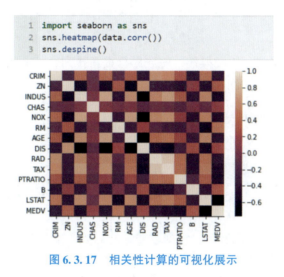

图 6.3.17 相关性计算的可视化展示

在生成的相关性表格中,筛选与某一列相关性强的其他列可以通过如图 6.3.18 所示代码实现。

```
1  data.corr().abs().nlargest(6,'MEDV').index
```

Index(['MEDV', 'LSTAT', 'PTRATIO', 'RM', 'INDUS', 'TAX'], dtype='object')

图 6.3.18 筛选相关性强的列

在生成的相关性表中,使用 abs( ) 将表中数据进行绝对值运算,然后继续调用 nlargest( ) 方法,传入被筛选列的名字"MEDV"和预期查看的相关性强的列数 6,并通过 index 来显示对应列名,即可显示与指定列"MEDV"相关性较强的前 5 个特征列。

因此,如图 6.3.19 所示,本数据集取出与标签列"MEDV"相关的"LSTAT""PTRA-TIO""RM""INDUS""TAX"列,来对原数据 data 进行覆盖,形成新的数据集 data。

2. 数据乱序

如图 6.3.20 所示,按照原始行号排列的数据,其相邻两行的某些列有重复,在后期模型的训练过程中,会被模型误认为是一种规律,从而使模型的泛化能力降低。

```
1  data = data[data.corr().abs().nlargest(6,'MEDV').index]
2  data.head(3)
```

	MEDV	LSTAT	PTRATIO	RM	INDUS	TAX
1	24.0	4.98	15.3	6.575	2.31	296.0
2	21.6	9.14	17.8	6.421	7.07	242.0
3	34.7	4.03	17.8	7.185	7.07	242.0

图 6.3.19　数据覆盖

	MEDV	LSTAT	PTRATIO	RM	INDUS	TAX
19	20.2	11.69	21.0	5.456	8.14	307.0
20	18.2	11.28	21.0	5.727	8.14	307.0
21	13.6	21.02	21.0	5.570	8.14	307.0
22	19.6	13.83	21.0	5.965	8.14	307.0
23	15.2	18.72	21.0	6.142	8.14	307.0

图 6.3.20　数据重复

因此，需要按照行号进行打乱操作，使数据行重新排列，从而增强训练模型的稳定性。对行号进行乱序操作的代码如图 6.3.21 所示。

```
1  import numpy as np
2  new_index = [i for i in range(len(data))]
3  np.random.seed(45)
4  np.random.shuffle(new_index)
5  print(new_index)
```
[48, 64, 473, 485, 228, 389, 462, 61, 482, 465, 419, 393, 202, 172, 474, 8, 360, 505, 354, 351, 99, 76, 503, 38, 404, 169, 497, 50, 385, 4, 84, 1

图 6.3.21　数乱序

如图 6.3.21 中第 2 行代码所示，根据数据集的行数产生一个行号对应的列表，然后将行号的顺序打乱。为了将乱序后的结果固定下来，使用 np.random.seed(45) 产生一个固定的乱序方式，从而保证每次执行代码时，行号的排列都是同一个顺序，其中的数值 45 指的是第 45 个固定的乱序方式。接下来使用 np.random.shuffle() 函数将行号进行乱序处理，并按照新的行号顺序将数据行进行重新排列。

如图 6.3.22 所示，在 data 后调用 reindex() 方法传入乱序后的新行号，将乱序后的数据对原数据使用赋值语句进行覆盖，从输出的行号中可以看出数据的顺序已经被打乱了。对打乱后的行数据保存数据部分不变，重新设置行号使其从 0 开始顺序编号。

```
1  data = data.reindex(new_index)
2  data.head(3)
```

	MEDV	LSTAT	PTRATIO	RM	INDUS	TAX
48	16.6	18.80	17.9	6.030	6.91	233.0
64	25.0	9.50	19.7	6.762	5.13	284.0
473	23.2	14.36	20.2	6.437	18.10	666.0

图 6.3.22　打乱内容

如图 6.3.23 所示，通过表格数据 data 的 reset_index( ) 方法对原始数据的行号进行修改，通过传入参数 drop = True 实现在数据部分不变的情况下，行号从 0 开始重新编排，通过设置参数 inplace = True 使修改后的数据对原数据进行覆盖。

```
1  data.reset_index(drop=True,inplace=True)
2  data.head(3)
```

	MEDV	LSTAT	PTRATIO	RM	INDUS	TAX
0	16.6	18.80	17.9	6.030	6.91	233.0
1	25.0	9.50	19.7	6.762	5.13	284.0
2	23.2	14.36	20.2	6.437	18.10	666.0

图 6.3.23　顺序编号

3. 归一化处理

每一列数据都是影响最终模型性能的一个因素，其中，数值较大的列对最终模型的性能的影响较大，为了避免对数据值较大列的过度依赖，通常需要对数据进行归一化处理。

（1）方式一：最大最小值归一化

计算公式见式（6.3.1）：

$$x' = (x - \min(x))/(\max(x) - \min(x)) \qquad (6.3.1)$$

式中，x' 表示产生的每一个新数据；$\max(x)$ 表示 x 所在列数据的最大值；$\min(x)$ 表示 x 所在列数据的最小值。过程中需要使用 pandas 中的统计函数 max( ) 和 min( )，实现代码如图 6.3.24 所示。

```
1  x_max = data.iloc[:,1:].max()
2  x_min = data.iloc[:,1:].min()
3  data_max_min = (data.iloc[:,1:]-x_min)/(x_max-x_min)
4  data_max_min.head(3)
```

	LSTAT	PTRATIO	RM	INDUS	TAX
0	0.471026	0.563830	0.409107	0.236437	0.087786
1	0.214404	0.755319	0.669513	0.171188	0.185115
2	0.348510	0.808511	0.553895	0.646628	0.914122

图 6.3.24　最大最小归一化的代码实现

如图 6.3.24 中第 1、2 行代码所示，对 5 个特征列数据分别求出每一列的最大值 x_max 和标准最小值 x_min，按照式（6.3.1）求出每个数据标准化之后的值，查看处理之后的前 3 行内容。

（2）方式二：正态归一化

计算公式见式（6.3.2）：

$$x' = (x - \text{mean}(x))/\text{std}(x) \qquad (6.3.2)$$

式中，x' 表示产生的每一个新数据；mean(x) 表示 x 所在列数据的均值；std(x) 表示 x 所在列数据的方差。正态归一化的代码实现如图 6.3.25 所示。

（3）归一化方式的选择

在未进行归一化处理的数据 data 中，查看每一列对应的概率密度曲线，如果该曲线近似满足正态分布，即可对该列数据进行正态归一化操作，否则，不可以对该列数据进行正态归一化操作。

```
1  x_mean = data.iloc[:,1:].mean()
2  x_std = data.iloc[:,1:].std()
3  data_mean = (data.iloc[:,1:]-x_mean)/x_std
4  data_mean.head(3)
```

	LSTAT	PTRATIO	RM	INDUS	TAX
0	0.858993	-0.254374	-0.390279	-0.615286	-1.040977
1	-0.442621	0.577373	1.022974	-0.874494	-0.738479
2	0.237578	0.808414	0.395505	1.014231	1.527286

图 6.3.25　正态归一化的代码实现

如图 6.3.26 中第 1、2 行代码所示，使用绘图库 Matplotlib 中的字库 plot 和 seaborn，然后，如代码第 3~10 行所示，使用 for 循环在 5 列特征中逐一取出每一列数据，传入 seaborn 的 kdeplot( ) 函数来绘制每一列数据对应的概率密度曲线，并用不同的颜色进行标注；通过将每一列的列名传入 plt.legend( ) 函数形成图像的图例来对应曲线的名称。

```
1  import matplotlib.pyplot as plt
2  import seaborn as sns
3  plt.figure(figsize=(12,8))
4  x = data.index
5  color1 = ['red','green','blue','black','gray']
6  for index,val in enumerate(data.columns[1:]):
7      plt.subplot(2,3,index+1)
8      y = data[val]
9      sns.kdeplot(y,color=color1[index])
10     plt.legend(val)
11
12 plt.show()
```

图 6.3.26　列数据的分布特征

通过观察输出的图 6.3.27 可以看出：红色、绿色、蓝色曲线接近正态分布，对其可以使用正态归一化处理，最后两条曲线均有两个峰值，不满足正态分布，可以使用最大最小归一化进行处理。

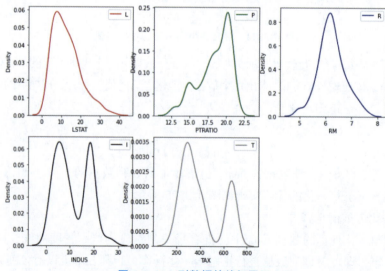

图 6.3.27　列数据的特征展示

三、任务实施（表 6.3.5）

表 6.3.5　数据的归一化处理

任务内容	数据的归一化处理
实施步骤	步骤一：对 "LSTAT" "PTRATIO" "RM" 这三列数据进行正态归一化处理。
	步骤二：对 "INDUS" "TAX" 这两列数据进行最大最小值归一化处理。

【笔记】

练习题

1. （填空题）在 sklearn 库中进行正态归一化处理的函数为_____。
2. （填空题）在 sklearn 库中进行最大最小值归一化处理的函数为_____。

子任务 3　模型的训练与评估

一、任务描述

本任务主要讲解根据回归任务构建模型，并完成模型的初始化、训练、评价等任务。具体要求见表 6.3.5。

表 6.3.6　模型的训练与评估

任务名称	模型的训练与评估	
任务要求	素质目标	1. 培养学生的社会服务意识 2. 培养学生认真、严谨的职业素养 3. 培养学生团队协作意识
	知识目标	掌握数据划分的方法、回归模型的种类、评价方法
	能力目标	能够根据不同的学习任务选择合适的模型
任务内容	1. 完成数据集的划分 2. 完成模型的选择 3. 完成回归任务中 MSE、MAE、R^2 等函数的调用	
验收方式	完成任务实施工单内容及练习题	

二、知识要点

1. 数据监测

对列数据进行了归一化处理后，在训练开始前，需要监测数据中是否有缺失。

如图 6.3.28 所示，使用 data.info() 查看每一列数据的缺失情况，从结果中可以看出，数据经过归一化运算处理后，在 data 中，每列中存在一个缺失值。以"TAX"缺失值所在列为条件，通过代码 data[data["TAX"].isnull()] 来查看"TAX"中缺失值所在的行，如图 6.3.29 所示。

```
data.info()
<class 'pandas.core.frame.DataFrame'>
RangeIndex: 506 entries, 0 to 505
Data columns (total 6 columns):
 #   Column   Non-Null Count  Dtype
---  ------   --------------  -----
 0   MEDV     505 non-null    float64
 1   LSTAT    505 non-null    float64
 2   PTRATIO  505 non-null    float64
 3   RM       505 non-null    float64
 4   INDUS    505 non-null    float64
 5   TAX      505 non-null    float64
dtypes: float64(6)
memory usage: 23.8 KB
```

图 6.3.28　列数据的特征展示

```
data[data["TAX"].isnull()]
```

	MEDV	LSTAT	PTRATIO	RM	INDUS	TAX
195	NaN	NaN	NaN	NaN	NaN	NaN

图 6.3.29　列数据的特征展示

接下来对缺失值进行删除操作。

如图 6.3.30 所示，使用 data.dropna(how = 'all', inplace = True)，设置 how = "all"，即可选定缺失值所在行。设置参数 inplace = True 实现修改后的数据对原数据进行覆盖。通过 data.loc[193:197,:] 来查看原来缺失值所在位置，即第 195 行，可以看出缺失值所在的第 195 行已经被删除。

```
data.dropna(how='all',inplace=True)
```

```
data.loc[193:197,:]
```

	MEDV	LSTAT	PTRATIO	RM	INDUS	TAX
193	20.0	0.208186	-0.254374	-0.861363	0.236	0.088
194	19.3	-0.376840	-0.716455	-0.703048	0.102	0.464
196	19.8	0.458712	-0.023333	-0.869086	0.346	0.223
197	26.6	-0.947871	0.577373	1.364703	0.029	0.282

图 6.3.30　缺失值的删除

将整个表格数据的行号从 0 开始重新连续编号。

如图 6.3.31 所示，使用 data.reset_index(drop = True, inplace = True)，设置 drop = True，即以已有行号作为数据行号，而不再额外增加新行号，设置 inplace = True，实现修改后的数据对原数据进行覆盖。通过 data.loc[193:197,:]来查看原来缺失值所在位置第 195 行，可以看出删除的第 195 行已被后续行进行了代替，数据中没有缺失的行号。

图 6.3.31　重新编号

如图 6.3.32 所示，使用 data.info()查看每一列数据的缺失情况，此时，每一列中数目与提示的 505 记录数目一致，因此不存在缺失。

图 6.3.32　查看数据缺失

2. 数据集的切分

按照接近 4∶1 的比例来对数据进行切分，经过处理后，数据集中共有 505 条数据，因此，将数据以第 404 行为切割点，前 404 行数据为训练集，后 101 行数据为测试集。在训练集中，第 1 列"MEDV"为训练标签，后 5 列为训练数据，后 101 行数据为测试集；在测试集中，第 1 列"MEDV"为测试标签，后 5 列为测试数据。操作代码如下：

如图 6.3.33 中第 1 和 6 行代码所示，以数据集的倒数第 101 行为分界点，将前 404 行数据和后 101 行数据分别作为训练集 train 和测试集 test；如代码第 2 和 3 行所示，在训练集 train 中，将其第 1 列和后 5 列分别作为训练标签 y 和训练数据 x；如代码第 7 和 8 行所示，在测试集 test 中，将其第 1 列和后 5 列分别作为测试标签 y_test 和测试数据 x_test。

```
1  train = data.iloc[:-101,:]
2  y = train.iloc[:,0]
3  x = train.iloc[:,1:]
4  print("train_data:{},train_label:{}".format(x.shape,y.shape))
5
6  test = data.iloc[-101:,:]
7  y_test = test.iloc[:,0]
8  x_test = test.iloc[:,1:]
9  print("test_data:{},test_label:{}".format(x_test.shape,y_test.shape))
```

```
train_data:(404, 5),train_label:(404,)
test_data:(101, 5),test_label:(101,)
```

图 6.3.33　数据集的划分

3. 模型的训练与评价

（1）KNN 回归模型的训练与评价

①模型的初始化与训练。

如图 6.3.34 中第 1 行代码所示，从机器学习库 sklearn 的子库 neighbors 中导出 KNN 的回归模型：KNeighborsRegressor 类。

```
1  from sklearn.neighbors import KNeighborsRegressor
2  print(KNeighborsRegressor)
```

```
<class 'sklearn.neighbors._regression.KNeighborsRegressor'>
```

图 6.3.34　KNeighborsRegressor 模型初始化

如图 6.3.35 所示，使用导出的 KNeighborsRegressor 类实例化对象 kr，在对象 kr 中调用 fit( ) 方法。在该方法中传入训练数据 x 和训练标签 y，从而完成回归模型 kr 的训练。

```
1  kr = KNeighborsRegressor()
2  kr.fit(x,y)
```

```
KNeighborsRegressor(algorithm='auto', leaf_size=30, metric='minkowski',
                    metric_params=None, n_jobs=None, n_neighbors=5, p=2,
                    weights='uniform')
```

图 6.3.35　KNeighborsRegressor 模型的训练

②模型的预测。

使用测试集对训练好的模型 kr 进行预测与评价。

如图 6.3.36 所示，使用训练好的模型 kr 调用其中的 score 方法，按照顺序分别传入测试数据 x_test 和测试标签 y_test，即可得出该模型在测试集上的得分。得分越接近 1，模型的表现越好，得分越低，模型的表现越差。

```
1  kr.score(x_test,y_test)
```

```
0.8471903484869716
```

图 6.3.36　KNeighborsRegressor 模型的预测

对于回归模型，预测的所有数据点与真实的数据点之间的平均距离是衡量模型稳定的重要指标，常用的评价标准有 MSE 和 R^2 等。

如图 6.3.37 中第 1 行代码所示，从 sklearn 子库 metrics 导出均方误差 mean_squared_ error 并简写为 mse；在第 2 行代码中，使用回归模型 kr 中的 predict 方法对测试数据 x_test 进行预测，得到预测标签 y1；如第 3 行代码所示，计算预测标签 y1 和真实标签 y_test 之间距离的平方和。

```
from sklearn.metrics import mean_squared_error as mse
y1 = kr.predict(x_test)
print(mse(y1,y_test,squared=True))
```
12.935611881188116

图 6.3.37　模型 mse 的计算

评价标准 R^2 的操作如下：如图 6.3.38 中第 1 行代码所示，从 sklearn 子库 metrics 导出均方误差 r2_score；在第 2 行代码中，对预测标签 y1 和真实标签 y_test 计算对应的 R^2 值，其值越接近 1，表示模型拟合效果越好。

```
from sklearn.metrics import r2_score
print(r2_score(y1,y_test))
```
0.8124757208993440

图 6.3.38　模型 R^2 的计算

（2）SVM 回归模型的训练

①模型的初始化与训练。

如图 6.3.39 中第 1 行代码所示，从机器学习库 sklearn 的子库 svm 中导出归模型：SVR 类；如代码第 2 行所示，使用导出的 SVR 类并指定参数 kernel 和 C 的值，完成实例化对象 s1；如代码第 3 行所示，在对象 s1 中调用 fit() 方法，在该方法中传入训练数据 x 和训练标签 y，从而完成回归模型 s1 的训练。

```
from sklearn.svm import SVR
s1 = SVR(kernel='rbf',C=100)
s1.fit(x,y)
```
SVR(C=100, cache_size=200, coef0=0.0, degree=3, epsilon=0.1, gamma='scale',
    kernel='rbf', max_iter=-1, shrinking=True, tol=0.001, verbose=False)

图 6.3.39　SVR 模型的初始化与训练

②模型的预测。

使用测试集对训练好的模型 s1 进行预测与评价。

如图 6.3.40 所示，使用训练好的模型 s1 调用其中的 score 方法，分别传入测试数据 x_test 和测试标签 y_test，即可得出该模型在测试集上的得分，数值越接近 1，模型的表现越好。

```
s1.score(x_test,y_test)
```
0.8424439388107308

图 6.3.40　SVR 模型的预测

对于 SVR 模型，计算 MSE 和 R^2。

评价标准 MSE 的操作如下：如图 6.3.41 中第 1 行代码所示，从 sklearn 子库 metrics 导出 MSE；如第 2 行代码所示，使用回归模型 s1 中的 predict 方法对测试数据 x_test 中每训练数据的标签 y1；如第 3 行代码所示，对预测标签 y1 和真实标签 y_test 计算对应的距离平方和。

```
1  from sklearn.metrics import mean_squared_error as mse
2  y2 = s1.predict(x_test)
3  print(mse(y2,y_test,squared=True))
```
13.33740399832891

图 6.3.41　mses 值的计算

评价标准 R^2 的操作如下：如图 6.3.42 中第 1 行代码所示，从 sklearn 子库 metrics 导出均方误差 r2_score；如第 2 行代码所示，对预测标签 y1 和真实标签 y_test 计算对应的 R^2 值，其为 0.83。

```
1  from sklearn.metrics import r2_score
2  print(r2_score(y2,y_test))
```
0.830812736366835

图 6.3.42　R^2 值的计算

通过比较回归模型 kr 和 s1 在 score、MSE 和 R^2 上的表现，可以发现，回归模型 s1 的性能较好。

三、任务实施（表 6.3.7）

表 6.3.7　使用线性模型进行回归

任务内容	使用线性模型进行回归
实施步骤	步骤一：初始化线性模型 L1。 注：线性模型的导入使用如下代码。 from sklearn.linear_model import LinearRegression
	步骤二：训练模型 L1。
	步骤三：使用训练好的模型 L1 进行预测并评价。

练习题

使用 sklearn 中提供的数据分割方法进行数据的切分。

任务四 分类任务——鸢尾花分类

子任务1 数据集的预处理

一、任务描述

本任务对之前已经处理过的数据集进行归纳总结,可以将数据集的预处理过程归纳为缺失值处理、重复值处理、异常值处理三个方面。

接下来,分别对上述过程逐一进行处理,通过对比之前的数据预处理过程,对上述每一方面涉及的处理方法进行总结,见表6.4.1。

表6.4.1 数据集的预处理

任务名称	数据集的预处理	
任务要求	素质目标	1. 培养学生使用发展的眼光看待问题 2. 培养学生认真、严谨的职业素养 3. 培养学生团队协作意识
	知识目标	掌握数据集的分析方法和数据预处理方法
	能力目标	能够对表格数据进行数据预处理操作
任务内容	完成表格数据的读取 完成分类任务中数据缺失、数据重复和数据异常的检测与处理	
验收方式	完成任务实施工单内容及练习题	

二、知识要点

1. 数据集分析

鸢尾花数据集是机器学中一个常用的数据集,常用来验证分类器的性能。鸢尾花数据集是由人工采集的3种鸢尾花,每一种包含50条样本,每一个样本包含了此种花的4个特征。数据在iris.csv中的具体解释见表6.4.2。

表6.4.2 英文列名含义

列名	列名的含义	备注
Sepal.Length	花萼片的长度	
Sepal.Width	花萼片的宽度	
Petal.Length	花瓣的长度	
Petal.Width	花瓣的宽度	
Species	鸢尾花的种类	该列为标签列,其中,"setosa"表示山鸢尾;"versicolor"表示变色鸢;"virginic"表示维吉尼亚鸢尾
注:本表提供的iris数据集是对原始的iris数据集进行人工处理后的数据。		

2. 数据缺失处理

(1) 缺失情况的侦查

使用文本编辑器打开 iris. csv 文件，如图 6. 4. 1 所示，文件的每一行数据自带行号，因此，不需要系统来附加行号。

```
iris.csv
"","Sepal.Length","Sepal.Width","Petal.Length","Petal.Width","Species"
"1",5.1,3.5,1.4,0.2,"setosa"
"2",4.9,3,1.4,0.2,"setosa"
"3",4.7,3.2,1.3,0.2,"setosa"
"4",4.6,3.1,1.5,0.2,"setosa"
"5",5,3.6,1.4,0.2,"setosa"
"6",5.4,3.9,1.7,0.4,"setosa"
"7",4.6,3.4,1.4,0.3,"setosa"
```

图 6. 4. 1　文本编辑器中的内容

在使用 pandas. read_csv( )方法读入数据时，如图 6. 4. 2 所示，设置参数 index_col =0 来指定原始数据的第 1 列作为行号。

```
data = pd.read_csv('iris.csv',index_col=0)
data.info()
```

```
<class 'pandas.core.frame.DataFrame'>
Int64Index: 151 entries, 1 to 151
Data columns (total 5 columns):
 #   Column        Non-Null Count  Dtype
---  ------        --------------  -----
 0   Sepal.Length  150 non-null    float64
 1   Sepal.Width   151 non-null    float64
 2   Petal.Length  151 non-null    float64
 3   Petal.Width   151 non-null    float64
 4   Species       151 non-null    object
dtypes: float64(4), object(1)
memory usage: 7.1+ KB
```

图 6. 4. 2　pandas 读数据

查看整个数据集的摘要使用表格数据对象 data 中的 info( )方法，该方法能返回每一列数据为非空的情况。从输出的结果中观察发现，“Speal. Length” 列中有 150 行为非空的数据，而输出 “151 entries” 表明每一列都有 151 行，因此，“Speal. Length” 列中存在 1 个空值。

(2) 缺失值的处理

如果数据集中的样本数量足够大，就可以删除缺失值所在行对应的这个样本；如果数据集样本体量不大，则考虑填充样本中的缺失值，保留该行数据。

缺失值填充常用 fillna( )方法，填充的数值通常采用缺失值所在列的中位数（median）或平均数（mean）等，这样的填充不影响所在列的数据分布情况，同时，填充对整个数据集的特征分布影响较小。因此，如图 6. 4. 3 中第 2 行所示，此处选用缺失值所在列的平均值进行填充。同时，在 fillna( )函数中，要想使修改的数据生效，需要将参数 inplace 的值设置为 True。最终，如代码中第 3 行所示，在缺失值所在列中使用 isunll( ). sum( )统计该列数据缺失值的个数，结果为 0 表明这列数据中的缺失值均已完成填充。

```
1  width_mean = data['Sepal.Length'].mean()
2  data['Sepal.Length'].fillna(width_mean,inplace=True)
3  data['Sepal.Length'].isnull().sum()
4
0
```

图 6.4.3　缺失值填充

3. 数据重复的处理

（1）行数据重复情况的侦查

数据重复的对象主要指的是行数据；重复的评判标准是如果行数据在某几列上与之前行有重复，那么这几行数据即为重复数据。

对于鸢尾花数据集，行数据的重复需要判断某一行数据在所有列上是否与之前行有重复。如图 6.4.4 所示，直接在表格数据对象 data 中调用 duplicated().sum()统计相同行的数量，输出结果为 2 表明在整个表格中有 2 行内容有之前行有重复。

```
1  data.duplicated().sum()
2
```

图 6.4.4　重复值检测

（2）行数据重复的处理

如图 6.4.5 所示，将查找重复行的结果作为条件放到 data 对象的行索引位置，就可以显示重复行最后一次出现的位置和内容，因此，从结果可以看出，143 行的数据与之前的某些行有重复，151 行内容与之前的某些行的内容存在重复。

```
1  data[data.duplicated()]
```

	Sepal.Length	Sepal.Width	Petal.Length	Petal.Width	Species
143	5.8	2.7	5.1	1.9	virginica
151	5.2	3.5	1.5	0.2	setosa

图 6.4.5　显示重复位置

如图 6.4.6 所示，针对重复出现的行，保留其中一行即可。要在表格数据中去除重复行，使用 drop_duplicates()函数。在该函数中，参数 keep 值为'first'，表示保留重复值中第一次出现的值；keep 值为'last'，表示保留重复值中最后一次出现的值；keep 值为'False'表重复值一个不留，全部删除。如果要使去除重复行数的结果在原数据上生效，需要将函数中的 inplace 参数设置为 True。在 print(data.index)的输出结果中可以发现，因为 keep = 'first'，保留第一次出现的重复值，所以 143 和 151 这两个最后出现的行号就被消除

```
1  data.drop_duplicates(keep='first',inplace=True)
2  print(data.index)
Int64Index([  1,   2,   3,   4,   5,   6,   7,   8,   9,  10,
            ...
            140, 141, 142, 144, 145, 146, 147, 148, 149, 150],
           dtype='int64', length=149)
```

图 6.4.6　重复值的删除

了，如图中箭头所示，输出 143 行的行号缺失；为了保持行号的连续，需要将剩下的行号重新设置行号。

如图 6.4.7 所示，使用表格数据 data 对象的 reset_index( ) 方法，将其中 drop 参数设置为 True，即舍弃原来行号，从 0 开始重新开始编排行号，同时，设置 inplace 为 True，让新生成的行号生效，即可实现对已有行号进行顺序排序。

```
1  data.reset_index(drop=True,inplace=True)
2  data.index
```
RangeIndex(start=0, stop=149, step=1)

图 6.4.7　重置行号

4. 数据异常的处理

（1）通过 unique( ) 方法来查看数据的种类

"Species" 这一列的数据为字符串类型，同时，"Species" 列是分类任务中预测的标签列，所以需要对该列数据进行编码。如图 6.4.8 所示，使用 unique( ) 方法查看字符串的种类，结果包含输出结果中的 4 类，在任务分析的表 6.4.2 中得知真实的鸢尾花只有 3 类，结合输出的 4 个类别，可以发现，当前数据集中，'virg' 这个类别被错误书写，需要将其对应的值改为正确的 'virginica'。

```
1  data['Species'].unique()
```
array(['setosa', 'versicolor', 'virginica', 'virg'], dtype=object)

图 6.4.8　"Species" 列的数据种类

如图 6.4.9 所示，通过将 data['Species'] == 'virg' 作为条件放入表格对象 data 的行索引位，从而找出 'virg' 值所在位置；如图 6.4.10 所示，将找到位置的 "Species" 列中的值修改为 'virginica'，并输出修改后的行号 139 对应的内容，此时修改后的数据已在表格数据中生效。

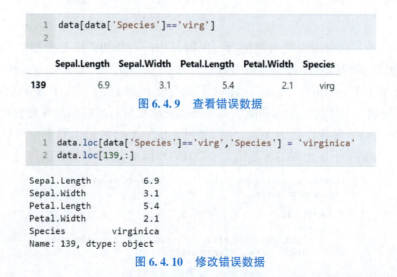

图 6.4.9　查看错误数据

图 6.4.10　修改错误数据

（2）对于列数据为数值类型的数据可以通过箱线图来查看

如图 6.4.11 所示，绘制的是每一类鸢尾花萼长度的数据分布，处于箱体中间的横线表示中位数数据，出现在下须触线下面或上须触线上面的数据点可以被看作异常值。花萼宽度、花瓣长度、花瓣宽度在每一类花中的分布操作与上述过程类似。

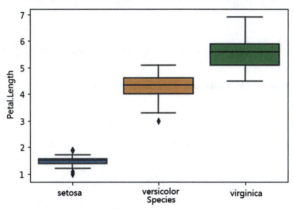

图 6.4.11　不同鸢尾花的箱线图

接下来使用计算的方式查找每一类鸢尾花的异常数据。在鸢尾花中，异常值与某类花中的某个特征（如花萼长度、花萼宽度等）有关系，所以要按照鸢尾花类别形成每一类对应的子表，在子表中找出某个特征（如花萼这一列数据）的异常数据。

如图 6.4.12 所示，第 1 行代码按照鸢尾花的类别分组形成多个表格；第 2 行代码取出其中 setosa（山鸢尾）一类对应的表格数据 tb_setosa，中位数是第二个四分位数，第 3 个四分位数 Q3 如代码第 4 行所示，第 1 个四分位数 Q1 如代码第 5 行所示；四分位差是指第三个四分位数和第一个四分位数的差，如第 6 行代码所示；异常值为低于（Q1 − 1.5IQR）或高

图 6.4.12　查找异常数据

于（Q3＋1.5IQR）的值，如第7、8行所示，将其作为条件代入表格对象data的索引位置，即可查询对应条件的异常值。

对于异常值的处理，可以选择修改或者删除的方式。本数据集样本较少，因此，选择修改异常的数据。

如图6.4.13中第1行代码所示，通过tb_setosa[rule | rule1].index取出异常值所在的行号，放在loc方法中行索引的位置，并将"Speal.Length"放在列索引的位置上，从而定位到异常数据，使用该列数据的中位数进行修改，结果如图中框中所示，异常值均被修改为中位数。同理，分别对setosa子表格中的"Sepal.Width""Petal.Length""Petal.Width"这三列特征数据进行同样操作。

```
1  tb_setosa.loc[tb_setosa[rule | rule1].index,"Sepal.Length"] = tb_setosa['Sepal.Length'].median()
2  tb_setosa[rule | rule1]
```

	Sepal.Length	Sepal.Width	Petal.Length	Petal.Width	Species
13	5.0	3.0	1.1	0.1	setosa
22	5.0	3.6	1.0	0.2	setosa
24	5.0	3.4	1.9	0.2	setosa
44	5.0	3.8	1.9	0.4	setosa

图6.4.13　修改异常数据

如图6.4.14所示，为了简化操作，定义了一个操作函数outer(dataF,colums)，将对应操作进行封装；当输入子表数据和该子表中的列名时，即可完成查找异常、使用中位数修改异常，并将修改后的异常数据显示出来。

```
1  def outer(dataF,colums):
2      median = dataF[colums].median()
3      Q3 = dataF[colums].quantile(0.75)
4      Q1 = dataF[colums].quantile(0.25)
5      IQR = Q3-Q1
6      rule = dataF[colums]<(Q1-1.5*IQR)
7      rule1 = dataF[colums]>(Q3+1.5*IQR)
8      dataF.loc[dataF[rule | rule1].index,colums] = dataF[colums].median()
9      return dataF[rule | rule1]
```

图6.4.14　outer函数的定义

如图6.4.15所示，调用outer(iris1,'Sepal.Width')，传入子表数据tb_setosa和列名"Sepal.Width"，结果如图中框中所示，异常值均被修改为"Sepal.Width"列的中位数。

```
1  setosa_Sep_wid = outer(tb_setosa,'Sepal.Width')
2  setosa_Sep_wid
```

	Sepal.Length	Sepal.Width	Petal.Length	Petal.Width	Species
15	5.7	3.4	1.5	0.4	setosa
41	4.5	3.4	1.3	0.3	setosa

图6.4.15　修改"Sepal.Width"列的异常值

同理，调动outer()函数对表数据tb_setosa中的"Petal.Length"列进行处理，如图6.4.16中代码所示。

项目六 "1+X"数据应用开发与服务（Python）专项集训

```
1 setosa_Pet_Len = outer(tb_setosa,'Petal.Length')
2 setosa_Pet_Len
```

	Sepal.Length	Sepal.Width	Petal.Length	Petal.Width	Species
13	5.0	3.0	1.5	0.1	setosa
22	5.0	3.6	1.5	0.2	setosa
24	5.0	3.4	1.5	0.2	setosa
44	5.0	3.8	1.5	0.4	setosa

图 6.4.16 修改"Petal. Length"列的异常值

同理，如图6.4.17所示，调动 outer( ) 函数对表数据 tb_setosa 中的"Petal. Width"列进行处理。

```
1 setosa_Pet_Wid = outer(tb_setosa,'Petal.Width')
2 setosa_Pet_Wid
```

	Sepal.Length	Sepal.Width	Petal.Length	Petal.Width	Species
23	5.1	3.3	1.7	0.2	setosa
43	5.0	3.5	1.6	0.2	setosa

图 6.4.17 修改"Petal. Width"列的异常值

三、任务实施（表6.4.3）

表 6.4.3 数据预处理

任务内容	数据预处理
实施步骤	1. 在缺失值处理中，使用 loc 方法查看缺失值的位置，并展示缺失值。
	补齐实现代码：
	2. 使用 replace 函数，将'virg'改为'virginica'。
	补齐实现代码：
	3. 在异常处理中，查看 setosa（山鸢尾）花萼长度的异常数据。
	补齐实现代码：

【笔记】

练习题

1. （单选题）对乱序后的行号进行顺序排列，使用（　　）。
   A. reindex( )　　　B. reset_index( )　　　C. sort_index( )　　　D. set_index( )
2. （单选题）按照指定的行号顺序对表格行数据进行排列，使用（　　）。
   A. reindex( )　　　B. reset_index( )　　　C. sort_index( )　　　D. value_counts( )

子任务 2　特征编码和相关性分析

一、任务描述

本任务主要对数据清洗后的干净数据进行特征编码、特征选择和归一化等操作。具体要求见表 6.4.4。

表 6.4.4　时间序列的升采样与降采样

任务名称	数据的相关性分析和归一化处理	
任务要求	素质目标	1. 培养学生任务交付的职业综合能力 2. 培养学生严谨、细致的数据分析工程师职业素养 3. 激发学生自我学习热情
	知识目标	掌握相关性分析的可视化展示和归一化处理的方法
	能力目标	能够熟练地对数据进行相关性分析和归一化处理
任务内容	1. 相关性分析的计算和可视化展示 2. 数据归一化处理	
验收方式	完成任务实施工单内容及练习题	

二、知识要点

1. 特征编码

"Species"列中的数据为特征对应的标签，该列数据的类型为字符串，取值分别为"setosa""versicolor""virginica"；为了便于数据的运算，需要将这 3 类字符串进行编码，此处采用自然数编码，即将"setosa"映射为 1、"versicolor"映射为 2、"virginica"映射为 3。

如图 6.4.18 所示，在取出的"Species"列中调用 replace( ) 方法传入一个字典参数，其中，字典的键表示原始数据，字典的值表示被替换后的数据；设置参数 inplace 为 True，从而对原始数据进行覆盖。从结果可以看出，"Species"列的数值已变为数值 1。

```
1  data['Species'].replace({"setosa":1,"versicolor":2,'virginica':3},inplace=True)
2  data.head(5)
```

	Sepal.Length	Sepal.Width	Petal.Length	Petal.Width	Species
0	5.1	3.5	1.4	0.2	1
1	4.9	3.0	1.4	0.2	1
2	4.7	3.2	1.3	0.2	1
3	4.6	3.1	1.5	0.2	1
4	5.0	3.6	1.4	0.2	1

图 6.4.18　自然数编码

2. 乱序分布

对特征列为字符串的数据进行编码之后，可以发现，"Species"中的局部数值前后都是同一个数值，因此，需要将不同种类的鸢尾花对应的行数据打乱分布，从而增强最终分类模型的稳定性。对行数据的打乱操作如图 6.4.19 所示。

```
1  import numpy as np
2
3  new_index = [i for i in range(len(data))]
4  np.random.seed(12)
5  np.random.shuffle(new_index)
6  print(new_index)
```

[40, 145, 38, 99, 142, 116, 147, 39, 135, 23, 66, 16, 31, 21, 50, 125, 108, 61, 6, 72, 1, 71, 126, 1, 17, 81, 103, 33, 101, 15, 64, 80, 14, 62, 98, 26, 8, 19, 12, 10, 46, 36, 124, 7, 132, 85, 52, 113, 5, 143, 106, 114, 138, 86, 57, 93, 83, 105, 0, 140, 131, 34, 94, 18, 115, 122, 43, 51, 69, 2, 58, 139, 28, 2, 67, 95, 70, 42, 121, 60, 47, 102, 136, 53, 127, 148, 37, 44, 107, 65, 68, 129, 4, 1, 59, 27, 110, 32, 112, 30, 45, 73, 109, 123, 96, 119, 100, 35, 89, 82, 13, 104, 117, 128, 74, 1, 134, 75]

图 6.4.19　行号乱序操作

如第 3 行代码所示，根据数据集的行数产生一个与行号数有相同长度的列表 new_index，为了将乱序的结果固定下来，使用 np.random.seed(12) 产生一个固定的乱序方式，从而保证每次乱序都是同一个顺序，其中的数值 12 指的是第 12 个固定的乱序方式，然后使用 np.random.shuffle() 函数将行号进行乱序处理，并输出乱序后的结果进行验证。接下来，将表格数据的行号按照 new_index 的顺序重新排序。

如图 6.4.20 所示，在表格数据对象 data 后使用 reindex() 方法传入乱序后的行号，使数据按照乱序后的行号顺序对行数据内容进行排序，并将执行后的结果对原数据表格进行覆盖；从输出的行号和 "Species" 中的数据可以发现，行数据已经被打乱了。

```
1  data = data.reindex(new_index)
2  data.head(3)
```

	Sepal.Length	Sepal.Width	Petal.Length	Petal.Width	Species
40	5.0	3.5	1.3	0.3	1
145	6.3	2.5	5.0	1.9	3
38	4.4	3.0	1.3	0.2	1

图 6.4.20　行数据的操作

对打乱后的行数据保存数据部分不变，重新设置行号，使其从 1 开始顺序编号。

如图 6.4.21 所示，通过表格数据的 index 属性可以对原始数据的行号进行修改，使用列表生成式产生 1~149 共 149 个元素的列表，接下来，将该列表设置为新行号。通过查看前 5 行内容可以发现，数据部分没有发生变化，而是对表格的行号进行了重新的顺序编排。

```
1  data.index = [i for i in range(1,len(data)+1)]
2  data.head(5)
```

	Sepal.Length	Sepal.Width	Petal.Length	Petal.Width	Species
1	5.0	3.5	1.3	0.3	1
2	6.3	2.5	5.0	1.9	3
3	4.4	3.0	1.3	0.2	1
4	5.7	2.8	4.1	1.3	2
5	6.8	3.2	5.9	2.3	3

图 6.4.21　重新顺序编写行号

3. 归一化

每一列数据都是影响最终分类性能的一个因素，其中，数值较大的列对最终分类器的分类性能的影响较大，为了避免对数据值较大列的过度依赖，通常需要对数据进行归一化处理。

(1) 方式一：最大最小值归一化

计算公式见式（6.4.1）。

$$x' = (x - \min(x))/(\max(x) - \min(x)) \qquad (6.4.1)$$

式中，x' 表示产生的每一个新数据；$\max(x)$ 表示 x 所在列数据的最大值；$\min(x)$ 表示 x 所在列数据的最小值。公式中需要使用 pandas 中的统计函数 max() 和 min()，实现代码如图 6.4.22 所示。

```
x_max = data.iloc[:,:-1].max()
x_min = data.iloc[:,:-1].min()
data_max_min = (data.iloc[:,:-1]-x_min) / (x_max-x_min)
data_max_min.head(3)
```

	Sepal.Length	Sepal.Width	Petal.Length	Petal.Width
1	0.171429	0.625000	0.050847	0.083333
2	0.542857	0.208333	0.677966	0.750000
3	0.000000	0.416667	0.050847	0.041667

图 6.4.22　最大最小归一化的代码实现

如 1~2 行代码所示，对数值类型的前四列分别求出每一列的最大值 x_max 和标准最小值 x_min，按照公式（6.4.1）求出每个数据标准化之后的值，并查看处理之后的前 3 行内容。

(2) 方式二：正态归一化

计算公式见式（6.4.2）。

$$x' = (x - \text{mean}(x))/\text{std}(x) \qquad (6.4.2)$$

式中，x' 表示产生的每一个新数据；$\text{mean}(x)$ 表示 x 所在列数据的均值；$\text{std}(x)$ 表示 x 所在列数据的方差。使用 pandas 中的统计函数，实现代码如图 6.4.23 所示。

```
1  x_mean = data.iloc[:,:-1].mean()
2  x_std = data.iloc[:,:-1].std()
3  data_mean = (data.iloc[:,:-1]-x_mean) / x_std
4  data_mean.head(3)
```

	Sepal.Length	Sepal.Width	Petal.Length	Petal.Width
1	-1.040156	1.008998	-1.385341	-1.173098
2	0.543203	-1.282781	0.707667	0.924926
3	-1.770937	-0.136892	-1.385341	-1.304225

图 6.4.23　正态归一化的代码实现

如 1~2 行代码所示，首先对数值类型的前四列分别求出每一列的平均值 x_mean 和标准差 x_std，按照公式（6.4.2）求出每个数据标准化之后的值，并查看处理之后的前 3 行内容。以上过程的实现，还可以直接使用专门的标准化函数进行处理，实现代码如图 6.4.24 所示。

```
1  from sklearn.preprocessing import StandardScaler
2  s1 = StandardScaler()
3  new_data = s1.fit_transform(data.iloc[:,:-1])
4  new_data[:3,:]
```

```
array([[-1.04366415,  1.01240113, -1.39001364, -1.17705491],
       [ 0.54503512, -1.28710754,  0.71005356,  0.92804554],
       [-1.77690997, -0.1373532 , -1.39001364, -1.30862368]])
```

图 6.4.24　标准化函数处理

如第 1~2 行代码所示，首先从 sklearn.preprocessing 模块中导出 StandardScaler 并将其命名为 s1，如第 3 行代码所示。使用 StandardScaler 函数中的 fit_transform 函数来对表格数据的前四列数值进行处理，得到的结果为 numpy 类型的二维数组。如图 6.4.25 所示，最后使用数组的方式来查看前 3 行。

```
1  data.iloc[:,:-1] = new_data
2  print(data.head(3))
```

```
   Sepal.Length  Sepal.Width  Petal.Length  Petal.Width Species
0     -0.950451     1.040591     -1.383642    -1.356847  setosa
1     -1.195674    -0.110293     -1.383642    -1.356847  setosa
2     -1.440897     0.350061     -1.441014    -1.356847  setosa
```

图 6.4.25　查看前 3 行数据

（3）归一化方式的选择

在未进行归一化的鸢尾花数据 data 中，查看每一列对应的概率密度曲线，如果该曲线近似满足正态分布，即可对其进行正态归一化操作，否则，不可以对该列数据进行正态归一化操作。

如图 6.4.26 所示，使用绘图库 Matplotlib 中的字库 plot 和 seaborn，使用 for 循环在前四

```
 1  import matplotlib.pyplot as plt
 2  import seaborn as sns
 3  x = data.index
 4  color1 = ['red','green','blue','black']
 5  for index,val in enumerate(data.columns[:-1]):
 6      y = data[val]
 7      sns.kdeplot(y,color=color1[index])
 8  plt.legend(data.columns[:-1])
 9  plt.xlabel('X')
10  plt.show()
```

图 6.4.26　分布展示

列中逐一取出每一列数据,传入 seaborn 的 kdeplot()函数来绘制每一列数据对应的概率密度曲线,并用不同的颜色进行标注;通过将每一列的列名传入 plt.legend()函数形成图像的图例来对应曲线的名称。通过观察输出的图像可以看出,其中,有两条曲线接近正态分布,对其可以使用正态归一化处理,另外两条曲线有两个峰值,不满足正态分布,可以使用最大最小归一化进行处理。此处,对四列数据统一进行最大最小值处理。

如图 6.4.27 所示,直接将方式一中归一化产生的数据对原数据进行覆盖,即可完成对数据的最大最小归一化操作。

```
1  data.iloc[:,:-1] = data_max_min
2  data.head(3)
```

	Sepal.Length	Sepal.Width	Petal.Length	Petal.Width	Species
1	0.412652	1.415453	0.109131	0.182710	1
2	1.306732	0.471818	1.455078	1.644390	3
3	0.000000	0.943635	0.109131	0.091355	1

图 6.4.27 数据修改

4. 数据相关性分析

数据集中的每一列数据都代表一种特征,如果数据集中有多列数据,为了提高最终分类的准确性,可以选择表现力强的特征来训练模型,从而减少数据的计算量,提高预测模型的性能。

如图 6.4.28 所示,表格数据对象 data 中的 corr()方法可以计算每一列数据与其他列的相关程度。其中,数据为正数表示正相关,数据为负数表示负相关。数值的绝对值越大,表示相关的程度高,通过观察可以发现:"Petal.Width"和"Petal.Length"的相关性最高,如果特征较多,可以利用数据的相关性来删除列数据。本数据只有 4 列,所以这 4 列都保留。

```
1  data.corr()
```

	Sepal.Length	Sepal.Width	Petal.Length	Petal.Width
Sepal.Length	1.000000	-0.121284	0.865099	0.812149
Sepal.Width	-0.121284	1.000000	-0.426028	-0.362894
Petal.Length	0.865099	-0.426028	1.000000	0.962772
Petal.Width	0.812149	-0.362894	0.962772	1.000000

图 6.4.28 相关性计算

如图 6.4.29 所示,相关性结果可以通过热力图的方式来查看,使用 seaborn 中的 heatmap()函数来显示相关性分析的数据,数值绝对值大,在图中对应的色块颜色深,表明数据的相关程度高;数值绝对值小,在图中对应的色块颜色浅,表明数据的相关程度低。

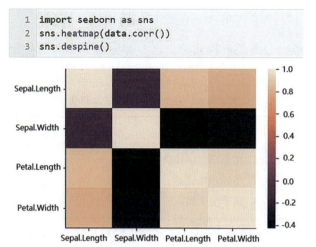

图 6.4.29 热力图

三、任务实施(表 6.4.5)

表 6.4.5 自然数编码和乱序数据的重新排序

任务内容	自然数编码和乱序数据的重新排序
实施步骤	步骤一:在特征编码中,换用 pandas 中的 Categrical()方法进行自然数编码。
	补齐实现代码:
	步骤二:对于乱序数据的重新排序,换用 pandas 中的 reset_index()函数进行操作。
	补齐实现代码:

【笔记】

练习题

(判断题)sklearn.preprocessing 模块中进行标准化处理的函数为 StandardScaler()。(　　)

子任务 3 分类模型的训练与评估

本任务主要讲解根据分类任务构建分类器,并完成分类器的初始化、训练、评价等任务。具体要求见表 6.4.6。

表 6.4.6 分类模型的训练与评估

任务名称		分类模型的训练与评估
任务要求	素质目标	1. 培养学生的社会服务意识 2. 培养学生认真、严谨的职业素养 3. 培养学生团队协作意识
	知识目标	掌握数据划分的方法、分类器的种类、评价方法
	能力目标	能够完成分类任务的训练和评估
任务内容		1. 完成数据集的划分 2. 完成分类器的选择 3. 完成分类任务中准确率、精确率、召回率等函数的调用
验收方式		完成任务实施工单内容及练习题

二、知识要点

1. 数据集的切分

按照 4∶1 的比例来对数据进行切分,经过处理后,数据集中共有 145 条数据,因此,将数据以第 116 行为切割点,前 116 行数据为训练集,在训练集中前 4 列为训练数据,最后一列"Species"为训练标签;后 29 行数据为测试集,在测试集中前 4 列为测试数据,最后一列"Species"为测试标签。操作代码如图 6.4.30 所示。

```
1  train = data.iloc[:-29,:]
2  train_data = train.iloc[:,:-1]
3  train_label= train.iloc[:,-1]
4  print("train_data:{},train_label:{}".format(train_data.shape,train_label.shape))
5  test = data.iloc[-29:,:]
6  test_data = test.iloc[:,:-1]
7  test_label = test.iloc[:,-1]
8  print("test_data:{},test_label:{}".format(test_data.shape,test_label.shape))
```

```
train_data:(116, 4),train_label:(116,)
test_data:(29, 4),test_label:(29,)
```

图 6.4.30 数据切分

如图中第 1 和第 5 行代码所示,以数据集的倒数第 29 行为分界点,将前 116 行数据和后 29 行数据分别作为训练集 train 和测试集 test;如代码第 2 和第 3 行所示,在训练集的基础上将训练集合中的前 4 列和最后一列分别作为训练数据和训练标签;如代码第 6 和第 7 行所示,在测试集的基础上将训练集合中的前 4 列和最后一列分别作为测试数据和测试标签。

2. KNN 分类模型的训练

（1）模型的初始化与训练

从机器学习库 sklearn 中导出 KNN 模型，如图 6.4.31 所示。其中，KNN 包含了分类模型和回归模型，选择其中的 KNeighborsClassifier 分类器来对数据进行分类。

```
1  from sklearn.neighbors import KNeighborsClassifier
2  print(KNeighborsClassifier)
```
`<class 'sklearn.neighbors._classification.KNeighborsClassifier'>`

图 6.4.31　KNeighborsClassifier 模型初始化

如图 6.4.32 所示，通过 KNeighborsClassifier 类实例化分类器对象 k1，通过设置 n_neighbors 为 7，查询距离该数据最近最小的 7 个训练数据的标签；其他参数 weights、leaf_size、n_jobs 等参数可根据作用酌情设定。

```
1  k1 = KNeighborsClassifier(n_neighbors=7)
2  k1.fit(train_data,train_label)
```
`KNeighborsClassifier(n_neighbors=7)`

图 6.4.32　KNeighborsClassifier 模型训练

（2）模型的测试与评价

对于多分类问题，如图 6.4.33 所示，对训练好的 KNN 分类模型 k1 调用 predict() 函数对测试数据 test_data 中每行数据进行预测，从而产生每一行的对应标签。

```
1  k1_pre = k1.predict(test_data)
2  k1_pre
```
`array([1, 3, 1, 3, 1, 1, 2, 3, 3, 2, 2, 3, 1, 2, 2, 1, 3, 3, 3, 2, 3, 2, 1, 1, 2, 1, 3, 2, 2], dtype=int64)`

图 6.4.33　KNeighborsClassifier 模型预测

从 sklearn 库中调用 metrics 中的 classification_report 方法，传入预测标签和真实标签，实现计算每一类的精确率、召回率、F_1 – score，最终，所有类别的平均准确率为 0.9，如图 6.4.34 所示。

```
1  from sklearn.metrics import classification_report
2  k1_metric = classification_report(test_label,k1_pre)
3  print(k1_metric)
```

	precision	recall	f1-score	support
1	1.00	1.00	1.00	9
2	0.70	1.00	0.82	7
3	1.00	0.77	0.87	13
accuracy			0.90	29
macro avg	0.90	0.92	0.90	29
weighted avg	0.93	0.90	0.90	29

图 6.4.34　模型的评价

3. SVM 分类模型的训练

（1）模型的初始化与训练

如图 6.4.35 所示，从机器学习库 sklearn 中导出 SVM 模型，其中，SVM 包含了分类模型 SVC 和回归模型 SVR，选择其中的 SVC 分类器来对数据进行分类。

```
1  from sklearn.svm import SVC
2  print(SVC)
```
`<class 'sklearn.svm._classes.SVC'>`

图 6.4.35　SVC 分类器初始化

通过 SVC 类实例化分类器对象 s1，设置 kernel 为 "rbf"，表示使用高斯核函数，C 设置为 1，其他选项可根据作用酌情设定。如图 6.4.36 所示。

```
1  s1 = SVC(kernel='rbf',C=1)
2  s1.fit(train_data,train_label)
```
`SVC(C=1)`

图 6.4.36　SVC 分类器的训练

（2）模型的测试与评价

如图 6.4.37 所示，对训练好的 SVC 分类模型 s1 调用 predict( ) 函数对测试数据 test_data 中的每行数据进行预测，从而产生每一行的对应标签。

```
1  s1_pre = s1.predict(test_data)
2  s1_pre
```
`array([1, 3, 1, 3, 1, 1, 2, 3, 3, 2, 2, 3, 1, 2, 2, 1, 3, 3, 3, 2, 3, 2,`
`       1, 1, 2, 1, 3, 2, 2], dtype=int64)`

图 6.4.37　SVC 分类器的预测

从 sklearn 库中调用 metrics 中的 classification_report 方法，传入预测标签和真实标签，实现计算每一类的精确率、召回率、F_1 – score，最终，所有类别的平均准确率为 0.9，如图 6.4.38 所示。

```
1  from sklearn.metrics import classification_report
2  s1_metric = classification_report(test_label,s1_pre)
3  print(s1_metric)
```

	precision	recall	f1-score	support
1	1.00	1.00	1.00	9
2	0.70	1.00	0.82	7
3	1.00	0.77	0.87	13
accuracy			0.90	29
macro avg	0.90	0.92	0.90	29
weighted avg	0.93	0.90	0.90	29

图 6.4.38　模型的评价

三、任务实施（表 6.3.7）

表 6.3.7　使用贝叶斯分类模型进行鸢尾花数据分类

任务内容	使用贝叶斯分类模型进行鸢尾花数据分类
实施步骤	步骤一：按照 7∶3 的比例划分数据集。
	步骤二：实例化贝叶斯分类 b1，并训练模型。 注：贝叶斯分类模型的导入使用如下代码。 from sklearn. naive_bayes import MultinomialNB
	步骤三：使用训练好的模型 b1 进行预测并评价。

【笔记】

练习题

1. （多选题）分类任务的评价标准有（　　）。
   A. Precision　　　B. Recall　　　C. Accuarcy　　　D. MSE　　　E. R^2
2. （多选题）回归任务的评价标准有（　　）。
   A. Precision　　　B. MAE　　　C. Accuarcy　　　D. MSE　　　E. R^2

项目学习成果评价

参 考 文 献

[1] 罗攀. 从零开始学 Python 数据分析 [M]. 北京：机械工业出版社，2018.

[2] 魏伟一，李晓红，高志玲. Python 数据分析与可视化 [M]. 北京：清华大学出版社，2021.

[3] 毋建军，姜波. Python 数据分析、挖掘与可视化 [M]. 北京：机械工业出版社，2021.

[4] 黑马程序员. PYTHON 数据分析与应用：从数据获取到可视化 [M]. 北京：中国铁道出版社，2019.

[5] 杨果仁，张良均. Python 数据分析基础与案例实战 [M]. 北京：人民邮电出版社，2023.

[6] 翟世臣，张良均，等. Python 数据分析与挖掘实战 [M]. 北京：人民邮电出版社，2022.

[7] 高博，刘冰，李力. Python 数据分析与可视化从入门到精通 [M]. 北京：北京大学出版社，2020.